中国矿业大学卓越化工工程师教材

江苏高校品牌专业建设工程二期项目资助

Production Practice Guidance of Chemical Engineering

化工生产实习指导

杨小芹 万永周 韩 梅 等编

U0243878

化学工业出版社

·北京·

内 容 简 介

《化工生产实习指导》以典型的煤化工过程煤气化合成甲醇和石油化工过程生产对二甲苯为例，详细介绍了生产原理、工艺流程、设备结构、操作方法及安全环保等内容。本书将理论知识与实际生产紧密结合，配有高清大图、实习报告样例、安全测试等数字资源，帮助读者结合专业知识进一步了解和认识实际化工生产过程。

本书系统性、知识性和实用性强，通俗易懂，可作为高等学校化学工程与工艺、能源化学工程及相关专业教材，也可供相关专业技术人员、生产操作人员和管理人员参考。

图书在版编目（CIP）数据

化工生产实习指导/杨小芹等编. —北京：化学工业出版社，2022.12（2024.6重印）
ISBN 978-7-122-42338-2

Ⅰ. ①化…　Ⅱ. ①杨…　Ⅲ. ①化学工业-生产实习-高等学校-教学
参考资料　Ⅳ. ①TQ-45

中国版本图书馆 CIP 数据核字（2022）第 188746 号

责任编辑：吕　尤　陶艳玲　　　　　　　　　　　装帧设计：张　辉
责任校对：宋　玮

出版发行：化学工业出版社（北京市东城区青年湖南街 13 号　邮政编码 100011）
印　　装：北京科印技术咨询服务有限公司数码印刷分部
787mm×1092mm　1/16　印张 10½　字数 252 千字　插页 2　2024 年 6 月北京第 1 版第 3 次印刷

购书咨询：010-64518888　　　　　　　　　　　售后服务：010-64518899
网　　址：http://www.cip.com.cn
凡购买本书，如有缺损质量问题，本社销售中心负责调换。

定　　价：29.00 元

纸数融合教材使用说明

本教材配有高清大图、实习报告样例和化工生产实习安全测试等网络增值服务，建议同步学习使用。可以通过扫描本书二维码获取网络增值服务。

《化工生产实习指导》
网络增值服务内容

| 高清大图 | 重点流程 扫码阅读 | 实习报告 | 优秀示例 读懂要求 | 安全测试 | 生产实习 安全知识 |

网络增值服务使用步骤

1

本书二维码

易读书坊

微信扫描本书二维码，关注公众号"易读书坊"

2

正版验证

刮开涂层获取网络增值服务码

手动输入　　无码验证

首次获得资源时，**需点击弹出的应用**，进行正版认证

3

刮开"网络增值服务码"，通过扫码认证，享受本书的网络增值服务

化工社教学服务

微信搜一搜

化工教育

化工类专业教学服务与交流平台

新书推荐·教学服务·教材目录·意见反馈……

前　言

　　"卓越工程师教育培养计划"　是教育部借鉴世界先进国家高等工程教育的成功经验创建的具有中国特色的工程教育模式。该计划旨在培养造就一大批创新能力强、适应经济社会发展需要的高质量工程技术人才。为达成上述目标，教学体系中的实践教学至关重要。

　　化工生产实习是化工类专业实践教学体系的核心单元，对化工类专业卓越工程师的培养有重要作用，是促进学生深度理解和吸收专业知识、培养学生工程观念以及职业能力和职业素养的重要教学单元。编者结合多年教学和实习经验，多次深入到煤化工、石油化工企业进行调研，将理论课程的专业知识与企业生产实际结合，编写了本教材。

　　本书共分为5章：第一章主要介绍了生产实习的目的和任务；第二章主要介绍了化工安全基本知识和安全防护；第三章以煤气化合成气生产为主线，全面介绍了煤炭气化、CO变换和低温甲醇洗工艺全过程，其中煤炭气化工段分别介绍了目前主流的两种大规模气化技术，即 Shell 煤粉气化工艺和德士古水煤浆气化工艺；第四章以合成气制甲醇为主线，介绍了甲醇合成和精馏工艺；第五章以石油化工产品对二甲苯生产为主线，详细介绍了对二甲苯吸附分离、异构化和分馏工艺。此外，本书配有高清大图、实习报告样例、安全测试等数字资源，读者可以扫码免费获取。

　　本书由中国矿业大学杨小芹、万永周和原兖矿集团有限公司韩梅等编写。第一章由林喆编写，第二章由朱佳媚编写，第三章由杨小芹和韩梅编写，第四章和第五章由万永周和杨小芹编写。全书由杨小芹和万永周统稿。本书在编写过程中，参考了相关生产实习单位提供的生产资料，在此对实习单位的大力支持表示感谢！同时，中国矿业大学赵云鹏、林喆、李晓等老师也提供了大量相关资料，在此表示感谢！

　　由于时间仓促和编者水平有限，书中疏漏之处在所难免，恳请同行和读者批评指正。

编　者

2022 年 3 月

目　录

第一章

生产实习概述

1.1 生产实习的意义和教学目标

1.1.1 化工专业生产实习的意义

化工专业生产实习是化工类专业（化学工程与工艺、制药工程、资源循环科学与工程、能源化学工程、化学工程与工业生物工程）的重要专业实践环节。一般在学生学完公共基础课、专业基础课和专业课之后进行，是学生在生产现场以工人、技术员和管理人员等身份参与生产过程，使专业知识与生产实践相结合的重要教学活动。学生在化工生产车间以参观学习和顶岗实习的方式，了解化工生产的一般性知识，包括化工设计、生产工艺、关键设备、岗位设置、生产操作、安全生产管理、企业经营管理等各个方面的综合性化工生产活动。通过化工生产实习，使学生了解化工生产过程，理解理论课程所学知识在生产实际中的重要指导作用，培养学生运用所学知识分析和解决实际复杂工程问题的能力，为学生从事化工生产、设计、研发、管理和销售等工作奠定坚实基础。

1.1.2 教学目标

通过化工专业生产实习，学生应当达到以下目标要求：

① 熟悉化工生产环境和生产经营管理的基本内容；

② 理论联系实际，能运用相关科学原理，在复杂化学工程实践中发现问题、分析问题和解决问题；

③ 能够分析、评价化工生产对社会、健康、安全、法律、文化的影响，以及这些因素对项目实施的影响；

④ 能够通过口头、书面、图表、工程图纸等方式与企业技术人员和其他专业人员进行有效沟通和交流；

⑤ 能够通过文献检索等方法了解化工领域的国际国内发展趋势及专业知识；

⑥ 了解化学工程及产品全周期、全流程涉及的管理和经济问题；

⑦ 能够适应与专业领域的团队合作，承担相应的责任；

⑧ 爱岗敬业，恪守工程伦理，理解化工人的社会责任，具备家国情怀。

1.2 生产实习的组织与管理

1.2.1 实习过程管理

（1）确定实习方案

生产实习任务下达后，指导教师应当提前联系确认好实习地点，依据专业制订的《生产实习教学质量标准》，和企业协商确定实习方案，并在实习动员会时向学生公布。

（2）召开实习动员会

实习前，指导教师应当召开实习动员会，向学生公布实习方案和实习要求，强调实习教学安全注意事项等。

（3）现场实习

根据实习任务开展实习。为保证实习效果，一般每组学生以5人为宜，不宜多于10人，各小组轮流到各岗位实习。在确保安全生产的条件下，若岗位条件许可，可跟随岗位工人值班，承担生产任务。进入装置实习前，要完成企业三级安全培训。实习指导教师应根据前述实习目标，合理设计实习教学过程并组织实施，组织实习小组研讨并进行指导、答疑等工作。集中实习还应安排好衣食住行，确保实习安全。

（4）实习总结

完成实习后，指导教师应根据教学目标通过科学合理的评价方法评价学生实习情况，并对目标达成情况进行评价，分析不足，做好持续改进工作。

1.2.2 实习安全管理

作为校外实践教学环节，化工生产实习应始终把安全放在第一位。企业、学校、学院和专业都应当坚持"预防为主、教育先行、管教结合、从严管理"的原则，充分做好安全管理工作，强化师生安全责任意识和自我防护意识，预防、避免安全事故发生，确保师生人身安全和财产安全。

学校要制定实践教学安全管理办法，审定实践教学计划，协调解决实践教学安全管理工作中存在的问题，督促、检查各学院实践教学安全教育、安全措施和安全责任的落实情况，并负责学生实践教学活动中突发事件的调查与处理。

学院或系所负责选派实践教学指导教师，审定实践教学工作安排，督促、检查实践教学安全管理工作的落实情况，根据实践地点具体安全情况制定安全管理措施和应急预案；负责对参加实践教学活动的学生、指导教师进行安全、纪律教育和动员工作，增强应对和处理各种突发事件的应变能力；负责与校外实践教学单位就学生实践教学活动的有关安全工作事项进行协调与沟通，督促实践教学活动的负责人采取有效措施，消除一切安全隐患，确保师生人身安全和财产安全；协助学校职能部门做好实践教学活动中所发生的突发事件的调查。

指导教师应对学生从严要求，教育学生时刻注意交通安全、人身安全、财产安全和生产操作安全；以身作则，坚守工作岗位，不得擅离职守；加强实践教学环节的用车和食宿管理，防止危害性极大的群死群伤重大事故（交通事故、食物中毒、传染病、火灾等）发生；发生突发性事件时，组织和协调师生合理地处理突发事件，采取有效措施，避免事态扩大；严格遵守突发事件上报制度，紧急、重要信息要及时、准确上报，对出现误报、瞒报和漏报的情况，要追究相关人员责任；实践教学活动结束后，要对实践教学环节的安全工作进行认真总结，对存在的安全隐患要提出整改措施和建议。

1.2.3 学生实习纪律

自觉遵守国家法律和地方性法规，遵守学校实践教学安全纪律规定，尊重当地风俗习惯，爱护公共设施，文明礼貌、诚实守信，保持大学生的良好形象，自觉维护学校和实践教学单位的声誉。

按安全要求着装和佩戴必要的安全防护设备，并在指导老师或现场技术人员的带领下进行实践活动，严禁私自或单独活动。

学生有劳动或操作作业时，应提前进行安全技术训练，并严格遵守设备、设施安全操作规程，在企业技术人员的指导下进行操作；未经允许，不得擅自调换岗位，更不得擅自动用与实践教学活动无关的设备、仪器和车辆等。

严格遵守学校和实践教学单位的保密制度，不得泄露学校和实践单位的学术、技术、商业秘密等信息情报。

严格实行请销假制度，原则上不允许单独外出或晚间外出。学生确有事要外出时，应履行请假手续，指导教师应在确保学生安全的情况下方能准假，并应结伴同行，按时返回，归队后必须向指导教师及时销假。

不酗酒闹事，不打架斗殴；不到水库、江、河、湖、海等地游泳、戏水；不带火源进入林地，不得放火烧荒；不到网吧、歌厅等场所从事与实践教学环节无关的活动；不搭乘非营运性车辆或手续不全、没有安全保证的营运车辆。

个人联系到实践教学单位或企事业单位的分散实践教学环节，必须以保证自身安全和实践教学质量为前提，安全管理以自我负责为主，学校指导教师和实践教学单位为辅的原则。要求本人与实践教学单位签定安全责任书，实践教学单位指定具有一定理论水平和实践经验的技术人员担任指导教师。参加实践活动的学生必须定期向所在学院辅导员、指导教师汇报实践活动开展情况，并按时返回学校。

1.3 生产实习的任务

1.3.1 安全教育

实习教学单位按安全管理规定，会对外来人员进行公司、部门/车间和岗位三级安全教育培训。指导教师和学生必须认真学习，特别是该实习单位涉及的政府安监部门重点监管的危险化工工艺、重点监管的危险化学品和重大危险源（两重点一重大），以及有毒有害化学品防护及应急处置办法等，务必熟悉安全通道和洗眼器等应急救治设施分布。在实习过程中必须遵守各项规章制度和安全管理规定。

1.3.2 企业概况

实习学生应当了解实习教学单位的基本情况，包括：
① 主要产品、副产品的产品性能、用途、生产能力和市场情况；

② 主要原料、消耗量、来源及价格；

③ 原料和产品的运输方式、总图布置和总体工艺流程等与化工生产直接相关的信息；

④ 车间组成，劳动定员，各车间功能及相互关系；

⑤ 企业的组织管理架构和企业文化。

1.3.3 车间实习

根据实习教学单位的具体情况，分组到各车间（工段）进行跟班实习，在每个车间解决下列问题：

（1）工艺流程

① 厘清生产工艺流程，了解主要原料、产物及其他各种辅助物料的来源、流向和去向，使用的各种主辅设备。绘制工艺流程示意图，用所学知识分析工艺流程的设计原理。

② 了解配套的各种管道的管径、材料及保温方法，各种管道附件如阀门、弯头、三通、止逆阀及其他各种管件的作用、性能、型号和特点及其适用场景。

③ 了解生产中主要的控制参数，如温度、压力、流量、液位等，理解和分析参数变化对生产的影响，参数的测量与控制方式、控制点的位置、采用的仪器类型；绘制管道及仪表流程图（P&ID）。

（2）生产设备

① 了解主要非标生产设备的工作原理，读懂设备图纸，了解设备内部的构造、尺寸、材质和设备的型号；设备中不同物料之间传热、传质或化学反应等的方式；设备的处理能力，现场安装总台数及使用、备用情况；

② 对重点设备可进行物料衡算和热量衡算；

③ 进一步熟悉泵、风机、换热器等标准化工设备的型号、外部特征、使用范围、处理能力等技术性能；开、备设备间管路的布置。

（3）操作方式

① 掌握日常的操作规程，开工、停工、热备的操作方法；产品的常规化验分析项目；

② 学习工人师傅的操作经验，通过闻、听、看、想、问等观察判断设备的工作正常情况；

③ 了解常见的事故和故障，利用所学知识分析引发事故和故障的可能原因，思考如何发现、避免和排除事故和故障；

④ 了解产品性能指标或工艺控制指标的影响因素，思考和查证指标的调控原理和具体措施；

⑤ 了解生产负荷调节的手段和具体措施；

⑥ 了解车间人员安排情况，交接班制度。

（4）思考与提升

通过查阅文献，结合实际获取的以上信息，分析工厂（车间）现有的工艺流程、总体布局、生产管理、工艺指标、能量利用、设备选型、余热回收、工作条件及厂区环保等方面存在的问题，并提出解决、改进的意见和建议。

1.4 考核与评价

生产实习的考核与评价应当以"产出导向（outcome-based）"为基本原则，基于证据进行评价。

实习评价可用的证据有：①实习报告；②小组讨论记录本；③实习笔记；④实习过程考核记录（笔试、面试或研讨情况）；⑤最终考核情况登记表（面试或笔试）。其中，实习报告应尽可能包括以下内容。

① 企业概况；

② 每个工段的工艺流程简图及工艺流程简述；

③ 按制图规范要求至少绘制一个工段的管道及仪表流程图，并描述控制方案；P&ID 图应当包括全厂所有的操作单元代表，若一个工段的 P&ID 图不足以包括所有操作单元，则应绘制多个；

④ 按制图规范要求绘制至少一个工段的设备平面与立面布置图；

⑤ 按制图规范要求绘制所有非标准主要设备的结构示意图（装配图）；

⑥ 按制图规范要求绘制某一工序的管道布置图；

⑦ 针对实习情况，就化工实践对社会、健康、安全、法律、文化的影响进行评述；

⑧ 对现场涉及的至少一个具体技术、工艺进行评述或提出改进意见；

⑨ 实习体会，描述精神层面的收获。

除实习报告外的其他过程和结果性考核应当针对实习报告不能反映、无法证实的教学目标进行，例如：通过观察和记录小组研讨及其实习情况，评价学生团队协作能力；通过过程或结果性面试或笔试，考查学生利用所学知识分析和解决复杂化学工程问题的能力。

指导教师应根据具体的实习教学目标来确定考核和评价方式。在取得考核和评价结果后，应对教学目标的达成情况进行分析，并将达成情况评价结果用于生产实习教学的持续改进。

扫码获取化工生产实习报告格式体例要求与优秀样例

第二章

化工生产安全

扫码获取化工生产实习安全测试题目

2.1 化工安全基本知识

2.1.1 化工生产过程的特点

化工企业生产过程中的原材料、中间产品和成品，大多数都具有易燃易爆的特性，有些化学物质对人体存在着不同程度的危害。另外，化工企业的生产具有高温高压、毒害性、腐蚀性、生产连续性等特点，比较容易发生泄漏、火灾、爆炸等事故。与其他行业相比，生产过程中潜在的不安全因素更多，危险性和危害性更大，因此对安全生产的要求也更加严格。

（1）生产原料具有特殊性

化工企业生产使用的原材料、中间产品和成品，种类繁多，并且绝大部分是易燃易爆、有毒有害、有腐蚀的危险化学品。这不仅对生产过程中原材料、燃料的使用、储存和运输提出较高的要求，而且对中间产品和成品的使用、储存和运输都提出了较高的要求。

（2）生产过程具有危险性

在化工企业的生产过程中，所要求的工艺条件严格甚至苛刻，有些化学反应在高温、高压下进行，有的要在低温、高真空条件下进行。在生产过程中稍有不慎，就容易发生有毒有害气体泄漏、爆炸、火灾等事故。

（3）生产设备、设施具有复杂性

化工企业的一个显著特点，就是各种各样的管道纵横交错，大大小小的压力容器遍布全厂，生产过程中需要经过各种装置、设备的化合、聚合、高温、高压等程序，生产过程复杂，生产设备、设施也复杂。大量设备设施的应用，减轻了操作人员的劳动强度，提高了生产效率，但是设备设施一旦失控，就会造成各种事故。

（4）生产方式具有高度自动化与连续化

目前的化工生产方式已经转变为高度自动化、连续化生产，生产设备变为密闭式，生产装置走向露天，生产操作变为集中控制。连续化与自动化是大型化的必然结果，但控制设备也有一定的故障率。

2.1.2 生产过程中常见的危险品及其分类

危险化学品是指具有燃烧、爆炸、毒害、腐蚀等性质，以及在生产、储存、装卸、运输等过程中易造成人身伤亡和财产损失的任何化学物质。根据中华人民共和国国家标准《化学品分类和危险性公示通则》（GB 13690—2009），分类如下。

2.1.2.1　理化危险

（1）爆炸物

爆炸物质（或混合物）是其本身能够通过化学反应产生气体，而产生气体的温度、压力和速度能对周围环境造成破坏。其中也包括发火物质，即使它们不放出气体。爆炸物种类包括：

① 爆炸性物质和混合物；

② 爆炸性物品，但不包括下述装置：其中所含爆炸性物质或混合物由于其数量或特性，在意外或偶然点燃或引爆后，不会由于进射、发火、冒烟、发热或巨响而在装置之外产生任何效应。

③ 在①和②中未提及的为产生实际爆炸或烟火效应而制造的物质、混合物和物品。

（2）易燃气体

易燃气体是在20℃和101.3kPa标准压力下，与空气有易燃范围的气体。

（3）易燃气溶胶

气溶胶是指气溶胶喷雾罐，系任何不可重新灌装的容器，该容器由金属、玻璃或塑料制成，内装强制压缩、液化或溶解的气体，包含或不包含液体、膏剂或粉末，配有释放装置，可使所装物质喷射出来，形成在气体中悬浮的固态或液态微粒或形成泡沫、膏剂或粉末或处于液态或气态。

（4）氧化性气体

氧化性气体是一般通过提供氧气，比空气更能导致或促使其他物质燃烧的任何气体。

（5）压力下气体

压力下气体是指高压气体在压力等于或大于200kPa（表压）下装入贮器的气体，或是液化气体或冷冻液化气体。

（6）易燃液体

易燃液体是指闪点不高于93℃的液体。

（7）易燃固体

易燃固体是容易燃烧或通过摩擦可能引燃或助燃的固体。易于燃烧的固体为粉状、颗粒状或糊状物质，它们在与燃烧着的火柴等火源短暂接触即可点燃和火焰迅速蔓延的情况下，都非常危险。

（8）自反应物质或混合物

自反应物质或混合物是即使没有氧（空气）也容易发生激烈放热分解的热不稳定液态或固态物质或者混合物。不包括根据统一分类制度分类为爆炸物、有机过氧化物或氧化物质的物质和混合物。

（9）自燃液体

自燃液体是即使数量小也能在与空气接触后5min之内引燃的液体。

（10）自燃固体

自燃固体是即使数量小也能在与空气接触后5min之内引燃的固体。

（11）自热物质和混合物

自热物质是除发火液体或固体以外，与空气反应不需要能源供应就能够自己发热的固体或液体物质或混合物；这类物质或混合物与发火液体或固体不同，因为这类物质只有数量很大（公斤级）并经过长时间（几小时或几天）才会燃烧。

（12）遇水放出易燃气体的物质或混合物

遇水放出易燃气体的物质或混合物是通过与水作用，容易具有自燃性或放出危险数量的易燃气体的固态或液态物质或混合物。

（13）氧化性液体

氧化性液体是本身未必燃烧，但通常因放出氧气可能引起或促使其他物质燃烧的液体。

（14）氧化性固体

氧化性固体是本身未必燃烧，但通常因放出氧气可能引起或促使其他物质燃烧的固体。

（15）有机过氧化物

有机过氧化物是含有二价—O—O—结构的液态或固态有机物质。有机过氧化物是热不稳定物质或混合物，容易放热自加速分解。另外，他们可能具有下列一种或几种性质：易于爆炸分解、迅速燃烧、对撞击或摩擦敏感、与其他物质发生危险反应。

（16）金属腐蚀剂

金属腐蚀剂是通过化学作用显著损坏或毁坏金属的物质或混合物。

2.1.2.2 健康危险

（1）急性毒性

急性毒性是指在单剂量或在 24h 内多剂量口服或皮肤接触一种物质，或吸入接触 4h 之后出现的有害效应。

（2）皮肤腐蚀/刺激

皮肤腐蚀是对皮肤造成不可逆损伤，即施用试验物质达到 4h 后，可观察到表皮和真皮坏死。腐蚀反应的特征是溃疡、出血、有血的结痂，而且在观察期 14d 结束时，皮肤、完全脱发区域和结痂处由于漂白而褪色。皮肤刺激是施用试验物质达到 4h 后对皮肤造成可逆损伤。

（3）严重眼损伤/眼刺激

严重眼损伤是在眼前部表面施加试验物质之后，对眼部造成在施用 21d 内并不完全可逆的组织损伤，或严重的视觉物理衰退。眼刺激是在眼前部表面施加试验物质之后，在眼部产生在施用 21d 内完全可逆的变化。

（4）呼吸或皮肤过敏

呼吸过敏物是吸入后会导致气管超过敏反应的物质。皮肤过敏物是皮肤接触后会导致过敏反应的物质。

（5）生殖细胞致突变性

本危险类别涉及的主要是可能导致人类生殖细胞发生可传播给后代的突变的化学品。

（6）致癌性

致癌物是指可导致癌症或增加癌症发生率的化学物质或化学物质混合物。

（7）生殖毒性

生殖毒性包括对成年雄性和雌性性功能和生育能力的有害影响，以及在后代中的发育毒性。

（8）特异性靶器官系统毒性——一次接触

特定靶器官有毒物是指可能对接触者的健康产生潜在有害影响的化学物质。特定靶器官毒性可能以与人类有关的任何途径发生，主要以口服、皮肤接触或吸入途径发生。

（9）特异性靶器官系统毒性——反复接触

这是对由于反复接触而产生特定靶器官/毒性的物质进行分类。所有可能损害机能的，可逆和不可逆的，即时和/或延迟的显著健康影响都包括在内。分类可将化学物质划为特定靶器官/有毒物，这些化学物质可能对接触者的健康产生潜在有害影响。特定靶器官/毒性可能以与人类有关的任何途径发生，即主要以口服、皮肤接触或吸入途径发生。

（10）吸入危险

"吸入"指液态或固态化学品通过口腔或鼻腔直接进入或者因呕吐间接进入气管和下呼吸系统。吸入毒性包括化学性肺炎、不同程度的肺损伤或吸入后死亡等严重急性效应。

2.1.2.3 环境危险

（1）危害水生环境

（2）急性水生毒性

急性水生毒性是指物质对短期接触它的生物体造成伤害的固有性质。

（3）生物积累潜力

（4）快速降解性

（5）慢性水生毒性

2.1.3 生产性毒物的分类及其毒性

2.1.3.1 生产性毒物的分类

生产性毒物是指生产过程中使用、生产，并能引起人体损害的化学物质。生产性毒物的分类方法很多，以下介绍几种常用的分类方法。

（1）按存在形态分类

① 粉尘 指能够长时间悬浮于空气中的固体微粒，一般直径为 0.1~75μm。主要源于固体物料机械粉碎、研磨或粉状物料筛分、混合、包装和运输等环节，如煤的粉碎，橡胶加工中炭黑、滑石粉的使用等。

② 烟尘 指直径小于 0.1μm 的悬浮于空气中的固体微粒，主要是金属熔融后在空气中氧化冷却过程中产生的金属氧化物。如熔铅时产生的氧化铅铅尘。

③ 气体 在常温和常压条件下，散发于空气中的气态物质。如氯气、二氧化硫、甲烷和二氧化碳等。通常蒸气压高的液体也是气态毒物，如氯丙烷。

④ 蒸气 在常温和常压下为固体或液体的物质，由固体升华或液体蒸发而形成的气体。如苯蒸气、汽油蒸气和汞蒸气等。

⑤ 雾 指悬浮于空气中的细小液滴，多由蒸气冷凝或液体喷散而成。如各种酸蒸气冷凝的酸雾、喷漆中的苯漆雾等。

⑥ 气溶胶 指悬浮于空气中，直径为 0.1~10μm 的固体微粒，悬浮于空气中的粉尘、烟和雾等颗粒统称为气溶胶。常见的有含铅、铬的颜料粉尘等。

（2）按化学性质、用途和生物作用相结合分类

① 金属、非金属及其化合物 毒物数量最多的一类，如铅、汞、铍、锰、铬、砷和磷等。

② 卤族及其无机化合物 如氟、氯、溴、碘等及其化合物。

③ 强酸和碱性物质　如硫酸、硝酸、盐酸、氢氧化钠、氢氧化钾等。

④ 氧、氮、碳的无机化合物　如臭氧、氮氧化物、一氧化碳、光气等。

⑤ 窒息性惰性气体　如氮、氩、氖、氙等。

⑥ 有机毒物　按化学结构又分为脂肪烃、芳香烃、卤代烃、氨基及硝基烃、醇、醛、醚、酮、酰、杂环等。

⑦ 农药类　包括有机磷、有机氯、有机硫、有机汞等。

⑧ 染料及中间体、合成树脂、橡胶、纤维等。

（3）按中毒性质和作用分类

① 刺激性　对眼和呼吸道黏膜有刺激作用。如酸的蒸气、氯气、硫化氢、氨气等。

② 窒息性　能使机体发生单纯性缺氧和化学性缺氧。如氮气、二氧化碳、一氧化碳、硫化氢等。

③ 腐蚀性　对机体局部有强烈腐蚀作用，能引起其损伤、全身反应、休克，甚至死亡的一类毒物。如强酸、强碱及酚类等。

④ 麻醉性　对人体神经系统具有麻醉作用。如大多数有机溶剂蒸气和烃类等。

⑤ 溶血性　进入机体后导致溶血，可造成对肾脏的损害和贫血。如苯、苯肼、苯胺、硝基苯、砷化氢等。

⑥ 致敏性　是一种免疫损伤反应，引起过敏性支气管哮喘、过敏性皮炎。如铂盐、镍盐、甲苯二异氰酸酯、对硫磷等。

⑦ 致癌性　有致癌作用。如铬、砷、苯、联苯胺、苯并芘、氯甲醚、氯乙烯等。

⑧ 致畸性　使动物和人产生畸形胚胎。如甲基苯、有机磷农药等。

⑨ 致突变性　使得生物体细胞的遗传信息和物质发生变异，多数为亚硝基脱氨基。

2.1.3.2　生产性毒物的毒性

毒性是指毒物引起机体损害的强度。常用于评价毒性物质毒性大小的指标有以下几种。

① 绝对致死剂量或浓度（LD_{100} 或 LC_{100}）：全组染毒试验动物全部死亡的最小剂量或浓度。

② 半数致死剂量或浓度（LD_{50} 或 LC_{50}）：染毒试验动物半数死亡的剂量和浓度。

③ 最小致死量或浓度（MLD 或 MLC）：染毒试验动物中个别动物死亡的剂量或浓度。

④ 最大耐受量或浓度（LD_0 或 LC_0）：染毒试验动物全部存活的最大剂量或浓度。

⑤ 急性阈剂量或浓度（LMTac）：一次感染后，引起试验动物某种有害作用的最小剂量或浓度。

⑥ 慢性阈剂量或浓度（LMTcb）：长期多次感染后，引起试验动物某种有害作用的最小剂量或浓度。

⑦ 慢性无作用剂量或浓度：在慢性染毒后，试验动物未出现任何有害作用的最大剂量或浓度。

上述中剂量常以每千克体重毒物的质量（mg）表示，即 mg/kg。浓度常以每立方米（或升）空气中所含毒物的毫克（或克）数表示，即 mg/m^3、g/m^3、mg/L。

毒性物质的毒性大小依据 LD_{50} 或 LC_{50} 的数值划分，国内外有关化学品急性毒性分级的标准，无论是分级还是界限值都有较大差别。由国际劳工组织（ILO）、经济合作与发展组织（OECD）以及联合国危险货物运输专家委员会（TDG）共同建立了全球化学品统一分类与标签制度（GHS），GHS 关于化学品急性毒性分级标准见表 2-1。我国卫生部发布的《化学品毒性鉴定技术规范》中规定的急性毒性分级标准见表 2-2。毒性物质的危险等级，按照我国卫生部颁布的《职业性接触毒物危害程度分级》（GBZ 230—2010）分为五个级别，见表 2-3。

表 2-1　GHS 关于化学品急性毒性分级标准

分级	大鼠经口 LD$_{50}$/（mg/kg）	大鼠或兔经皮 LD$_{50}$/（mg/kg）	大鼠吸入		
			气体 LC$_{50}$/（mg/m³）	蒸气 LC$_{50}$/（mg/L），4h	粉尘和雾 LC$_{50}$/（mg/L），4h
1 级	≤5	≤50	≤100	≤0.5	≤0.05
2 级	5~50	50~200	100~500	0.5~2.0	0.05~0.5
3 级	50~300	200~1000	500~2500	2.0~10	0.5~1.0
4 级	300~2000	1000~2000	2500~5000	10~20	1.0~5
5 级	5000 或 GHS 注释				

注：①1h 数值气体和蒸气除 2，粉尘和雾除 4；②某些受试化学品在试验染毒时呈气液相混合状态（有气溶胶），而有些则接近气相，如为后者按气体分级界限分级（mg/m³）。

表 2-2　化学品毒性鉴定技术规范急性毒性分级标准

分级	大鼠经口 LD$_{50}$/（mg/kg）	大鼠或兔经皮 LD$_{50}$/（mg/kg）	大鼠吸入 LC$_{50}$/（mg/m³）
剧毒	<5	<20	<20
高毒	5~	20~	20~
中等毒	50~	200~	200~
低毒	>500	>2000	>2000

表 2-3　职业性接触毒物危害程度分级

指标		极度危害	高度危害	中度危害	轻度危害	轻微危害
急性吸入 LC$_{50}$	气体/（cm³/m³）	<100	100~500	500~2500	2500~20000	≥20000
	蒸汽/（cm³/m³）	<500	500~2000	2000~10000	10000~20000	≥20000
	粉尘烟雾/（cm³/m³）	<50	50~500	500~1000	1000~5000	≥5000
经口 LD$_{50}$/（mg/kg）		<5	5~50	50~300	300~2000	≥2000
经皮 LD$_{50}$/（mg/kg）		<50	50~200	200~1000	1000~2000	≥2000

2.1.4　压力容器的基本安全常识

压力容器一般是指用于有一定压力的流体的储存、运输或者是传热、传质、反应的密闭容器。在中国的压力容器标准体系中规定，同时具备下列三个条件的容器才能称为压力容器：①工作压为（p_w）≥0.1MPa（不含液体静压力）；②内直径（非圆形截面指面内边界最大几何尺寸）≥0.15，且容积 V≥0.025m³；③盛装介质为气体、液化气体或最高工作温度大于等于标准沸点的液体。

2.1.4.1　压力容器的分类

（1）按设计压力分类

低压容器：0.1MPa≤p<1.6MPa；

中压容器：1.6MPa≤p<10MPa；

高压容器：10MPa≤p<100MPa；

超高压容器：p>100MPa。

（2）按工艺功能分类

按压力容器在生产过程中的作用或原理，可分为反应器、换热器、分离容器和储存容器等。

（3）按危险性和危害性分类

第 1 类容器：介质为非易燃或无毒介质的低压容器；介质为易燃或有毒介质的低压传热容器和分离容器。

第 2 类容器：任何介质的中压容器；剧毒介质的低压容器；易燃或有毒介质的低压反应容器和储运容器。

第 3 类容器：毒性程度为极毒和高毒危害介质的中压容器和 p（设计压力）V（容积）≥0.2MPa·m³的低压容器；pV≥10MPa·m³的中压储存容器；易燃或毒性程度为中毒危害介质且 pV≥0.510MPa·m³的中压反应容器；高压、中压管壳式废热锅炉；高压容器。

2.1.4.2　压力容器的操作与维护

（1）压力容器的安全操作

为了确保压力容器的安全运行，必须严格按照岗位安全操作的规程、压力容器的工艺规程和工艺参数规定，正确操作和使用压力容器。

操作时，操作人员应严格做到：

① 严格控制操作温度、压力、流量、液位等工艺指标，严禁超压、超温、超负荷运行。

② 操作时，操作人员要严格执行介质的最佳配比，尤其要严格控制有害物质的最高允许浓度，以及反应抑制剂、缓蚀剂的加入量。

③ 正常操作法、开停车操作程序，升降温、升降压的顺序及最大允许速度，压力波动允许范围及其他注意事项；操作压力容器是要集中精力，阀门的开启要谨慎，开停车、压力调节时各个阀门的开关状态以及开关的顺序决不能搞错。

④ 压力容器运行中定时、定点地巡回检查路线，认真、准时、准确地记录原始数据；主要检查操作温度、压力、流量、液位等工艺指标是否正常，着重检查法兰等连接部件有无泄漏，容器防腐层是否完好，有无变形、腐蚀等缺陷等等。

⑤ 熟知运行中可能发生的异常现象和防治措施。

⑥ 熟知压力容器的岗位责任制、维护要点和方法。

（2）压力容器的维护

压力容器的维护保养工作一般包括防止腐蚀，消除"跑、冒、滴、漏"和做好停运期间的维护。

① 保护防腐层　经常检查防腐层，如金属涂层、无机涂层、有机涂层、或加金属内衬等，维护防腐层的完好，是防止容器腐蚀的关键。如果容器的腐蚀层脱落或损坏，腐蚀介质和材料直接接触，则很快发生腐蚀。

② 消除"跑、冒、滴、漏"　做好日常维护保养工作，正确选用连接方式、垫片材料、填料等，及时消除"跑、冒、滴、漏"现象。生产设备的"跑、冒、滴、漏"不仅浪费化工原料，造成环境污染，而且往往造成容器、管道、阀门和安全附件的腐蚀，严重时还会引起容器的破坏事故。

③ 注意压力容器在停运期间的保养　对于长期或临时停用的容器，要保持其内部的干燥和清洁，特别注意不使容器的"死角"积存腐蚀性介质。容器停运时，要将内部的介质排空放净。尤其是腐蚀性介质，要经排放、置换或中和、清洗等技术处理。

④ 保持容器处于完好状态　容器上所有的安全装置和计量仪表，应定期进行调整校正，使其保持灵敏、准确；容器的附件、零件保持齐全和完好。

2.1.5　工业管道、气瓶的标识及安全色标

2.1.5.1　工业管道的标识

为了便于工业管道内的物质识别，确保安全生产，避免在操作上、设备检修上发生误判等情况，《工业管道的基本识别色、识别符号和安全标识》（GB 7231—2003）对工业生产中非地下埋没的气体和液体的输送管道的基本识别色、识别符号和安全标识做了规定。不同介质的管道涂上特定的颜色，此外还要在经常操作和明显的部位，标注介质流动方向的箭头和流向的设备位号。有关化工管道涂颜色和注字的规定见表2-4。

表2-4　化工管道涂颜色和注字规定

序号	介质名称	涂色	管道注字名称	注字颜色
1	工业水	绿	上水	白
3	生活水	绿	生活水	白
4	过滤水	绿	过滤水	白
5	循环上水	绿	循环上水	白
6	循环下水	绿	循环回水	白
7	软化水	绿	软化水	白
11	消防水	绿	消防水	红
13	冷冻水（上）	淡绿	冷冻水	红
14	冷冻回水	淡绿	冷冻回水	红
17	低压蒸汽	红	低压蒸汽	白
21	蒸汽回水冷凝液	暗红	蒸汽冷凝液（回）	绿
23	空气（压缩空气）	深蓝	压缩空气	白
31	真空	白	真空	天蓝
38	烧碱	深蓝	烧碱	白
40	硫酸	红	硫酸	白
43	煤气等可燃气体	紫	煤气（可燃气体）	白
44	甲苯	棕色	油类（可燃液体）	黑
45	物料管道	红	按管道介质注字	黄

另外说明，对于采暖装置一律涂刷银漆，不注字；通风管道（塑料管除外）一律涂灰色；对于不锈钢管、有色金属管、玻璃管、塑料管以及保温外用铅皮薄护罩时，均不涂；对于室外地沟的管道不涂色，但在阴井内接头处应按介质进行涂色；对于保温涂沥青的防腐管道，均不涂色。

2.1.5.2　安全色标

安全色标就是用特定的颜色和标志，引起人们对周围存在的安全和不安全的环境注意，

提高人们对不安全因素的警惕。特别在紧急情况下，人们能借助安全色标的指引，尽快采取防范和应急措施或安全撤离现场，避免发生更严重的事故。

（1）安全色

安全色是根据颜色给人们不同的感受而确定的。中国的《安全色》（GB 2893—2008）国家标准是采用红、黄、蓝绿这四种颜色，作为"禁止""警告""指令"和"提示"等安全信息含义的颜色。

红色：含义是禁止、停止。机器设备上的紧急停止手柄或按钮以及禁止触动的部位通常都用红色，有时也表示防火。

蓝色：含义是指令，必须遵守。

黄色：含义是警告和注意。如厂内危险机器和警戒线，行车道中线、安全帽等。

绿色：含义是提示，表示安全状态或可以通行。车间内的安全通道，行人和车辆通行标志，消防设备和其他安全防护设备的位置表示都用绿色。

（2）安全标志

安全标志是由安全色、几何图形和图形符号构成，用以表达"禁止""警告""指令""提示"等特定的信息，引起人们对不安全因素的注意，预防发生事故。国家标准对安全标志有着明确的规定。安全标志分为禁止标志、警告标志、指令标志和提示标志。

禁止标志：在圆环内划一斜杠，即表示"禁止"或"不允许"的意思。圆环和斜杠涂以红色，圆环内的图像用黑色，背景用白色。说明文字设在几何图形的下面，文字用白色，背景用红色。

警告标志：三角形引人注目，故用作"警告标志"。含义是使人们注意可能发生的危险。如"当心触电""当心有毒"等。三角的背景用黄色，三角图形和三角内的图像均用黑色。

指令标志：在圆形内配上指令含义的颜色——蓝色，并用白色绘画必须履行的图形符号，表示必须要遵守的意思。

提示标志：在绿色长方形内的文字和图形符号，配以白色或标明目标的方向，即构成提示标志。长方形内的文字和图形符号用白色。提示标志根据长方形长短边的比例不同，分为一般提示标志和消防设备标志。一般提示标志是指出安全通道或安全门的方向。消防设备提示标志是标明各种消防设备存放或设置的地方。

补充标志：除了上述四种不同几何图形所表达四种不同含义的安全标志外，还有一种补充标志。补充标志就是在每个安全标志的下方标有文字，可以和标志连在一起或分开，补充说明安全标志的含义。补充标志的文字可以横写或竖写。

2.2　安全防护措施

2.2.1　防火防爆的基本措施

为了确保安全生产，首先必须做好预防工作，消除可能引起燃烧爆炸的危险因素，这是最根本的解决方法。防火防爆的基本目的：把人员伤亡和财产损失降至最低限度。防火防爆的基本原则：预防发生，发生事故了就要限制扩大、灭火熄爆。

2.2.1.1 易燃易爆物质的安全处理

（1）取代或控制用量

在生产过程中不用或少用可燃可爆物质。根据工艺条件选择沸点较高的溶剂，如沸点在110℃以上的液体，在常温（18~20℃）下使用，通常不易形成爆炸浓度。控制用量，限制易燃气体组分的浓度在爆炸下限以下或爆炸上限以上。

（2）加强密闭

为防止易燃气体、蒸气和可燃性粉尘与空气形成爆炸性混合物，应设法使生产设备和容器尽可能密闭操作。加压或减压设备，在投产前和定期检修后应检查密闭性和耐压程度；所有压机、液泵、导管、阀门、法兰接头等容易漏油、漏气部位应经常检查，填料如有损坏应立即调换，以防渗漏；设备在运行中也应经常检查气密情况，操作温度和压力必须严格控制，不允许超温、超压运行。

（3）注意通风排气

在实际生产运行过程中还很可能有部分蒸气、气体或粉尘泄漏到器外，采取通风排气措施，以保证易燃、易爆、有毒物质在厂房生产环境里不超过最高容许浓度。通风类型按动力分为机械通风和自然通风，按作用范围可分为局部通风和全面通风。

（4）惰性化

所谓惰性化就是为降低氧气、可燃物的百分比，在可燃气体或蒸气与空气的混合气中充入惰性气体，从而消除爆炸危险和阻止火焰的传播。对于易燃易爆气体混合物的加工，用惰性气体取代空气；易燃易爆液体在液面之上施加惰性气体覆盖，以防止易燃易爆液体的挥发。固体一般都要经过粉碎、研磨、筛分等加工过程，这些过程极易发生火灾爆炸事故，在加工时，充入惰性气体保护。

2.2.1.2 点火源的安全控制

（1）明火

化工生产中的明火主要是指生产过程中的加热用火、维修用火及其他火源。明火的控制主要采取以下措施：

① 加热易燃液体时，应尽量避免采用明火。加热时可采用蒸汽、过热水或其他热载体。如果必须采用明火，设备应严格密闭，燃烧室应与设备分开建筑或隔离。设备应定期检验，防止泄露。如果必须采用明火，设备应该严格密闭，加热的燃烧室与设备应该隔离，按照防火要求留出防火间距。

② 在有火灾爆炸危险的场所，不得使用普通电灯照明，必须采用防爆照明灯具。

③ 在有易燃易爆物质的工艺加工区，应该尽量避免切割和焊接作业，最好将需要检修的设备和管段拆卸至安全地点维修，进行切割和焊接作业时应严格执行安全动火规定。

④ 在积存有易燃液体或易燃气体的管沟、下水道、渗坑内及其附近，没有消除危险之前，不得进行明火作业。

（2）摩擦与撞击

机器上的轴承等转动部分的摩擦、铁器的相互撞击或铁器工具打击混凝土地面等都可以产生火花。在有火灾爆炸危险的场所，应采取以下预防措施：

① 机器轴承要及时加油，保持良好的润滑，并经常清除附着的可燃污垢。

② 可能出现摩擦或撞击的两部分应采用不同的金属制造（铜与钢、铝与钢等）。为避免

撞击打火，工具应用青铜或镀铜的金属制品或木制品。

③ 搬运盛装易燃液体或气体的金属容器时，不要抛掷、拖拉、震动，防止互相撞击，以免产生火花。不准穿带钉子的鞋进入易燃易爆区，地面应铺设不产生火花的软质材料。

④ 为防止金属零件落入机器、装置内因撞击产生火花，应在设备上安装磁力分离器。

（3）高温热表面

① 在化工生产中，加热装置、高温物料输送管道和机泵等，其表面温度都比较高，要防止可燃物落在上面。

② 可燃物的排放口应远离高温热表面。如果高温设备和管道与可燃物装置比较接近，高温热表面应该有隔热措施。

（4）电气火花

电气设备所引起的火灾爆炸事故，多由电弧、电火花、电热或漏电造成。

① 选用非防爆的电气设备时，应首先考虑电气设备安装在爆炸危险场所以外或另室隔离。

② 安装在室外的非防爆开关，采用机械传动或气压控制。

③ 在爆炸危险场所内，应尽可能少用携带式电气设备。

④ 在火灾爆炸危险场所应选用防爆电气设备。防爆电气设备应根据爆炸危险环境区域和爆炸物质的类别、级别、组别进行选型。当场所内存在两种或两种以上的爆炸性混合物时，应按危险程度较高的级别和组别选用电气设备。

（5）其他火源的控制

① 油抹布、油棉纱等易自燃引起火灾，因此应装入金属桶、箱内，放在安全地点并及时处理。

② 在易燃易爆生产车间，禁止穿不符合防静电要求的化纤服装，以避免静电火花引起火灾爆炸；将易积聚电荷的金属设备、管道或容器等，安装接地装置以导除静电。

2.2.1.3　敏感性工艺参数的控制

（1）反应温度的控制

按照工艺要求严格控制反应温度，在工艺设计和操作过程中应注意以下几个方面：

① 移出反应热

对氧化、硝化、聚合、氯化等放热反应，通常利用热交换装置来移出反应热。还可以采用加入其他介质的方法，如通入水蒸气带走部分反应热。

② 传热介质选择

传热介质就是热载体，常用的有水、水蒸气、碳氢化合物、熔盐、汞和熔融金属、烟道气等。在选用时要根据物料和载体的性质正确选择。传热介质的选择应注意：避免使用性质与反应物料相抵触的介质；防止传热面结垢，以免在结垢处形成局部过热点，造成物料分解而引发爆炸。

③ 热不稳定物质的处理

对能生成过氧化物的物质，在加热之前应该除去。热不稳定物质的储存温度应该控制在安全限度之内。

（2）物料配比和投料速率控制

① 物料配比控制

反应物料的配比要严格控制。对于能形成爆炸性混合物的生产，物料配比浓度应严格控制在爆炸极限以外。如果工艺条件允许，可以添加水蒸气、氮气等惰性气体稀释，以减小生产过程中火灾爆炸危险程度。催化剂对化学反应速率影响很大，如果催化剂过量，就有可能发生危险。在生产过程中，若可燃或易燃物料与氧化剂进行反应，要严格控制氧化剂的投料速率和投料量。

② 投料速率控制

对于放热反应，投料速率不能过快，以防放热超过设备的传热能力，避免产生飞温和冲料的危险，造成事故。加料时如果温度过低，往往造成物料的积累、过量，温度一旦适宜反应加剧，加之热量不能及时导出，温度和压力都会超过正常指标，导致事故。

在投料过程中，注意投料顺序。在投料过程中，还应注意投料量。化工反应设备或贮罐都有一定的安全容积。带有搅拌器的反应设备要考虑搅拌开动时的液面升高；贮罐、气瓶要考虑温度升高后液面或压力的升高。若投料过多，超过安全容积系数，会引起溢料或超压；若投料过少，可使温度计接触不到液面，导致温度出现假象，由于判断失误而引发事故。

（3）物料成分和过反应的控制

许多化学反应，由于反应物中存在杂质，而发生副反应或过反应，引发燃烧或爆炸事故。为了防止某些有害杂质引起事故，可采取加稳定剂的方法。许多过反应的生成物是不稳定的，容易造成事故，所以在反应过程中要防止过反应的发生。

（4）自动控制系统和安全保险装置

① 自动控制系统

自动控制系统按其功能分为以下四类。

自动检测系统：对机械、设备或过程进行连续检测，把检测对象的参数如温度、压力、流量、液位、物料成分等信号，由自动装置转换为数字，并显示或记录出来的系统。

自动调节系统：通过自动装置的作用，使工艺参数保持在设定值的系统。

自动操纵系统：对机械、设备或过程的启动、停止及交换、接通等，由自动装置进行操纵的系统。

自动信号、联锁和保护系统：机械、设备或过程出现不正常情况时，会发出警报并自动采取措施，以防事故的安全系统。

②信号报警、保险装置和安全联锁

在化学工业生产中，可配置信号报警装置，情况失常时发出警告，以便及时采取措施消除隐患。保险装置是在危险状态下自动消除危险状态。安全联锁就是利用机械或电气控制依次接通各个仪器和设备，使之彼此发生联系，达到安全运行的目的，防止由于操作疏忽而造成的事故。

2.2.2 有毒有害物质的防护措施

生产过程实现密闭化、自动化是解决毒物危害的根本途径。用无毒物质代替有毒物质，用低毒物质代替剧毒或高毒物质，是消除毒物危害的有效措施。

2.2.2.1 防止职业毒害的技术措施

（1）代替或排除有毒或高毒物料

在生产过程中原材料、辅助材料应该尽量采用无毒或低毒物质。采用无毒物料代替有毒物料，用低毒物料代替高毒或剧毒物料，以消除或减轻毒物对人体的伤害。

（2）采用新的生产工艺

在改造旧工艺或选择新工艺时，应尽量选择安全的、危害性小的工艺，这也是减少毒物危害的根本性措施。在选择工艺路线时，应将物料的毒性等级作为衡量选择的主要条件，同时将所需的防毒费用计入技术经济指标。

（3）生产过程的密闭化、机械化和连续化

为了控制和防止有毒物质从生产过程中散发、外逸造成危害，生产设备的密闭化是关键。生产过程的密闭涉及设备本身和加料、出料，物料的输送、粉碎、包装、存放等过程。如尘毒物质的密封输送，固体投料的锁气装置，转轴的密封填料、机械密封，在密闭容器中进行反应等。若生产条件许可，应尽可能使密闭设备在负压下操作，以提高设备的密闭效果。在化工生产中，常以泵、压缩机、皮带输送机等机械代替人工输送不同状态的原材料、中间产品或成品；以各种机械搅拌代替人工搅拌；以机械化包装代替人工包装等。这些机械化操作的实现，不仅可以减轻操作者的劳动强度，而且可以避免操作者与尘毒物质的直接接触，减少尘毒物质对人体的危害。采用连续化操作可以消除毒物对人体的危害。

（4）生产设备的隔离操作和自动控制

在生产中尽管采用了许多防毒的有效措施，但在某些特殊情况下，如设备密闭难度大等情况，就免不了会有毒害物质的扩散，为此需采用隔离操作。隔离操作就是把操作工人与生产设备隔离开来，可以把全部或个别毒害性严重的生产设备设置在隔离室内，室内用排风使之保持负压状态，因此尘毒物质不能外逸。也可以把工人的操作仪表、操作开关以及自动操作设备放在隔离室内，向室内用送风将新鲜空气送入隔离室内，使其保持正压，这样有毒害物质不能进入。先进的隔离操作，必须有先进的自动控制设备和先进的指示仪表。

生产自动化操作的实现，可以减轻工人的劳动强度，同时也减少了工人与毒物的直接接触。例如乳剂农药乐果、敌敌畏等药品包装，实现自动化流水作业线操作后，既可提高效率，又可减少室内空气中毒物的含量，从而改善了操作环境。

2.2.2.2 通风排毒与净化回收

（1）通风排毒

用通风的方法将逸散的有毒气体、蒸气和气溶胶等排出，是预防毒物的一项辅助措施。通风排毒按其范围可分为局部通风和全面通风。

① 局部通风

局部通风是指毒物比较集中，或工作人员经常活动的局部地区通风。局部通风分为局部排风、局部送风和局部送、排风三种类型。局部排风是采用各种局部排气罩或通风橱设施，将产生的有害物，立即随空气排至室外，然后净化吸收，排风系统由排风罩、风道、风机、净化装置等组成。局部送风最好是设有隔离操作室，将风送入室内，适用于厂房面积很大、工作地点比较固定的作业场所，通过局部送风使工作场所的温度、湿度、清洁度等局部空气环境条件符合卫生要求。局部送、排风则是一种更有效的通风方式，采用既送风又排风的通风设施，既有新鲜空气的送入，又有污染空气的排出。

② 全面通风

全面通风是用大量新鲜空气将作业场所中的有毒气体稀释到符合国家卫生标准的通风方式。全面通风主要用于低毒物质，毒源不固定且扩散面积较大，或虽实行了局部通风，但仍有毒物散逸点的车间或场所。全面通风分为全面排风、全面送风和全面送、排风三种类型。

全面排风是在毒物集中产生区域或房间采用全面排风，使含毒空气排出，较清洁的空气从外部补充进来，稀释有毒气体，使室内产生的有害气体尽可能不扩散到邻室或其他区域。全面送风是为了防止外部污染空气进入室内，同时室内有害气体又得到送入的经过滤处理的空气稀释，这时室内处于正压，室内空气通过门窗被压出室外。全面送、排风是将全面送风与全面排风相结合的通风系统，往往用在门窗密闭、自行排风、进风比较困难的场所。

（2）净化回收

根据输送介质特性和生产工艺的不同，可采用不同的有害气体净化方法。有害气体净化方法大致分为吸收法、吸附法、冷凝法、燃烧法和高空排放法。

① 吸收和吸附

吸收是在防毒技术中较多采用的单元操作，气相混合物中的溶质不同程度地溶解于液体，从而被液体吸收。对于溶解于某种液体的有毒有害气体，可采用吸收法进行回收，适用于净化一氧化碳、二氧化硫、二氧化氮、氟化氢、氯气、氯化氢、氨气、银蒸气、酸雾、沥青烟及有机蒸气。如焦炉煤气、高炉煤气、发生炉煤气净化，工业气体中的苯及其衍生物等有机蒸气净化，烟气脱硫净化等。

对于空气中低浓度的有毒有害物质，可以采用吸附的方法进行净化。吸附法是有害气体与多孔性固体（吸附剂）接触，使其附着在固体表面上的净化技术。如对苯类、醇类、脂类和酮类等有机蒸气的气体净化与回收。吸附剂应选用具有较大比表面积、良好选择性和再生能力、成本低廉的物质，一般常用的吸附剂有活性炭、分子筛、硅胶、高分子复合吸附剂等。

② 冷凝法

对于蒸气状态的有毒有害物质，可采用冷凝法进行回收。一般用于回收空气中的有机溶剂蒸气，在燃烧、吸附等净化处理之前使用。冷凝净化法分为直接法和间接法。直接法是冷却剂和蒸气直接接触，冷却剂、蒸气、冷凝液混合在一起，适用于含大量水蒸气的高湿废气，也多用于不回收有害物或含污冷却水不需处理的情况。然而冷凝法存在用水量大，废水处理困难等问题。间接法是采用列管冷凝器、螺旋板冷凝器、淋洒式冷凝器等冷凝有机溶剂蒸气，处理量较小，但能耗低、回收的冷凝液纯净。

③ 燃烧法

对于可燃或在高温下能分解的有害气体、蒸气或烟尘，可通过焚烧使之变为无害物质。一般可用于有机溶剂蒸气和碳氢化合物的净化处理。适用于有害气体中含有可燃成分的条件，且一般方法难以处理，危害性极大。常用的燃烧净化法有直接燃烧、热力燃烧及催化燃烧等。

确定净化方案的原则是：①设计前必须确定有害物质的成分、含量和毒性等理化指标；②确定有害物质的净化目标和综合利用方向，应符合卫生标准和环境保护标准的规定；③净化设备的工艺特性，必须与有害介质的特性相一致；④落实防火、防爆的特殊要求。

2.2.3 普通职业性危害的防护措施

2.2.3.1 生产性粉尘的防护措施

生产性粉尘是在工业生产过程中形成的，并能较长时间悬浮于生产环境空气中的固体颗粒，其来源非常广泛，如工业材料的运输存放、工业产品的加工操作、金属加热之后的二次凝结等。按生产性粉尘的性质可分为：无机性粉尘（包括矿物性粉尘，如硅石、石棉、煤、石灰石等；金属性粉尘，如铁、锡、铝、锌、锰等及其化合物；人工无机性粉尘，如水泥、金刚砂、石墨等）、有机性粉尘（包括植物性粉尘，如棉、麻、面粉、木材；动物性粉尘，如皮毛、丝、骨质粉尘；人工性粉尘，如有机染料、农药、合成树脂、沥青和人造纤维等）、混合性粉尘。预防粉尘危害应采取以下技术措施和个体防护措施。

（1）采取限制、减少粉尘扩散的措施

采用密闭管道输送、密闭自动（机械）称量、密闭设备加工等方式，让粉尘处于小范围内活动，尽量降低粉尘在空气中的浓度，减少粉尘的危害。不能完全密闭的尘源，在不妨碍操作条件下，尽可能采用半封闭罩、隔离室等设施来隔绝、减少粉尘与工作场所空气的接触，将粉尘限制在局部范围内，减弱粉尘的存在。

在原料、产品的转移、碾磨、混合和清理等物理变化的过程中，粉尘从生产设备中外逸的原因之一是物料下落时诱导了大量空气，在密闭罩内形成正压。为了减弱和消除这种影响，各种密闭装置除均应保持有足够的空间外，还需通过降低物料落差、适当降低溜槽倾斜度、隔绝气流、减少诱导空气量和设置空间（通道）等方法，抑制由于正压造成的扬尘。

（2）通风排尘

首先在生产加工场所安装完备的排尘设备，通过对通风口或者是特殊的排尘管道，对生产厂房进行通风排尘，并且对空气中的粉尘浓度进行稀释处理，使其符合国家职业接触限值的要求。通风排尘分为全面机械通风和局部机械通风，应根据现场实际情况进行合理布置。全面通风适合于尘源不固定场所，是对整个厂房进行的通风换气，实际起到稀释作用。局部机械通风是对厂房内的尘源进行通风除尘，使局部作业环境得到改善。

（3）采用有效的除尘设备

除尘设备是将粉尘从含尘气流中分离出来的净化器。常用的除尘设备形式很多，基本上可以分成干式、湿式两大类，主要利用重力、惯性力、离心力、热力、扩散黏附力和电力等。除尘器的主要参数可分为技术参数（除尘风量、除尘效率、阻力）和经济参数（设备费、运行费、使用寿命、占地面积、空间体积）。

（4）防止二次扬尘

二次扬尘是指各种气流把沉降在生产环境设备、地面上而没有悬浮在空气中的粉尘再次扬起的过程。在生产作业中，二次扬尘经常出现，二次扬尘中的粉尘浓度比较高，对人体的危害性不容小觑。应在设计中合理布置、尽量减少积尘平面，地面、墙壁应平整光滑、墙角呈圆角，便于清扫；使用负压清扫装置来消除逸散，沉积在地面、墙壁、构件和设备上的粉尘；对炭黑等污染大的粉尘作业及大量散发沉积粉尘的工作场所，则应采用防水地面、墙壁、顶棚、构件和水冲洗的方法，清理积尘。应根据不同的环境采用不同的技术防止二次扬尘，严禁用吹扫方式清尘。

（5）加强个人防护意识

生产线员工应断绝一切粉尘可能进入人体的途径，根据粉尘的性质，选择合适的个人防护用品，严格穿戴工作服，正确合理使用防尘口罩、呼吸器、头盔、防尘眼镜等个人防护用品。企业也应该做好相关的管理落实工作，制定定期工人检查制度，做好新入岗工人的防护安全培训工作等等。

2.2.3.2　振动和噪声的防护措施

振动是指一个质点或物体在外力作用下沿直线或弧线围绕于平衡位置来回重复的运动。生产中由生产工具、设备等产生的振动称生产性振动。常见产生振动的机械设备主要有锻造机、冲压机、压缩机、振动筛、振动送风带等。

噪声是人们在生产和生活中所有使人烦躁不安的声音。工业生产噪声则是工业企业在生产活动中使用固定的生产设备或辅助设备所辐射的声能量，包括机泵噪声、压缩机噪声、加热炉噪声和风机噪声等。一般工厂车间内噪声级大约在75~105dB（A），少数车间或设备的噪声级高达110~120dB（A）。生产设备的噪声大小与设备种类、功率、型号、安装状况、运输状态以及周围环境条件有关。

（1）振动的治理技术

振动的预防措施要采取综合性措施，即消除或减弱振动工具的震动，限制接触振动的时间，有计划地对从业人员进行健康检查，采取个体防护等项措施。

① 消除或减少振动源

从工艺和技术上消除或减少振动源是预防振动危害最根本的措施。如选用动平衡性能好、振动小的设备；改革风动工具，改变排风口的方向，固定工具。在机器基座下安装隔振装置，如金属弹簧隔振器、橡胶隔震器等。为防止地板和墙壁的振动，在设备上设置动平衡装置，安装减振支架、减振手柄、减振垫层（橡胶、软木、玻璃纤维毡、砂石等）。在振源设备周围地层中设置隔振沟、板桩墙等隔振层，切断振波向外传播的途径。可以采取自动化、半自动化控制装置，降低振动强度，减少手持振动工具的重量，或采取减振措施，减少手臂直接接触振动源。

② 建立合理劳动制度，限制作业时间

在限制接触振动强度仍不理想的情况下，按接触振动的强度，建立合理的劳动制度，制定合理的作息制度和工间休息，限制日接触振动的时间，这是防止和减轻振动危害的重要措施。

③ 健康检查和个人防护

坚持就业前和工作后的定期检查，并及时发现和治疗受振动损伤的作业人员。合理穿戴个人防护用品，如防振手套、防振鞋等，降低振动危害程度。再如吊车司机等，可以使用弹簧坐垫，以减少振动带来的损害。

（2）噪声的治理技术

① 消除或降低声源噪声

从声源上消除或降低噪声是控制噪声的最根本措施。采用无声或低噪声工艺及设备代替高噪声的工艺设备，使噪声降低到对人无害的水平。采用操作机械化（包括进、出料机械化）和运行自动化的设备工艺，实现远距离的监视操作。

② 隔声、消声、吸声和隔振降噪

当采取上述措施后噪声级仍达不到要求，则应采用隔声、消声、吸声、隔振等综合控制技术措施。在噪声传播途径中，设置带阻尼层、吸声层的隔声罩、隔声屏、隔声室，减少声能的传递，从而达到降低噪声的目的。对空气动力机械辐射的空气动力性噪声，应采用消声器进行消声处理。对原有吸声较少、混响声较强的车间厂房，应采取吸声降噪处理。对产生较强振动和冲击，从而引起固体声传播及振动辐射噪声的机器设备，应采取隔振措施。

③ 注重个人防护，减少接触时间

采取噪声控制措施后，工作场所的噪声级仍不能达到标准要求，则应采取个人防护措施和减少接触噪声时间。对流动性、临时性噪声源和不宜采取噪声控制措施的工作场所，主要依靠个人防护用品（耳塞、耳罩等）防护，如耳塞的隔声值可达20~30dB（A）。

2.2.4　化工火灾扑救

2.2.4.1　火灾扑救的基本原则

报警早、损失少，边报警、边扑救，先控制、后灭火，先救人、后救物，防中毒、防窒息，听指挥、莫惊慌。本小节提到的火灾的扑救，指在发生火灾后，专职消防队未能到达火场以前，对刚发生的火灾事故所采取的处理措施。

（1）先控制后消灭。对于不能立即扑救的要首先控制火势的继续蔓延和扩大，在具备扑灭火灾的条件时，展开全面扑救。对密闭条件较好的室内火灾，在未作好灭火准备之前，必须关闭门窗，以减缓火势蔓延。

（2）防止次生爆炸事故。在救火过程中，避免发生次生爆炸事故是救火工作的重中之重。对于火源附近有爆炸危险的设备、管道，应采用积极的冷却降温措施；对于火源附近的有爆炸燃烧危险的物资，应火速移走；阻止液体可燃物流淌或将其导流到较安全的地带，尽最大努力防止连环爆炸和火灾事故的发生。

（3）救人第一。火场上如果有人受到火势的围困时，应急人员或消防人员首要的任务是把受困的人员从火场中抢救出来。在运用这一原则时可视情况，救人与救火同时进行，以救火保证救人的展开，通过灭火，从而更好地救人脱险。

（4）充分利用自然风向和事故排风设施。在火灾扑救过程中，充分利用条件，注意防止烟雾伤害，疏散无关人员，防止发生中毒或窒息事故。

（5）正确选择灭火剂和灭火方法。根据火灾类型与实际情况，正确选择灭火器，正确选择和使用消防设施与器材。

2.2.4.2　灭火的原理与方法

（1）灭火基本原理

灭火基本原理是设法破坏燃烧三个条件中的任何一个即可灭火。基本方法有隔离法、冷却法、窒息法和抑制法。

隔离法就是将火源与火源附近的可燃物隔开，中断可燃物质的供给，使火势得到控制。少量的可燃物燃烧后，或同时使用其他的灭火方法，使火扑灭。

冷却法就是用水等灭火剂喷射到燃烧着的物质上，降低它的温度。当温度降低到该物质的燃点以下时，火就扑灭。

窒息法就是用不燃（或难燃）的物质，覆盖、保护燃烧物，阻碍空气（或其他氧化剂）与燃烧物质接触，使燃烧因缺少助燃物而停止。

抑制法就是将抑制剂渗入燃烧区域，以抑制燃烧连锁反应进行，使燃烧中断灭火。用于化学反应中断法的灭火剂有干粉灭火剂。干粉灭火剂的主要成分为碳酸氢盐和磷酸氢盐加上防潮剂等，其灭火原理为高温下碳酸氢钠吸热分解放出二氧化碳以及水蒸气，同时干粉颗粒能使燃烧过程产生的活性基团形成稳定的分子，使燃烧链反应终止。

（2）火灾分类与常用灭火器

根据可燃物的类型和燃烧特性，《火灾分类》（GB/T 4968—2008）将火灾分为 A、B、C、D、E、F 共六大类。标准规定的火灾分类对选用灭火方式，特别是对选用灭火器灭火具有指导作用。

A 类火灾：固体物质火灾。这种物质通常具有有机物性质，一般在燃烧时能产生灼热的余烬。如木材、棉毛、麻、纸张等燃烧的火灾，可用水型灭火器、泡沫灭火器、干粉灭火器。

B 类火灾：液体或可熔化的固体物质火灾。如汽油、煤油、柴油、甲醇、石蜡等的火灾，可用干粉灭火器、二氧化碳或泡沫灭火器。

C 类火灾：气体火灾。如煤气、天然气、甲烷、氢气等燃烧的火灾，可用干粉灭火器、二氧化碳灭火器。

D 类火灾：金属火灾。如钾、钠、镁等可燃物的火灾，不能选用以上灭火剂，可用干沙或金属专用灭火剂。

E 类火灾：带电火灾。可用二氧化碳、干粉灭火器（禁止用水）。

F 类火灾：烹饪器具内的烹饪物（如动植物油脂）火灾。泡沫灭火器与干粉灭火器可用于油类火灾。

2.2.4.3　常规消防系统

化工企业的火灾具有燃烧速度快、蔓延迅速，易形成大面积燃烧等特点，必须有常规消防系统或自动报警与灭火系统。常规消防系统包括消防给水系统和泡沫消防及惰性气体灭火设施。

化工企业火灾自动报警控制系统一般由感烟探头、红外火焰探测器，手动报警按钮、消火栓按钮、喷淋头、水流指示、湿式报警阀、压力开关、防火阀、排烟阀、排烟机、消防广播、消防电话、消火栓泵、喷淋泵、切断非消防电源、可燃气体报警器控制器主机和显示系统组成。感烟探头是一种检测燃烧产生的烟雾微粒的火灾探测器，作为前期、早期火灾报警是非常有效的。可燃气体报警器，当工业环境、日常生活环境中可燃性气体发生泄露时，气体报警器检测到的可燃性气体浓度达到报警器设置的报警值时，可燃气体报警器就会发出声、光报警信号，并自动切断燃气切断阀。

自动灭火系统包括自动喷水灭火系统、气体灭火系统、泡沫灭火系统、干粉灭火系统。

2.2.5　个人防护器具

个人防护器具主要类型包括头部防护用品、眼面防护用品、听力防护用品、脚部防护用品、防护服、防护手套和呼吸防护用品。

（1）头部防护用品

保护头部避免坠落物和飞行物的撞击和穿透，避免电击和烧伤。具体的防护系数依安全帽的级别而不同。所有的安全帽必须要有可调节的系带、帽衬条，且为无缝密合结构。安全帽分为四个级别。A 级：电绝缘性能一般，能防止飞行物体和坠落物的冲击。帽壳可由塑料、玻璃纤维或硬塑料等材料制成。必须防水、阻燃，不刺激佩戴者的皮肤。B 级：电力作业工人的安全帽，高电绝缘性能，同样能防止飞行物和坠落物的冲击。帽壳可由塑料、玻璃纤维或硬塑料等材料制成。必须防水、阻燃，不刺激佩戴者的皮肤。C 级：无电绝缘性能，但能防止飞行物和坠落物的冲击。帽壳可由塑料、玻璃纤维、硬塑料或铝等材料制成。必须防水、并且不刺激佩戴者的皮肤。D 级：救火时的防护作用有限。

（2）眼面防护用品

眼面防护用品有防护眼镜、眼罩、面罩（需在有防护眼镜条件下配戴）、电焊面罩。当进行破碎、磨测、锯切、锤打等操作时，产生的粉尘、金属碎屑或木屑可能进入眼睛；存在化学品飞溅的可能时，如腐蚀性液体、高温液体、溶剂或其他危险的溶液；当存在有害的辐射时，如激光或其他辐射源，及热源、眩光等；上述操作，必须使用眼面防护用品。

（3）听力防护用品

在噪音暴露强度可能会引起听力损失或损伤的区域，应佩戴听力防护用品。听力防护用品有耳塞（可压缩的泡沫）、耳罩。噪音降低等级（NRR）表示设备防噪音的效果。例如 NRR 值为 25，表明当正确使用时，该设备能降低噪音 25 dB。常见的 NRR 为泡沫耳塞 20~29dB，耳罩 15~25dB。

（4）脚部防护用品

基于保护的部位可以分为：脚趾防护鞋，即脚趾部位有钢片、铝片或是塑料片防撞击；脚背（跖骨）防护鞋，即脚背部位有钢片、铝片或塑料片防冲击；脚和胫骨防护鞋，即保护小腿和脚；护腿，即能保护小腿和脚免受熔融金属和焊接火星的危害。当有重物如桶可能滚到或掉落到脚上时，当工作时有尖锐的物体如钉子能刺穿普通鞋的鞋底或上部时，当熔融金属可能溅到脚或腿时，在高温、湿滑地面工作时，工作环境有电气危险时，必须穿脚部防护用品。

（5）防护服

当涉及以下情况时，必须穿防护服。存在割伤和辐射的危险；存在熔融金属或其他高温液体的飞溅；高温；可能存在来自工具和机器的碰撞；存在危险化学品。防护服的材料有很多种，每种材料都能防护特定的危害。防护服的选择需考虑污染物的危害特性、接触的程度和暴露的时间长度、从事的工作任务、与其他防护用品的兼容性。防护服使用前，确认是否是正确类型的防护服，检查有无接缝、裂缝，防护服或手套上的涂层是否一致，拉链、纽扣是否损坏，工作时周期性地检查，确保拉链和纽扣完好，手套和靴子与衣服的袖口连接完好。

（6）防护手套

防护手套有很多类型，按材质分类，可分为天然橡胶（乳胶）手套、丁基橡胶手套、氯丁橡胶手套、丁腈橡胶手套、PVC 手套、帆布手套、皮革手套和棉纱手套等。按功能分类，可分为耐高温阻燃手套、耐酸碱手套、耐油手套、绝缘手套、防静电手套、防切割手套等。防护手套的选择因素考虑：处理的化学物质的种类，接触的方式（浸入、飞溅等），接触的时间，需要保护的区域（手、前臂、手臂），抓握要求（干、湿、油状），热保护，尺寸和舒适性，耐磨损的要求。

（7）呼吸防护用品

呼吸器可以分为两大类：净气式呼吸器（半面罩、全面罩）和隔绝式呼吸器（携气式、供气式）。净气式呼吸器的作用是过滤或净化空气中的有害物质，一般用于空气中有害物质浓度不很高，且空气中氧含量不低于 18%的场所。此类呼吸器具有轻便、相对便宜、使用简单和能有效减少吸入空气的健康风险的特点。净气式呼吸器的选用标准，首先要识别污染物质及其在空气中的浓度，然后确认空气中的氧气浓度在 19.5%~23.5%之间。净气式呼吸器的局限性：不提供呼吸空气，与脸部的密封性要求严格，在相对严重污染区域只能有限制的使用，滤盒寿命有限，全面罩呼吸器容易产生雾滴，半面罩呼吸器不保护眼睛，对脸部皮肤的保护也有限。

隔绝式呼吸器所需的空气并非现场空气，而是另外供给。按其供给方式又分为携气式与供气式。隔绝式呼吸器的局限性：相对较重，移动受限制；携气式呼吸器的气罐只能供应 20min 左右的呼吸空气；供气式呼吸器有很长的导气管，容易与其它东西缠绕；与脸部的密封性要求严格；全面罩呼吸器容易产生雾滴；呼吸器与脸部接触的地方不能有头发。

2.3 安全生产相关要求

为了确保化工生产装置持续、稳定、安全生产，避免发生火灾、爆炸、中毒、窒息、化学伤害、机械伤害、触电等事故，煤化工、石油化工企业都建立了相应的安全操作制度和规程，强化企业的安全管理。

2.3.1 一般安全要求

生产装置区禁火、禁烟，设置安全标志。

操作人员应经培训考试（考核）合格后，并持有上岗操作证者方能上岗操作。

工作区应有足够照明，移动照明灯不得超过36V，进入设备的安全灯为12V。

检修动火必须严格执行动火制度，并采取可靠的安全措施后方可进行。

通往安全淋浴、洗眼喷头、灭火器或其他消防用品、防护用品的通道不能堵塞。

加强对易燃易爆物质管理：

① 加强设备维护保养，对设备、管道经常巡检和查漏，保持生产装置密闭良好。对负压下操作的生产设备应防止空气吸入。

② 对有易燃易爆气体和有毒气的生产区，应采取通风置换措施。

③ 在火灾爆炸危险场所的电气、仪表中采取充 N_2 保护，在盛有易燃易爆介质的设备、容器、管道检修前采取 N_2 换吹扫。

操作人员应严格按操作规程进行装置的操作及工艺参数的控制，认真做好开停车、运行和检查记录。

各种安全装置必须灵敏好用，压力表、安全阀、爆破板等的切断阀严禁随便关闭。

2.3.2 电气方面的安全要求

电气设备及线路的一切修理工作必须由电气维修人员进行。

电气设备要注意保护，防止水、蒸汽及腐蚀性介质进入而影响绝缘质量或腐蚀设备。

电气设备应有完好的接地线，禁止用湿手或戴湿手套接触电气开关。

电机长期备用或检修后试车前，应由电气维修人员检查，同意后方可启动。

大功率的电机起动前应得到调度室和电气维修人员同意后方可启动。

检查各设备静电接地完好。

2.3.3 设备维护及检修注意事项

压力容器上的安全阀、压力表应定期校验，保持压力容器的安全附件齐全、灵敏、可靠。

压力容器应定期进行检查。

设备在交付检修前，必须切断电源，卸去压力，对有毒或能引起爆炸、燃烧的介质应冲洗干净或用惰性气置换。重要部位检修尚需插上盲板，确保安全。还必须办好《设备检修许可证》的申请和审批手续。

进入有毒介质容器内部进行清理维修时，在设备清洗干净后，应分析有毒介质含量是否符合规定，要加强通风，准备好防护器材，并禁止一个人单独工作，必须有人在容器外进行监护。

在处理含有腐蚀性介质的设备、管道时，应穿戴防护用品如眼镜、手套或面具等。

设备检修时，设置的盲板应有明显标志，运转设备应有完好的安全罩。

2.3.4　实习安全注意事项

外来实习人员在进入化工生产车间时应做到以下几点安全要求：

①　了解实习装置的生产特点，如原材料中间产物、产品等物料的特性，设备特点，工艺操作条件，危险因素等等，掌握相关的安全知识，了解安全管理规定。

②　了解实习装置的危险源（含隐患）部位，熟悉装置结构。

③　必须按照规定穿戴好工作服和必要的防护用品如安全帽，严禁穿钉鞋不准穿戴非规范，女工必须把长发收入帽内。

④　禁止携带火柴和打火机进入厂区，严禁在厂区内吸烟和使用明火；严禁在厂区内玩手机、打电话和拍照。

⑤　在实习现场，不准随意启动操作设备、阀门等，不准随意乱按电铃和灯光开关，不准高声喧哗和乱敲、乱丢杂物等，人人都有义务维护正常生产的秩序。

⑥　不要随便触摸设备、管线表面，防高温烫伤；不能触摸（及靠近）机器转动部位。

⑦　注意防止滑倒或摔倒，防止阀杆或管线碰头，注意围堰、地沟、排污井等。

⑧　上下楼梯要注意安全：手要扶着楼梯扶手，逐级上或下。

⑨　不要进入打开的塔、罐、容器、下水井、电缆沟等。

⑩　严格遵守实习纪律和实习单位的各项规章制度，服从管理。

参考文献

1. 李振花，王虹，许文. 化工安全概论. 3 版. 北京：化学工业出版社，2018.

2. 温路新，李大成，刘敏，等. 化工安全与环保. 2 版. 北京：科学出版社，2020.

3. 蔡凤英，王志荣，李丽霞. 危险化学品安全. 北京：中国石化出版社，2017.

4. 毕海普. 化工安全导论. 北京：中国石化出版社，2019.

5. 李德江，陈卫丰，胡为民. 化工安全生产与环保技术. 北京：化学工业出版社，2019.

扫码获取化工生产实习安全测试题目

第三章

煤炭气化生产洁净合成气

煤炭是我国的基础能源和战略原料，煤炭的清洁高效利用是社会经济发展和生态文明建设的客观要求，也是保障国家能源安全的现实需要。煤炭气化是煤炭清洁高效利用的核心技术，广泛应用于煤基大宗化学品合成（合成氨、甲醇、乙二醇、醋酸、乙烯、丙烯等）、煤制液体燃料（汽油、柴油等）、煤制天然气（SNG）、煤气化联合循环发电（IGCC）、煤基多联产、直接还原炼铁、制氢等过程工业，是这些行业的龙头技术和关键技术。

合成气的主要成分为 CO 和 H_2，以合成气为原料气可以合成众多的化工产品，如甲醇、甲醛、二甲醚、醋酸和汽油等，已经成为现代煤化工的基础。以大规模煤基合成气生产甲醇为例，其生产流程示意图如图 3-1 所示，首先煤与空气分离产出的氧气在气流床气化炉内反应制得高 CO 和 H_2 含量的粗煤气，粗煤气经变换单元将部分 CO 转化为 CO_2 和 H_2 以调节氢碳比，再经低温甲醇洗将大部分 CO_2 和硫化物脱除，硫化氢通过克劳斯硫回收工艺进行回收并获得产品硫磺，净化后的合成气经压缩后在甲醇合成塔内反应生成甲醇，经精馏提纯制得精甲醇或满足后续工序要求的粗甲醇。

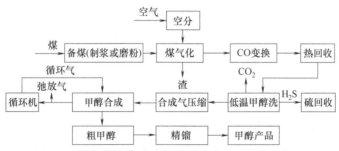

图 3-1　煤气化生产合成气及甲醇合成工艺流程框图

本章以洁净合成气生产为目的，主要介绍煤气化、一氧化碳变换、低温甲醇洗脱硫脱碳三个工段。

3.1　煤气化工段

煤气化是在一定温度、压力下，用气化剂对煤进行热化学加工，将煤中有机质转变为煤气的过程。其含义就是以煤、半焦或焦炭为原料，以空气、富氧（纯氧）、水蒸气、二氧化碳等气体中的一种或两种为气化介质，使煤经过部分氧化和还原反应，将其中所含碳、氢等物质转化成以一氧化碳、氢气、甲烷等可燃组分为主的气体产物的多相反应过程。

煤气化制粗合成气是整个煤制甲醇工艺过程的核心部分，具有投入大、可靠性要求高的特点。煤气化技术的选择对后续的变换、净化等流程配置和装置的经济效益影响较大。

根据气化反应器形式的不同，煤炭气化分为固定床、流化床和气流床三种主要的气化方法，三种气化方法的反应机理基本相同，但气化炉内流体力学状态差别很大。

固定床气化炉一般采用块煤（焦、半焦、无烟煤）或成型煤为原料通过料斗从气化炉上部加入，向下移动，与向上流动的气化剂逆流接触，不断气化。根据煤和气化剂在床层不同高度进行的主要反应，可将气化炉自上而下分为干燥层、干馏层、甲烷生成层、气化层、燃烧层和灰渣层。

流化床气化是利用流态化的原理和技术，使煤颗粒通过气化介质达到流态化，从而强化煤颗粒和气化介质之间的传热、传质速率。在流化床气化炉中，气化剂由气化炉底部吹入，粒径<10mm 的煤粉和气化剂在炉底部分呈并流流动，在上筒体部分呈逆流和并流流动。

气流床又称射流携带床，是利用流体力学中射流卷吸的原理，将煤浆或煤粉颗粒与气化介质通过喷嘴高速喷入气化炉内，形成高速湍流，从而强化了气化炉内的混合，使气化反应能够快速进行。因此，气流床气化的这几个主要反应过程并无明确的界限，干燥、干馏、还原和氧化几乎是同时进行，统称为火焰型部分氧化反应。在气流床气化炉内，由于反应空间有限，气化反应必须在瞬间完成，要求原料煤与气化剂要充分混合和接触，入炉煤的粒度应足够小（<0.1mm），以便煤与气化剂有充足的反应面积。气流床气化与固定床和流化床气化相比，由于煤和气化剂在高温、高压和充分混合的状态下反应，反应彻底，碳转化率高，合成气和灰水中无焦油、酚等组分，单位体积生产能力大，符合气化装置大型化、高效、环保的要求，因而得到了广泛应用。

根据煤的进料方式可将气流床煤气化技术分为煤粉气化和水煤浆气化两大类。煤粉气化技术主要有国外的 Shell 气化技术和 GSP 气化技术以及国内的航天炉气化技术等，水煤浆气化技术主要有美国德士古（Taxaco）公司的 GE 水煤浆气化技术和中国华东理工大学的多喷嘴对置式气化炉气化技术。目前我国大型的煤制甲醇生产装置的气化单元既有以煤粉为原料的气流床气化，也有以水煤浆为原料的气流床气化，因此本节将以 Shell 气化和 GE 水煤浆气化为例，分别介绍干煤粉气化工艺和水煤浆气化工艺。

3.1.1 Shell 干煤粉加压气化工段

3.1.1.1 Shell 干煤粉加压气化工段的作用

Shell 干煤粉加压气化工段的任务是利用煤粉在气化炉内与氧气和蒸汽发生部分氧化反应，制备以一氧化碳和氢气为主要成分的粗合成气，供下游装置使用。

气化装置采用 Shell 干煤粉加压气化技术，核心装置为 Shell 气化炉，在操作压力 4.0MPa、操作温度 1520℃左右条件下将煤粉转化为以 H_2 和 CO 为主要成分的粗合成气，采用废锅流程冷却合成气，同时副产中压过热蒸汽和高压蒸汽。

3.1.1.2 Shell 干煤粉加压气化原理

Shell 煤气化是由荷兰 Shell 国际石油公司开发的一种先进的加压气流床煤粉气化技术。Shell 气化的原料为干煤粉，气化剂为纯氧和水蒸气，气化剂夹带着煤粉，通过特殊喷嘴喷入气化炉膛内。因炉内高温辐射，温度迅速上升，煤粉在析出挥发分后变成焦粒。挥发分析出所形成的干馏煤气立即与气化剂中的氧气混合燃烧，生成 CO_2 和 H_2O，同时放出大量的热，此反应速度极快。焦粒和气化剂中剩余的氧气继续反应，生成 CO 和 CO₂，并放出大量的热。碳与氧的反应将进行到氧气耗尽为止，产生的热量提供 CO₂ 的还原反应和 H₂O 的分解反应。由于煤料在高于其灰熔点的温度下与气化剂发生部分氧化和还原反应，产生的灰渣以液态形式排出炉内。

气化过程中发生的主要反应如下：

$$C + O_2 \longrightarrow CO_2 \qquad -393.8\text{kJ/mol} \qquad (3\text{-}1)$$

$$C + CO_2 \longrightarrow 2CO \qquad +162.4\text{kJ/mol} \qquad (3\text{-}2)$$

$$C + H_2O \longrightarrow CO + H_2 \qquad +131.5\text{kJ/mol} \qquad (3\text{-}3)$$

$$CO + H_2O \longrightarrow CO_2 + H_2 \qquad -41.2\text{kJ/mol} \qquad (3\text{-}4)$$

$$C + 2H_2 \longrightarrow CH_4 \qquad -74.9\text{kJ/mol} \qquad (3\text{-}5)$$

$$CO + 3H_2 \longrightarrow CH_4 + H_2O \qquad -206.4\text{kJ/mol} \qquad (3\text{-}6)$$

温度是影响气化反应最重要的因素，在气化炉中，一般选择较高的操作温度。操作温度从化学反应速度和化学平衡两方面影响气化反应，提高操作温度增大气化反应的速率常数，加快气化反应的进行，另一方面高温有利于提高吸热反应平衡转化率，即促进水蒸气向 CO 和 H₂ 转化。同时温度的提高受到气化炉耐火材料、液渣排放以及高温煤气热回收等因素的制约。通常通过氧煤比来调节气化炉操作温度，在 Shell 干煤粉气化炉中，操作温度一般在 1400~1600℃。

氧煤比通常用 O/C 原子比来表示，在煤粉气化中，氧煤比是重要的反应条件，而氧耗也是主要的经济指标。氧煤比从两个方面影响气化反应，一方面提高氧煤比增加燃烧反应放出热量，提高温度；另一方面，增加氧煤比会导致 CO₂ 和 H₂O 无用成分的生成，所以选择合适的氧煤比非常重要。在干煤粉气化工艺中，氧耗量较低。

除了氧煤比，蒸汽煤比也是一个重要的工艺参数。水蒸气作为气化剂，一方面使反应 C+H₂O（g）══ CO+H₂ 得到加强，增加煤气中 H₂ 和 CO 的体积分数；另一方面能够降低气化系统的温度，使气化温度不至于太高。当氧煤比一定时，蒸汽煤比太小会导致气化温度过高，所需设备材料要求也相应提高，成本增加；蒸汽煤比太大会导致系统气化温度太低，煤气品质下降，碳转化率下降，气化效率下降。所以蒸汽加入量也要适中。

3.1.1.3　Shell 干煤粉加压工艺概述及特点

Shell 煤气化工艺（Shell Coal Gasification Process）简称 SCGP，可以分为七个单元，分别是磨煤与干燥系统、煤粉加压及输送系统、气化及合成气冷却系统、渣处理系统、干法除灰系统、湿洗系统和初步水处理系统。其气化流程方框图如图 3-2 所示。

煤和石灰石通过称重给料机按一定比例混合后进入磨煤机进行磨粉，并用氮气进行干燥带走煤中水分（小于 2%）；来自制粉系统的干燥煤粉（其中 90%粒度小于 0.1mm）由氮气输送至炉前煤粉贮仓及煤锁斗，再经由加压 N₂/CO₂ 加压（至 4.2MPa）将细粒煤由煤锁斗送入轴向相对布置的气化烧嘴；来自空分的氧气由氧压机加压并预热后与中压过热蒸汽混合导入喷嘴。通过控制加煤量、调节氧量和蒸汽量，使气化炉在气化炉操作压力为 2~4MPa、温度为 1400~1700℃范围内运行。

出气化炉的粗煤气携带着飞散的熔渣粒子被循环冷却煤气激冷（至 900℃），使熔渣固化而不致黏在合成气冷却壁上，然后再从煤气中脱除；粗煤气经合成气冷却器进一步回收热能，冷却至 350℃，合成气冷却器采用水管式废热锅炉，用来生产中压饱和蒸汽或过热蒸汽；粗煤

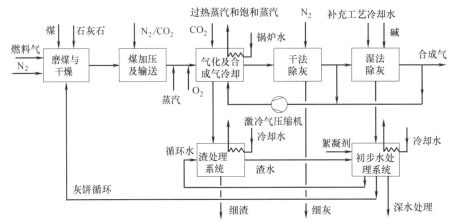

图 3-2　Shell 干煤粉加压气化流程方框图

气经省煤器进一步回收热量后进入陶瓷过滤器除去细灰（至气体中飞灰<20mg/m³）；出高温高压过滤器后合成气分为两股，一部分煤气加压循环用于出炉煤气激冷，另一部分进入文丘里洗涤器和洗涤塔，经高压工艺水进行除灰并降温至 150℃，处理后煤气中含尘量小于 1mg/m³，最后送至下游变换工段。

从洗涤塔排出的黑水在闪蒸槽进行减压闪蒸，闪蒸液再进汽提塔用蒸汽汽提，经初级处理后的灰水送至界区外的污水处理装置进一步处理。气化炉膜式壁内和各换热器采用强制水进行循环，产生的饱和蒸汽（5.4MPa）进入汽包，经汽水分离后进入蒸汽总管。

在气化炉内煤中灰分以熔渣形式排出。绝大部分熔渣从气化炉炉底流入渣池，用水激冷固化成玻璃状炉渣，再经破渣机送入渣锁系统，最终泄压排出系统。在高温高压过滤器中收集的飞灰经飞灰气提塔并冷却后进入飞灰贮罐，一部分飞灰返回至磨煤机，另一部分作为商品出售。

Shell 气化技术的主要特点如下：

① 采用干煤粉进料，以加压氮气或二氧化碳为载气输送，连续性好，气化炉操作稳定，煤种适应性广，从烟煤、褐煤到石油焦均可气化，对煤的活性没有要求，对煤的灰熔点适应范围比 Texaco 水煤浆气化技术更宽。对于高灰分、高水分及含硫量高的煤种同样适应。

② 气化温度约 1400~1600℃，碳转化率高达 99%以上，产品气体洁净，不含重烃，甲烷含量极低，煤气中有效气体（CO+H_2）达到 90%左右。

③ 氧耗低，与水煤浆气化相比，氧耗低 15%~25%，因而配套的空分装置投资较少。

④ 热效率高，冷煤气效率为 78%~83%。其余 15%热能被废热锅炉回收为中压或高压蒸汽，总的热效率约为 96%。存在的问题是废热锅炉制造工序复杂，成本高。

⑤ 气化炉采用水冷壁结构，内涂陶瓷衬里，无耐火砖衬里，大大降低了维护成本，炉子使用寿命可达 20 年以上，无需备用炉。

⑥ 气化炉烧嘴及控制系统安全可靠。壳牌公司气化烧嘴设计寿命为 8000h，气化操作采用先进的控制系统，设有必要的安全联锁，使气化操作处于最佳状态下运行。

⑦ 炉渣可用作水泥掺合剂或道路建造材料。气化炉高温排出的熔渣经激冷后成玻璃状颗粒，性质稳定，对环境几乎没有影响。气化污水中含氰化物少，容易处理。

3.1.1.4　Shell 干煤粉加压气化工艺流程详细说明

Shell 干煤粉加压气化工艺流程图如 3-3 所示，也可扫描二维码观看。

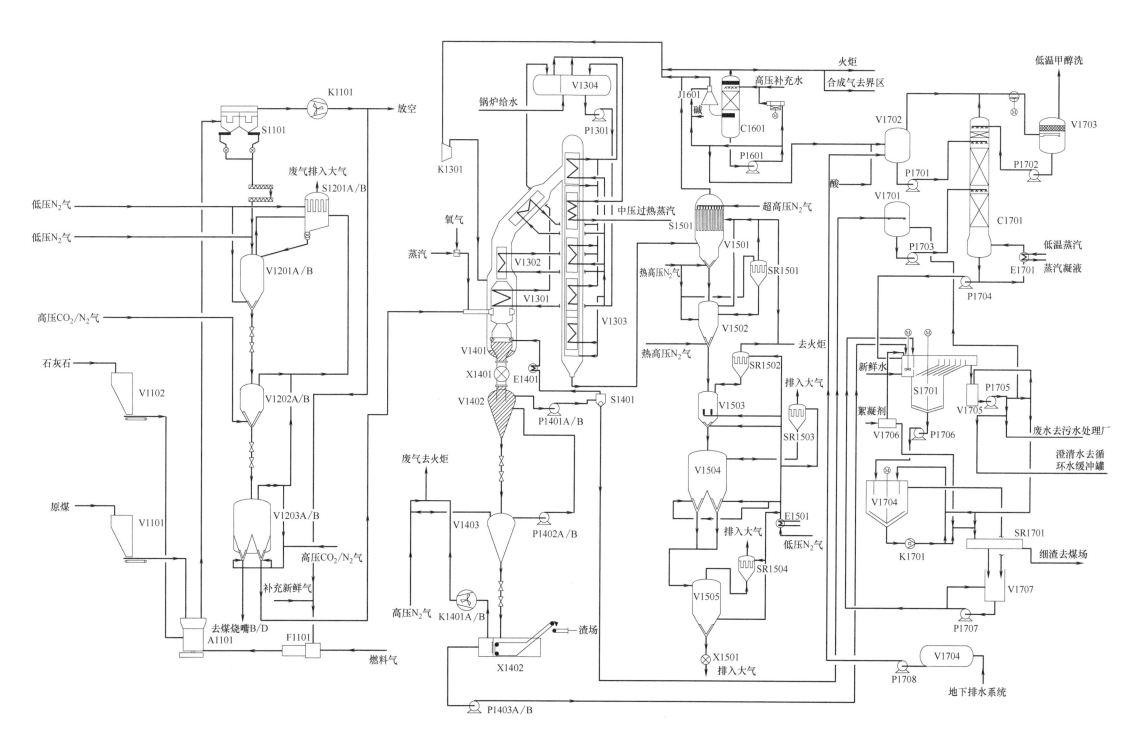

图 3-3　Shell 干煤粉加压工艺流程简图

（1）磨煤与干燥系统

在惰性环境和微负压条件下，粒度≤13mm以下的碎煤和石灰石在一定的配比下，送入磨煤机中被碾磨和干燥，干燥热量由燃料气或柴油在热风炉中燃烧产生热工艺气提供，磨煤系统将煤磨成90%小于0.1mm，并用氮气干燥成水分小于2%。

为了调节原料煤的灰熔点，部分高灰熔点煤需配入石灰石作为助溶剂。石灰石通过外部输送进入到石灰石贮仓V1102中存储，通过称重给料机将成品粒度的石灰石送入磨煤机A1101中；在此与从碎煤贮仓V1101经过称重给煤机送来的碎煤（含回收的滤饼）混合碾磨。

石灰石和碎煤在碾磨的同时，被从惰性气体发生器（热风炉）F1101送来的热烟气干燥，碾磨成细粉的碎煤经过热风干燥后，随着热风一起被送出磨煤机。热烟气进入磨煤机的温度在140~300℃之间，离开磨煤机的温度是100~110℃。在磨煤机的上部经过旋转分离器旋转分离，合格煤粉随热风一起进入煤粉袋式收集器S1101进行煤/气分离，不合格的大颗粒煤粉重新返回到磨煤机A1101中继续碾磨。在磨煤机下部，未被碾磨的石块、木块等从磨煤机的排矸孔排出。

进入煤粉袋式收集器S1101的煤/气混合物，固体浓度约为460g/Nm³，由于风速的降低，约有70%的煤粉自然沉降落入收集器底部收料斗，经过折流板后，剩余的30%的煤粉中约有60%会再次沉降下来，实际上只有约12%的煤粉进入煤粉袋式收集器过滤。经过滤后的热风中固体含量低于10mg/Nm³，被循环风机K1101抽出，大部分气体被循环用来维持系统的惰性，约20%的循环气体被排放，以带走系统中的水分。循环的热风进入惰性气体发生器F1101前，与稀释风机补充的部分新鲜气一起经混合后，分别进入到惰性气体发生器F1101的燃烧室和混合室。

惰性气体发生器F1101的燃料气在正常情况下用甲醇工段来的驰放气，有时也用精制合成气来补充，开工时用柴油。燃烧空气由燃烧空气风机送入。热烟气在进入磨煤机之前，被循环热风降温到300℃以下。为了保证整个磨煤干燥系统的安全性，整个烟气循环回路要控制其氧含量不能超过8%，回路配有氮气补充管线和氧含量在线分析仪。为了保证设备的稳定运行和环境卫生，磨煤机还配有密封空气风机，供主传动和旋转分离器的密封使用。低压氮气用来密封磨辊、拉杆及称重给煤机。

煤粉袋式收集器S1101采用长袋高效低压脉冲方式进行煤粉收集。当运行一定时间后，滤袋内外压差增大，反吹程序会自动定时进行清灰（也可以采取压差控制喷吹），反吹气源为低压氮气。在S1101底部被收集的煤粉，通过旋转给料机和螺旋给料机的输送最终全部进入煤粉贮仓V1201A/B中。

（2）煤粉加压输送系统

将磨煤系统生产的常压煤粉进行加压，在高压和低压设备之间的每个连接使用两道盘阀来隔离。利用低压容器和高压容器之间良好的密封隔离，通过隔离、充压、排放、泄压、重新给煤的程序来完成煤粉的加压给料，达到一定条件后送入煤烧嘴。煤加压与输送系统由两套相同的给料系统组成，每套给料系统对应于对称的两个烧嘴供料，并配套有两套煤粉循环回路。

存放在常压设备煤粉贮仓V1201A/B中的煤粉，靠自身重力进入煤锁斗V1202A/B，煤粉锁斗V1202A/B充满后，将上部两道开关阀和压力平衡阀门关闭。由高压二氧化碳将煤粉锁斗压力升至与煤进料罐V1203A/B平衡，再打开煤锁斗与煤进料罐之间平衡管线的连通阀。煤粉从煤粉锁斗V1202A/B进入到煤粉给料仓V1203A/B也是靠自身重力。一旦煤进料罐

V1203A/B 达到低料位，打开锁斗排料阀卸料。卸料完毕后将锁斗与煤进料罐隔离，将压力分三次泄至接近常压，然后打开锁斗上部的进料阀，接受粉仓的煤粉，锁斗充装完毕后，再次充压，等待下一次的卸料信号。V1202A/B 泄压时经过煤粉贮仓过滤器 S1201A/B 过滤后气体排入大气，被过滤出来的煤粉返回至煤粉贮仓。

煤进料罐内温度为 80℃、压力为 4.5MPa 的煤粉经过计量和调节后进入烧嘴。到煤烧嘴的煤量通过控制来自高压 N_2/CO_2 缓冲罐的高压输送气体的压力来保持稳定，当煤给料罐压力不足时，打开压力补充阀，当给料罐压力超压时，打开泄压阀，气体通过煤粉贮仓过滤器 S1201A/B 排放。

（3）气化系统

加压后的煤粉与高压过热蒸汽和纯度为 99.6% 的 O_2 一起被喷入气化炉的反应室，在高温、高压下瞬间发生反应，生成以 $CO+H_2$ 为有效组分的合成气。合成气的显热通过水冷壁、输气管、冷却器和过热器交换热量，将煤气温度降低到 340℃ 左右，产生 270℃、300℃ 以及 400℃ 的蒸汽。

加压至 4.15MPa，预热到 80℃ 的煤粉经 N_2/CO_2 送入气化炉烧嘴 A1301A/B/C/D，空分装置来的氧气经过氧气预热器预热至 180℃，压力为 4.15MPa，和少量 5.05MPa，300℃ 的水蒸气经置于炉体下部的 4 个对置喷嘴射流进入炉腔，在 1400~1600℃ 下发生反应，气化炉操作压力为 3.0~4.0MPa。生成的合成气由下至上进入气化炉 V1301 的激冷段，与激冷气压缩机 K1301 送来的 210℃ 合成气混合，温度由 1500℃ 陡降至 900℃，合成气中夹带的熔融飞灰也因温度降低而固化。而后合成气通过输气管 V1302、气体返回室及合成气冷却器 V1303 换热段，最后从合成气冷却器底部出口排出，温度被降为 340℃ 左右。合成气带出的熔渣经振打装置去除，使飞灰免于黏附在合成气通道上。

气化炉及合成气水汽系统通过循环水泵 P1301 进行强制循环。从公用工程来的锅炉水进入高压蒸汽汽包 V1304 内，从气化炉水冷壁、输气管、冷却器及其他换热器副产的水汽混合物（p=5.5MPa、T=270℃）被送入汽包，在汽包中水汽分离，一部分饱和蒸汽通过过热器过热至 400℃ 后送至界区外供其他工序使用，另外还产生 300℃ 过热蒸汽供煤烧嘴使用，另一部分饱和蒸汽经减压后与低压蒸气混合供内部使用。

（4）除渣系统

除渣系统将气化炉产生的 1500℃ 左右高温熔融的灰渣，在 50~90℃ 的冷水中激冷淬化形成细渣，经降压操作将细渣排出。

灰渣由气化炉底部排放至渣池 V1401，在渣池的上部通过喷淋环为气化炉连续提供喷淋水。渣冷形成渣块在破碎机 X1401 中进行破碎，细渣进入渣收集罐 V1402 中，然后进入渣锁斗 V1403，当灰渣收集到一定量时，渣锁斗与系统隔离，经泄压操作压力降低到常压后排放到渣脱水槽。捞渣机 X1402 连续运转，刮板源源不断从渣池中带出渣粒，在刮泥斜面长度上，细渣与水逐渐分离开，渣通过渣脱水槽落入皮带，最后输送到渣场。剩下的含有细小渣和未燃烧的煤被泵打到净化澄清槽。固体作为泥渣被除去并返回到气化炉，澄清的水被返回利用。

喷淋水是循环使用的。为避免大量的渣粒夹杂进水循环系统，维持再循环水中足够低的固体浓度（1.5% 以下），通过喷淋提供的水在渣收集罐 V1402 的上部由 P1401 泵抽出，富含固体的一部分循环水通过水力旋流器 S1401 被排放到水处理系统，排放掉的循环水被无固体的高压新鲜循环水代替，并通过渣池液位控制进行。渣池水循环装配有冷却器 E1401，除去渣冷却中产生的热量，维持水温在 50℃ 左右，然后循环水再打到渣池喷淋环，这样可使水形成一个从上向下的循环，促使渣从渣池到渣收集罐的输送。

（5）干法除灰系统

干法除灰系统是采用陶瓷过滤器将经过合成气冷却器出来的温度降至约 340℃的合成气中的飞灰过滤除去，得到洁净的合成气，然后对收集的飞灰降压排灰以及冷却，排至飞灰贮仓，进行定时清理。

在操作中，干法除灰系统是按照飞灰处理清除程序、气提/冷却程序、飞灰排放以及干灰临时储存程序来完成的。

首先，飞灰处理清除程序。HPHT 飞灰过滤器 S/V1501 是以陶瓷过滤器为过滤元件组成的 24 组、每组 48 根过滤元件的结构形式，飞灰含量控制在 20mg/Nm³ 以下，一般控制在 5mg/Nm³ 左右。洁净的煤气通过过滤器，而灰尘落在过滤孔外，长时间飞灰堆积会造成过滤器阻力上升，为防止工艺操作中过滤器前后压降超过 35kPa，在一定的间隙时间内对过滤器一组滤芯反吹一次，依次逐个反吹，清除积灰、降低压降。反吹是利用超高压 CO_2/N_2 通过文丘里管口对一组过滤器喷吹。落下的飞灰通过飞灰收集器进入飞灰锁斗内。干净的合成气离开飞灰过滤器后分成两股，一股去下游湿洗系统，一股去冷激气压缩机。

当飞灰锁斗 V1502 内料位高时，将进入飞灰气提/冷却操作程序。将灰收集器与灰锁斗完全隔离，分三次将锁斗压力降至接近常压。然后打开锁斗下料阀，飞灰进入到飞灰气提/冷却器 V-1503，灰锁斗卸完料后，关闭锁斗下料阀，用高压氮气将其压力充至与灰收集器平衡，然后打开它们之间的连通阀和灰锁斗进料阀，开始再一次的接灰。

在飞灰气提/冷却器 V1503 内，用 80℃的低压氮气自下而上对飞灰气进行气提冷却，气提出飞灰中 CO、H_2、CO_2 等气体。当气体中 CO 含量达到控制要求，温度控制在 150℃左右时，停止低压氮气，飞灰排至飞灰中间贮仓。

飞灰中间贮仓 V1504，可保证 4~5 个小时的飞灰储存能力。当飞灰中间贮仓料位高时，进入飞灰排放系统程序，即排入飞灰贮仓 V1505，根据需要飞灰贮仓中的飞灰可通过罐车拉走，细的飞灰可用作水泥原料。

在系统操作中还有一些安全装置，飞灰过滤器前后管线上都设有安全起跳阀，目的是防止过滤器以及湿法除灰系统出现堵塞而导致压力升高。飞灰锁斗出口管线上也设置有安全起跳阀，用来保护飞灰锁斗，防止过压。

为保证飞灰排放的顺利进行，在容器的锥底增加充气锥、管道充气器以及飞灰收集器使飞灰自由流动不致形成架桥现象。有气体排放的地方都设有过滤器，防止飞灰污染环境。整个飞灰从分离到收集排出都是在 80℃以上的条件下操作，以防止飞灰中降至露点形成凝结水。

（6）湿法洗涤系统（湿洗系统）

干洗后的气体分为两股，一股作为循环气进入气化炉激冷，另一股再进入合成气洗涤系统，通过文丘里洗涤器、塔板层使合成气与循环水充分接触，一方面除去合成气中的细灰，减少含灰量，使含尘量小于 1mg/m³；另一方面除去合成气中的酸性气体（如 CO_2、H_2S、HCN、HCl、NH_3 等），并降低合成气的温度，使其降低到 168℃左右。洗涤后的合成气送往下游变换装置。

从干法除灰系统来的 335℃，灰含量低于 5mg/Nm³ 的合成气进入湿洗系统。首先合成气通过文丘里洗涤器 J1601 与循环水充分混合，然后气水混合物进入填料床洗涤器 C1601 底部，合成气从洗涤器底部水层中溢出进入填料床层，与洗涤水逆向流动充分接触，不仅降低了合成气中细灰含量（控制在 1mg/Nm³ 以下），而且使合成气温度降低到 168℃。合成气通过 C1601 顶部气水分离器后离开 C1601 洗涤器，分成两股，一股去下游 CO 变换工段，一股与干法除灰系统来的部分合成气混合后去冷激气压缩机。

湿洗循环水中含有一定浓度的固体颗粒，为平衡循环水中的灰分含量，需排放一部分的循环水量，同时循环水也洗去了合成气中部分的酸性气体，使得循环水呈酸性。为了防止酸液对设备、管线、阀门等部件的腐蚀，在循环水进入文丘里洗涤器前加入 20%的碱液，控制循环水的 pH 值在 7.5 左右。

（7）初步水处理系统

初步水处理系统是将循环水中的酸性气体分离出来，并将灰浆从循环水中分离出来的过程。

从渣处理和湿洗系统来的循环水既是富含酸性气体的循环水又是含有一定浓度灰分的循环水。初步水处理分为酸性灰水汽提和浆料浓缩系统处理两步。在 C1701 内，在 125~130℃ 温度下，0.18~0.25MPa 压力下，0.6MPa 的低压饱和蒸汽自下而上，循环水自上而下在填料床层充分接触。溶液中 CO_2、H_2S、NH_3、HCN 和 HCl 等气体会解吸出来，通过空冷器换热器降温到 100℃后气液分离，干净的气体送入低温甲醇洗装置进行处理。

从渣处理系统 S1401 来的循环水灰分含量高，从湿洗系统来的循环水中酸性气体含量高。为防止在填料床层中 CaO 与 CO_2 形成 $CaCO_3$ 沉淀，将 C1701 汽提塔设置为两个填料床层，从渣处理系统来的循环水进入下部填料层，湿洗系统来的循环水以及收集的废水进入上部填料层，避免了沉淀物的形成。

在灰浆浓缩系统，由汽提塔底来的灰水从澄清槽 S1701 一侧加入，为了促进固体颗粒的沉淀，在灰水加入的同时也加入絮凝剂。絮凝剂起到了加速悬浮物浓缩、长大、沉淀的作用，这样灰浆与清水分离，干净的水从沉降槽另一侧溢流出来进入溢流槽，再经分配系统进入各个工艺控制点。

沉淀的灰浆落入澄清槽底部，通过刮灰栅耙将灰浆收集到锥底，再通过底部灰浆泵打到灰浆贮槽 V1704。在灰浆贮槽内，灰浆有时间进一步澄清、沉淀，清液从溢流口流至收集槽，由于这部分清液中还含有一定浓度的灰粒，因而通过泵打到澄清槽中继续沉淀分离。从灰浆贮槽底部排出的灰浆含固量一般达到了 25%，通过泥浆泵打到卧式螺旋机，清液通过卧式螺旋机被分离，煤泥收集在一起，然后被大车拉走，煤泥含固量达到 73%，卧式螺旋机滤出的清液，被滤液泵打到澄清槽中。

3.1.1.5　Shell 干煤粉加压气化系统正常生产操作

（1）开车条件

① 所有公用工程（电、高低压氮气、中低压蒸汽、柴油、冷却水、高低压工艺水、高低压循环水、锅炉给水、碱等各种工艺物流）在数量、温度、压力上都满足要求。

② 火炬系统氮气置换合格、氮气密封投运并已具备点火条件。

③ 系统已经完成气密试验。

（2）开车准备

① 检查气化炉/水汽系统。

② 向汽包加水，建立液位，启动锅炉水循环。

③ 通知除灰湿洗岗位给湿洗系统注入工艺水，建立液位，启动湿洗系统的循环和排放。

④ 除渣系统注入新鲜水，建立液位，启动渣池的循环和排放。

⑤ 通知初步水处理系统接收除渣系统和湿洗系统的排放水，并逐步运行起来。

⑥ 对各系统加热到热备用。

（3）开车

① 启动"气化炉吹扫程序"对系统进行氮气置换，可手动对气化炉进行置换。

② 一体化烧嘴点火：启动氧气供应程序，启动开工烧嘴点火程序，现场观察气化炉一体化开工烧嘴的火焰情况，控制现场火焰稳定，并使火焰颜色调整至"黄~白"颜色。启动合成气冷却器进口吹扫、激冷气边缘"吹除"和振打程序。

③ 煤烧嘴开车：建立四个煤烧嘴的煤粉循环，启动煤烧嘴点火程序，对合成气进行现场采样分析。

④ 启动排渣程序，现场检查渣的情况。

⑤ 启动灰排放程序和灰气提/冷却程序。

（4）停车

① 停车前 1.5 小时，通知调度并将负荷逐渐降至 80%，降低负荷需缓慢进行，防止因降低负荷而出现大渣块，堵塞管道、卡死破渣机。

② 当负荷降低到 50%后，煤烧嘴和氧气供应系统停车，氮气吹扫煤给料管线。

③ 将合成气系统与净化系统隔离。

④ 开始气化炉减压和吹扫程序，对可燃气成分进行分析，可燃气组分（$CO+H_2$）小于等于 0.5%即可判断气化炉置换合格。

⑤ 气化炉水汽系统在四个煤烧嘴全部停车后自动进入降压放空。

⑥ 关闭合成气冷却器反吹系统、激冷吹灰器和敲击装置。

⑦ 当现场无渣后停止捞渣机和渣输送皮带。逐步停止灰处理程序。

⑧ 停止湿洗循环和渣池循环系统。

⑨ 清理气化炉观火孔，一体化烧嘴通道。

（5）岗位操作要点

① 严格控制气化炉温度　气化炉温度高会造成气化炉炉膛销钉或水冷壁烧坏，以及激冷盒损坏，热气窜入环形空间造成环形空间温度高，损坏水冷壁管或气化炉外壳损坏变形。而气化炉长时间温度低会引起渣流动性差，造成气化炉堵渣，严重时造成气化炉停车。

② 监控气化炉压力是否正常　气化炉压力高会使煤烧嘴回火造成烧嘴烧坏及气化炉内件烧坏；长时间气化炉压力高会造成气化炉超压、憋压损坏内件。而气化炉压力低则使气化炉无法升负荷，不利于操作。

③ 监控煤线氧煤比是否正常　煤线氧煤比高引起气化炉温度超高。煤线氧煤比低则造成气化炉炉温低，煤粉气化不完全，固含量升高，蒸汽产量低，气化炉壁渣流动性差，易造成渣块或堵渣。

④ 监控气化炉压差变化、蒸汽产量、烧嘴冷却水流量是否正常，监控合成气组分是否正常。每班检查煤质分析单上煤的灰分<23%，灰熔点<1400℃，检查飞灰过滤器下灰量是否正常。每小时查看气化炉环形空间温度正常。

3.1.1.6　Shell 干煤粉加压气化系统异常现象及处理方法

Shell 干煤粉加压气化工段岗位操作时的异常现象、原因及处理方法见表 3-1。

表 3-1 Shell 干煤粉加压气化工段异常现象及处理办法

序号	异常现象	原因	处理
1	气化炉温度偏高	1. 氧煤比偏高； 2. 煤质异常，灰分低； 3. 压缩机激冷气减少； 4. 石灰石添加比例减少。	1. 检查 4 条煤线阀位及氧线阀位是否正常，适当调整 4 条煤线氧煤比； 2. 查看煤质分析单原料煤的灰分和灰熔点是否异常，如异常更换煤种，增加煤种的灰分； 3. 提高压缩机激冷比； 4. 适当提高石灰石比例。
2	气化炉压力偏高	1. 气化炉阀门开度异常； 2. 后系统调整阀门开度，造成气化炉压力波动； 3. 气化炉反吹系统有阀门出现故障开位。	1. 检查气化炉压力阀门开度是否正常； 2. 联系调度后系统调整压力； 3. 检测气化炉反吹系统阀门，组织检修或更换。
3	煤线氧煤比偏高	1. 氧流量高； 2. 煤流量低。	1. 检查氧线氧流量是否偏高，实际氧阀位是否正常； 2. 检查是否煤角阀卡异物造成煤流量低，实际阀位是否正常。
4	水汽系统压力偏低	1. 气化炉温度偏低，煤线氧煤比低； 2. 水汽系统现场存在漏点； 3. 中压蒸汽管网压力偏低。	1. 提高煤线氧煤比； 2. 检查水汽系统安全阀是否起跳； 3. 适当提高中压蒸汽管网压力。
5	气化炉水冷壁间差压波动	1. 气化炉温度过低， 2. 渣池液位偏高； 3. 煤种灰熔点偏高， 4. 环形空间吹扫气异常。 5. 煤线波动； 6. 水冷壁、烧嘴罩存在泄露。	1. 缓慢提气化炉温度； 2. 调整渣池液位； 3. 适当调整石灰石添加比例或更换煤种； 4. 检查环形空间吹扫气； 5. 检查是否煤角阀卡异物造成煤流量低，实际阀位是否正常。 6. 检查水冷壁、烧嘴罩是否有泄露，组织检修或更换。
6	中压过热器压差偏高	1. 气化炉温度过高； 2. 气化炉压力偏低； 3. 中压过热器处积灰。	1. 适当降低气化炉操作温度； 2. 控制气化炉激冷比 1.3，适当提高气化炉压力； 3. 增加中压过热器处振打器振打频次。
7	开工烧嘴柴油量不足，管线堵塞	1. 试车期间系统清洁不够； 2. 柴油质量不合格； 3. 油过滤器未投用。	1. 试车期间对油系统进行化学系统清洗； 2. 不使用劣质柴油； 3. 过滤系统进行循环，柴油箱充装管线使用过滤器。
8	煤烧嘴停车/故障	1. 煤流量控制阀周围的煤给料管线堵塞，引起煤流量波动； 2. 仪表故障。	1. 如果堵塞发生在煤控制阀的下游，可手动打开循环管线上的阀门使煤循环至煤粉贮仓，然后通过敲击煤流量控制阀两次来排堵；如果堵塞发生在控制阀的上游，将煤反吹至煤粉贮仓； 2. 联系仪表人员维修解决。

3.1.1.7 Shell 干煤粉加压工段主要设备

（1）Shell 气化炉

Shell 气化炉为干煤粉加压气化的关键设备，内件部分设计及制造复杂，其结构简图如图 3-4 所示。Shell 气化炉可分为气化炉反应器、输送系统（激冷管、导管）、气体反向室以及合成气冷却器四个部分。气化炉反应器和合成气冷却器通过输气导管、气体反向室连接在一起成为整体，共用一个汽包。

气化炉主体由受热面（膜式水冷壁）、环形空间及承压壳体组成。承压壳体设计压力为 5.2MPa，设计温度 350℃。用沸水冷却的水冷壁安装在壳体内，气化过程实际发生在膜式水冷壁围成的腔内，气化压力由承压炉体承受。在膜式水冷壁与承压炉体之间的是环形空间，主要用于放置容纳水/蒸汽的输入/输出管线及集箱管、分配管，另外，环形空间也便于管线的连接安装及其以后的检修与检验。膜式水冷壁提高了气化炉的效率，可副产 5.5MPa 中压蒸汽。另外，膜式水冷壁内衬有一层薄的耐火材料涂层，依靠挂在水冷壁上的熔渣层保护金属水冷壁起到以渣抗渣的作用。

气化炉反应器的膜式水冷壁为翅片冷却管构造的圆桶形结构。该结构的上部有一个炉顶锥体通往激冷区，桶体下半部均匀分布着 4 个烧嘴，各烧嘴均设有带冷却水夹套，保护烧嘴，防止烧坏。四个烧嘴呈对称分布，且与中心有 -4.5° 的偏角，有利于炉内产生旋转上升气流促进合成气和熔渣的分离。在烧嘴的同一平面上，设有一个点火烧嘴和一个开工烧嘴，另外还有两个火焰观察口。圆形桶体的下部也连着一个锥体作为燃烧室的底部，锥体内有中心开孔，供液体渣下落时通过。锥体下面连接着一个锥形捕渣管筛。捕渣管筛的下方又连着一个渣池热侧板，也称为热裙。热裙直接与渣池相连，炉渣通过热裙直接进入渣池。出渣池的炉渣通过连接在炉底法兰上的出渣阀、收集罐等设备，通往下道工序除渣。

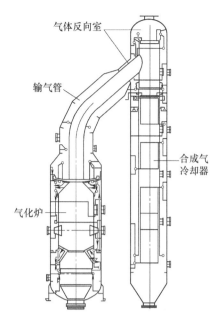

图 3-4　Shell 气化炉结构简图

在激冷段，经冷却的干净气体以约 200℃ 的温度从激冷盒喷出，与气化炉出来 1400℃ 左右的热气在激冷盒混合上升。由于存在湍流，两股气流在经过很长的激冷管时得到了最充分地混合，混合后的温度低于 900℃。激冷段的高压氮气喷吹管是利用加压的氮气吹除积存在激冷盒出口附近的煤渣、灰垢，防止堵塞。输送系统的激冷管和输气管都是独立的部件，各自有单独的水汽循环回路，为保证热膨胀，它们之间的连接由带膨胀节密封的连接装置来完成。

气体反向室由作为输气管道延伸部分的入口支管和反向室主管组成，进来的合成气在此被转向到合成气冷却器的受热面上。反向室顶罩被设计成带冷却的蛇形管结构，该冷却系统由循环系统的进料管和出料管分别供给。

合成气冷却器总体结构为水管式，与气化炉内件相似，均为膜式水冷壁的结构，包括膜式水冷壁、多层环管束、环形空间和承压外壳。合成气的冷却换热在多层环管束的管内进行，合成气走管间，水/蒸汽走管内。合成气冷却器膜壁为翅片列管结构，管束挨个焊在一起形成膜壁。在合成气冷却器膜壁中间，共设置了三组环管束，自上而下是中压过热器、中压蒸发器Ⅰ和中压蒸发器Ⅱ，三组管束吸收合成气中的热量，副产蒸汽。

此外，由于气化炉内的飞灰颗粒会导致激冷管、输气管、反向室、合成气冷却器的膜壁管和中心螺旋管结垢，从而导致换热效果明显降低，因而在所有易结垢的地方，全部安装了气动敲击器，给受热面充分的清洁。

（2）激冷气压缩机

激冷气压缩机是壳牌煤气化气化单元的关键设备之一，其作用是向气化炉源源不断地提供激冷气，大幅降低进入激冷段的高温合成气温度，以确保从气化炉顶部出来的合成气温度能符合后续系统要求。压缩介质为干式过滤后及过滤并经湿洗后气化炉产生的混合气。

激冷气压缩机为单级悬臂离心式机组，主要由变频调速电机、增速箱、轴承箱、机壳、叶轮以及润滑油系统和干气密封系统组成。电机带动压缩机主轴叶轮转动，气体进入离心式压缩机的叶轮后，在叶轮叶片的作用下，一边跟着叶轮作高速旋转，一边在旋转离心力的作用下向叶轮出口流动，并受到叶轮的扩压作用，其压力能和动能均得到提高，在叶轮和扩压器的流道内，利用离心升压作用和降速扩压作用，将机械能转换为气体压力能。

（3）飞灰过滤器

飞灰过滤器以陶瓷过滤器为过滤元件，为 Shell 气化的重要设备之一，对 Shell 气化稳定运行非常重要。

陶瓷过滤器主要组成元件包括：外壳、主管板、标准管板、陶瓷过滤棒、文丘里管和反吹管。通常配置 24 组滤芯，每组滤芯有 48 根滤棒，每根滤棒长度为 1.5m。经飞灰过滤器后飞灰含量可控制在 $20mg/Nm^3$ 以下，一般控制在 $5mg/Nm^3$ 左右。长时间飞灰堆积会造成过滤器阻力上升，为防止工艺操作中过滤器前后压降超过 35kPa，间断采用 N_2/CO_2 系统来的高压反吹气反吹，清除积灰，降低压降。

3.1.2 德士古水煤浆加压气化工段

德士古水煤浆加压气化是美国德士古 Texaco 公司根据重油气化技术的思路开发的一个全新的煤气化方法。由于采用液体进料，原料进入气化炉时性能稳定，不容易出现安全事故，也更加便于计量。1945 年德士古公司在蒙特贝洛建成第一套中试装置，并提出了水煤浆的概念，后经各国生产厂家及研究单位逐步完善，于 20 世纪 80 年代投入工业化生产。中国于 1993 年由山东鲁南化肥厂引进德士古公司的专利技术，建成并投产中国第一套德士古水煤浆气化装置，之后上海焦化、渭河化肥厂、淮南化肥厂、金陵石化公司等相继建成不同规模的气化装置。2003 年，GE（通用电气）公司收购了该技术，改名为 GE 气化技术。2019 年，空气产品公司完成了对 GE 气化技术的收购。

3.1.2.1 德士古水煤浆加压气化工段的作用

以煤炭为原料，加入能改变水煤浆流动特性的添加剂和水制成水煤浆，制得的水煤浆属于非牛顿流体中的假塑性流体，料浆的各项性能稳定、容易运输，煤浆浓度达到 60%~70%。由煤浆泵加压后经过喷嘴进入德士古气化炉内，与纯氧进行燃烧和部分氧化反应，气化压力可达 6.4MPa，气化温度 1300~1400℃。气化产生以 CO、H_2、CO_2 为主要成分的粗煤气，经降温、增湿、洗涤后送入变换工段。对气化洗涤产生的黑水进行闪蒸、沉降处理，以达到回收热量及灰水再生、循环使用的目的。同时，将气化所产的灰渣分离送出界区。

3.1.2.2 德士古水煤浆加压气化原理

（1）水煤浆制备

水煤浆本质上是一种具有高固相体积浓度的粗悬浮体系，其质量的好坏直接影响着煤气化过程的稳定性和生产成本。水煤浆制备目前大多采用湿法磨煤工艺，即将原料煤、水及少量添加剂在磨机中磨制成均匀、稳定的浆体，成品水煤浆要求其浓度高、粒度分布适宜、流动性好，同时还应具有良好的稳定性，以避免产生硬沉淀。

水煤浆制备过程中，煤颗粒的物理、化学特性（孔结构、表面特征、粒度分布、密度等）以及水质（组分、添加剂种类及用量等）与浆体特性（浓度、流变性、黏度特性、稳定性等）密切相关，或者其他外加因素（如温度等）对浆体特性也有影响。

① 煤质对水煤浆特性的影响

原料煤煤质指标主要包括固定碳、水分、挥发分、灰分、灰熔点、发热量、元素分析、可磨性指数、化学活性等。煤炭的总水分包括外水和内水。内水是煤的结合水，以吸附态或化合态形式存在于煤中，是影响成浆性能的关键因素。煤的可磨性一般多用哈氏可磨性指数（HGI）表述，它是指煤样与粉碎性为 100 的标准煤进行比较而得到的相对粉碎性数值，指数越高则越易粉碎。煤阶越低，内水越高，煤中 O/C 越高，亲水官能团越多，孔隙率愈发达，可磨性指数越小，越难制浆。另外，灰分及灰熔点也是水煤浆气化用煤的重要控制指标。从经济运行角度来看，原料煤应尽可能选择煤中有害物质含量少、可磨性好、灰渣特性好、产气率高的煤种。

② 粒度分布对水煤浆特性的影响

煤浆中不同大小的煤粒相互填充，能够减少空隙（减少制浆用水），达到较高的堆积效率，提高空间利用率，有利于制备低黏度、高浓度和稳定性好的优质水煤浆。工业生产中绝大多数采用单磨机高浓度制浆工艺直接制备水煤浆，这种工艺主要通过调整磨介的粗细比例来优化研磨出料的粒度分布，从而使体系的空隙率降低，进而提高固体体积浓度。

③ 添加剂对水煤浆特性的影响

煤粒属疏水性物质，不易被水润湿，在水中不易充分分散，因而水煤浆制备过程中会使用少量化学药剂（称作添加剂）。制浆添加剂的分子作用于煤粒与水的界面，在煤粒表面形成水化膜，降低浆体的黏度、增强浆体的分散作用，从而提高水煤浆的稳定性。根据化学结构不同，水煤浆添加剂可分为阴离子型、阳离子型、两性型和非离子型，目前工业上多采用阴离子型添加剂，如萘磺酸盐、腐殖酸磺酸盐、木质素磺酸盐等。

（2）水煤浆气化

德士古水煤浆加压气化过程是并流反应过程。合格的水煤浆同氧气从气化炉顶部进入，煤浆由喷嘴导入，在高速氧气的作用下雾化。氧气和雾化后的水煤浆在炉内受到高温衬里的热辐射作用，迅速进行着一系列的物理、化学变化：预热、水分蒸发、煤的干馏、挥发物的裂解燃烧以及碳的气化等。气化后的煤气中主要是一氧化碳、氢气、二氧化碳和水蒸气。

气化炉内多相强放热反应的机理十分复杂，且耦合性极强，操作条件苛刻，一般认为分三步进行：

① 煤的裂解和挥发分的燃烧　气化炉燃烧室的温度非常高，水煤浆和氧气进入气化炉后，水分吸热后迅速蒸发为水蒸气，煤粉发生热裂解并释放出挥发分，小煤粒变成煤焦。此时，气化炉内氧气充足，温度较高，挥发分与氧气迅速发生燃烧放热反应。

② 煤焦的燃烧　主要发生煤焦和未反应的氧气之间的燃烧反应，生成 CO 和 CO_2 等气体。

③ 煤焦的气化　此时，气化炉内的氧气已反应完全，主要发生煤焦和水蒸气、二氧化碳之间的反应，生成 CO 和 H_2 等气体。

水煤浆在气化炉燃烧室的反应划分三个主要区域，分别是射流区、管流区以及回流区。其中射流区主要是蒸发干燥等物理过程和燃烧反应，即发生上述第一、第二步反应，主要反应产物是 CO_2 和 H_2O。管流区和回流区主要是转化反应，即二次反应，即发生上述第三步反应，主要反应产物是 CO 和 H_2。区域反应模型示意图见图 3-5。

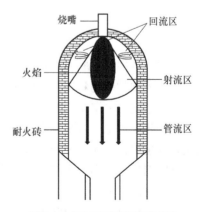

图 3-5　区域反应模型示意图

（3）分离回收

在淬冷型气化炉中，粗合成气经过激冷管离开气化段底部，激冷管底端浸没在一水池中。粗气体经过激冷到水的饱和温度，并将煤气中的灰渣分离下来，灰熔渣被激冷后截留在水中，落入渣罐，经过排渣系统定时排放。冷却了的煤气经过侧壁上的出口离开气化炉的淬冷段。然后按照用途和所用原料，粗合成气在使用前进一步冷却或净化。在全热回收型炉中，粗合成气离开气化段后，在合成气冷却器中从 1400℃ 被冷却到 700℃，回收的热量用来生产高压蒸汽。熔渣向下流到冷却器被激冷，再经过排渣系统排出。合成气由激冷段底部送下一工序。

（4）黑水闪蒸

气化炉和洗涤塔排出的黑水通过闪蒸出酸性气达到回收热能、灰水循环利用的目的，满足环保排放要求。闪蒸的原理是利用高压的饱和液体进入比较低压的容器（闪蒸罐）中，使饱和液体变成一部分容器压力下的饱和蒸汽和饱和液。由于物质的沸点与压力成正比关系，因此高温高压的黑水随着压力的突然降低，其沸点降低，进入闪蒸罐后，黑水的温度高于该压力下的沸点，黑水在闪蒸罐中迅速沸腾汽化。另外，根据亨利定律 $p=Ex$，不同温度与分压下气相溶质在液相溶剂中溶解度不同。当溶剂压力降低时，溶解在黑水中的酸性气体会迅速地解吸而自动放出，形成闪蒸。闪蒸的能量由溶剂本身提供，故闪蒸过程中黑水温度有所下降。由此在闪蒸罐中产生气液两相，并进行两相分离，产生的气相从闪蒸罐上部释放，液体于下部排放口排入下一相关设备。闪蒸罐自身不会降低压力，而是通过减压阀来达到减压的目的。闪蒸罐的作用是提供流体迅速气化和气液分离的空间。

3.1.2.3 德士古水煤浆加压气化工艺概述及特点

德士古水煤浆加压气化工艺主要包含煤浆制备、气化洗涤和渣水处理三个单元。其气化流程方框图如图 3-6 所示。

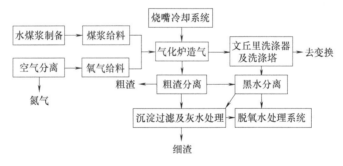

图 3-6 德士古气化工艺流程框图

煤浆制备采用溢流型棒磨机，运用湿法磨煤技术。碎煤（≤19mm）经过物理破碎，同时加入水、添加剂等物料，在棒磨机筒体内经钢棒间的敲击、挤压、研磨成具有一定粒度分布的均匀、稳定的水煤浆。

煤气化采用德士古水煤浆加压气化的激冷流程。将经过准确计量的煤浆和空分送来的氧气送入气化炉，在约 6.5MPa、1350℃ 条件下进行部分氧化反应，产生以 CO、H_2、CO_2 为主要成分的粗煤气。出炉煤气经过激冷室激冷和洗涤塔洗涤后，除去细灰，携带饱和水蒸气送入变换工序。

由于气化温度在 1350℃ 左右，生成的灰渣呈熔融态流出，在激冷室激冷后凝固，经锁斗系统排入渣池，粗渣由捞渣机捞出后经过振动脱水送出厂区。气化炉激冷室的黑水和洗涤塔的黑水送入渣水处理工段，分别经高压、低压和两级真空闪蒸后将黑水中溶解的气体闪蒸出来，同时黑水经减压闪蒸后浓缩，进入沉降槽进行重力沉降，达到进一步的固液分离，最终较为干净的灰水进入系统循环使用，渣浆送至真空过滤机，通过真空过滤后的滤渣送出界区，滤液作为研磨水送至制浆系统。

德士古水煤浆加压气化工艺具有特点如下：

① 对煤种有一定适应性。除了含水高的褐煤以外，各种烟煤、石油焦、煤加氢液化残渣均可作为气化原料，以年轻烟煤为主，对煤的粒度、黏结性、硫含量没有严格要求。但是，受耐火砖耐受温度限制，气化用煤的灰熔点温度 T_3 值低于 1350℃时更有利于气化，煤中灰分含量不超过 15%为宜。

② 气化压力高。工业装置使用压力在 2.8~8.7MPa 之间，可根据使用煤气的需要来选择。

③ 气化技术成熟。制备的水煤浆可用隔膜泵来输送，操作安全又便于计量控制。气化炉为专门设计的热壁炉，为维持 1350~1400℃温度下反应，燃烧室内由多层特种耐火砖砌筑。热回收有激冷和废锅两种类型，可以根据煤气用途加以选择。煤喷嘴虽有水冷却保护套，但由于面对高温雾化水煤浆腐蚀，一般 2 个月就要进行修复更换，所以需要备用气化炉。

④ 合成气质量较好。其有效组分（$CO+H_2$）含量占 80%（体积分数），甲烷量<0.1%。碳转化率 95%~98%。冷煤气效率 70%~76%，气化指标较为先进。由于水煤浆中通常含有35%~40%水分，因而氧气用量较大。

⑤ 对环境影响较小。气化过程不产生焦油、萘、酚等污染物，故废水治理简单，易达到排放指标。高温排出的融渣，冷却固化后可用于建筑材料，填埋时对环境也无影响。

3.1.2.4 德士古水煤浆加压气化工艺流程详细说明

德士古水煤浆加压气化工艺流程图如 3-7 所示（可扫码查看）。

（1）煤浆制备系统

煤运系统来的碎煤经煤皮带输送至煤贮仓中，经过煤称重给料机称量计重后送入棒磨机。添加剂原料运至添加剂溶解槽中配置成一定浓度的溶液，经添加剂槽给料泵输送到添加剂槽中备用，添加剂经添加剂给料泵计量输送至棒磨机。

滤液、新鲜水、低压灰水送入滤液槽，经滤液泵加压会同来自变换、低温甲醇洗和甲醇精馏来的废水（34℃、0.255MPa），经磨机给水调节阀控制水量后进入磨机，同时不定量接收来自变换工段的含氨废水。

煤、研磨水、添加剂等按一定比例在棒磨机 H2101 中研磨成合格的水煤浆（47.5℃、浓度约 60%），经滚筒筛筛去大颗粒后溢流至磨机出料槽，大部分经磨机出料槽泵输送到煤浆槽中，然后由煤浆给料泵送入气化炉顶部工艺烧嘴的内环隙。一小部分通过磨机出料槽泵出口返浆至棒磨机入口，进行再次研磨，提高煤浆浓度。筛分出的粗颗粒经杂物车定期送至堆放地点。

（2）气化洗涤系统

空分送来的氧气（8.75MPa、30℃、99.6%），进入工艺烧嘴的外环隙（主氧）及中心管，与内环隙的水煤浆进行切割雾化后进入气化炉 V2201，在气化炉燃烧室内发生部分氧化反应，生成以 H_2、CO、CO_2 为主要成分的工艺气，然后进入气化炉激冷室进行激冷洗涤。

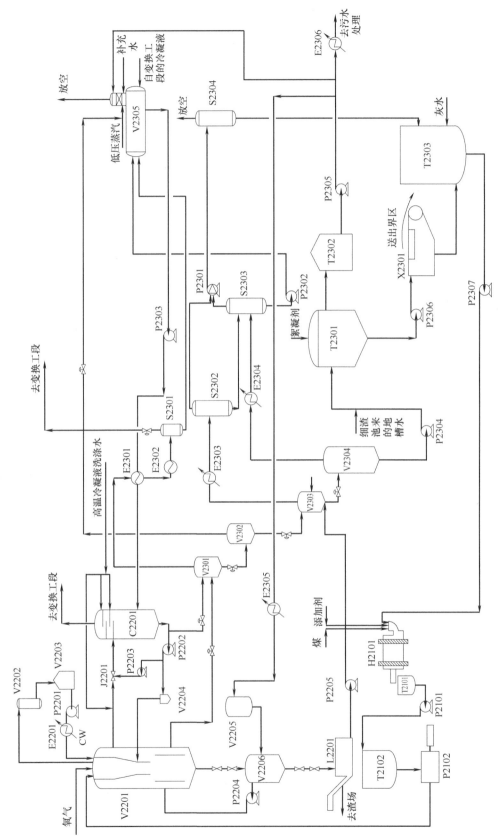

图 3-7 德士古水煤浆加压工艺流程简图

气化炉分上、下两部分，上部为燃烧室，下部为激冷室。原料在燃烧室进行气化反应。从燃烧室出来的工艺气与熔融状态的灰渣通过下降管进入激冷室，工艺气被来自激冷环的灰水激冷洗涤。下降管上部有激冷环，下部浸入水浴中，工艺气在水中冷激至露点以下，然后携带饱和水蒸气及微量炭黑沿下降管与升气管之间的环隙上升出激冷室。同时大部分煤灰及残碳以灰渣形式被洗涤下来，根据灰渣粒度大小以两种形式排出：粗渣和部分黑水从锁斗V2206排放，细渣和黑水送去闪蒸系统进行处理。

在激冷室工艺气出口处设有高温冷凝液洗涤水，以防止灰渣在出口管累积堵塞，并将出激冷室的工艺气进行增湿处理，然后在文丘里喷射洗涤器 J2201 中与来自激冷水泵分支的灰水充分混合后进入洗涤塔 C2201。洗涤塔设有下降管、导气管、升气罩、降液管、四层冲击式塔板和一个折流式除沫器。工艺气沿下降管进入塔底的水浴中，夹带的细灰在洗涤塔水浴中与水充分接触而被除去，工艺气向上穿过水层，沿下降管和导气管的环隙向上经过升气罩折流后，穿过四层冲击式塔板，再次被 200℃高压工艺冷凝液洗涤除去残余的细灰，然后进入塔顶折流式除沫器。除水、除灰后的工艺气，送入变换工段。

洗涤塔中下部的灰水由激冷水泵一路送入激冷室内的激冷环，另一路进入文丘里喷射洗涤器，底部排出的黑水送去闪蒸系统进行处理。

工艺烧嘴在 1300℃的高温下工作，为了保护烧嘴，在烧嘴头部设置了冷却水盘管，前端有水夹套。烧嘴冷却水经烧嘴冷却水泵加压后，送至烧嘴冷却水冷却器 E2201 用循环水冷却到 33℃后，送入烧嘴冷却水盘管、夹套，经盘管受热后，进入烧嘴冷却水气体分离器分离后回到烧嘴冷却水槽 V2202 循环使用。烧嘴冷却水分离器通入低压氮气，作为 CO 分析的载气，由放空管排入大气。在放空管上安装 CO 监测器，通过监测 CO 含量来判断烧嘴是否被烧穿，正常 CO 含量为 $0mg/m^3$。烧嘴冷却水系统还配置了事故冷却水罐，目的是在烧嘴冷却水突然停供的情况下，保护烧嘴。

气化炉粗渣排放是通过锁斗系统程序自动进行的，锁斗循环包括系统集渣、系统泄压、系统冲洗、系统排渣、系统充压这五个步骤。循环时间一般为 30min 左右，可以根据具体情况设定。激冷室底部的渣和水，在收渣阶段经锁斗收渣阀、锁斗安全阀进入锁斗。锁斗安全阀处于常开状态，仅当由激冷室液位低引起气化炉联锁停车，锁斗安全阀才关闭。锁斗循环泵从锁斗顶部抽取相对干净的灰水送回激冷室底部，帮助将渣冲入锁斗。

锁斗程序启动后，锁斗泄压阀打开，开始泄压，锁斗内压力泄至锁斗冲洗水罐 V2205。泄压后，泄压管线清洗阀打开清洗泄压管线，清洗时间到清洗阀关闭。锁斗冲洗水阀和锁斗排渣阀打开，开始排渣。当冲洗水罐液位低时，锁斗排渣阀、冲洗水阀关闭。10s 后锁斗冲洗水阀再次打开，锁斗充满水。之后锁斗充压阀打开，用高压灰水泵或激冷水泵送来的灰水充压，当气化炉与锁斗压差低时，锁斗收渣阀打开，锁斗充压阀关闭。锁斗循环泵进口阀打开，循环阀关闭，锁斗开始收渣，收渣计时器开始计时。当收渣时间到锁斗循环泵循环阀打开，进口阀关闭，锁斗循环泵自循环。锁斗排渣阀关闭 5min 后，捞渣机 L2201 溢流阀打开。收渣时间到，锁斗收渣阀关闭，泄压阀打开，锁斗程序重新进入下一个循环。

（3）渣水处理系统

德士古气化渣水处理系统包括黑水处理与灰水循环。黑水为气化炉、洗涤塔或水洗塔去闪蒸装置的水。灰水为黑水澄清处理后的清水。渣水系统运行得正常与否，直接影响到整个系统能否长期安全稳定运行。

来自气化炉激冷室和洗涤塔的黑水分别经减压阀减压后送入高压闪蒸罐 V2301，高温液体在闪蒸器迅速减压膨胀，水蒸气和溶解的酸性气体（如 CO_2、H_2S 等）被迅速闪蒸出来，黑水得以浓缩。高压闪蒸汽进入灰水加热器中回收热量，将洗涤塔给水泵送来的灰水加热，然后进入高压闪蒸分离器 S2301 进行气液分离，气相送入变换工段的氨汽提塔，液相水送入除氧器 V2305 循环利用。

高压闪蒸罐底部的黑水进入低压闪蒸罐 V2302 二次闪蒸，闪蒸出的蒸汽通过压力调节阀后通入除氧器，液相经液位调节阀进入第一真空闪蒸罐 V2303。

第一真空闪蒸罐主要接收低压闪蒸罐黑水、渣池泵送来的灰水、事故渣池泵送来的黑水和气化炉开、停车时送来的灰水，共同进行真空闪蒸，真空的建立是靠真空泵提供。第一真空闪蒸罐顶部的闪蒸汽经第一真空闪蒸冷凝器 E2303、第一真空闪蒸分离器 S2302，气相经真空泵排入大气，液相进入第二真空闪蒸分离器 S2303。第一真空闪蒸罐的液相进入第二真空闪蒸罐 V2304 进一步闪蒸。

第二真空闪蒸罐产生的水蒸气和酸性气经过第二真空闪蒸冷凝器 E2304、第二真空闪蒸分离器 S2303 后，经真空泵排入大气。第二真空闪蒸分离器的液相经真空冷凝液泵加压后送入除氧器循环利用，第二真空闪蒸罐的液相经澄清槽给料泵加压送入澄清槽 T2301。

真空闪蒸浓缩后的富含细渣的黑水，以及细渣池泵送来的地槽水经管道混合器进入澄清槽，管道混合器中加有絮凝剂。在絮凝剂的作用下，黑水在澄清槽中实现渣、水分层，上层澄清的灰水溢流到灰水槽 T2302。灰水槽的部分灰水由低压灰水泵分别送到锁斗冲洗水罐、除氧器、渣池循环使用。为了防止灰水槽中积累有害物质，部分灰水送入废水处理处进行物理、化学处理，符合标准后进行排放。

澄清槽沉降下来的细渣由澄清槽耙料器刮入底部通过过滤机给料泵送往真空带式过滤机 X2301，滤渣送出界区，滤液进入滤液槽 T2303，经滤液泵会同灰水或低温甲醇洗及精馏装置的废水送到磨煤机制备煤浆。真空带式过滤机的真空是靠过滤机真空泵提供的。

除氧器的目的是对各种进水进行脱氧，防止氧进入系统对设备腐蚀。脱氧加热源使用低压闪蒸罐来的低压闪蒸蒸汽，不足部分经压力调节由低压蒸汽补入。除氧器除了接收低压灰水、真空闪蒸冷凝液、高压闪蒸汽冷凝液和低压闪蒸汽、低压蒸汽外，还接收变换工段送来的汽提冷凝液以及补充的新鲜脱盐水。除氧器的灰水通过底部的洗涤塔给水泵分别供应到气化系统各系列，高压灰水主要输送到以下三处：在灰水加热器前分一路，为锁斗充压用；另一部分经灰水加热器送往洗涤塔中部为洗涤塔补水；在进入洗涤塔前引一路紧急激冷水管线到激冷水泵后，作为紧急激冷水保障气化炉激冷环安全。

3.1.2.5 德士古水煤浆加压气化系统正常生产操作

（1）开车条件

① 确认管辖范围内的所有设备、管线、阀门、仪表均已恢复正常。

② 仪表经调校合格，仪表自动控制系统能正常运行。

③ 公用工程正常运行，包括水、电、气、汽、氧、氮等公用介质已引入界区，送至各用户单元最后一道阀前待用。

④ 装置开车所用原料供应正常。

（2）开车准备

① 气化炉耐火砖已按要求筑炉完毕，最低养护 48h。

② 检查气化炉表面热偶完好并投用，气化炉炉膛热电偶已更换为预热热电偶。

③ 烘炉预热系统所有仪表投入运行。

④ 气化炉烘炉预热曲线图已绘制。

⑤ 接收低压蒸汽，接气过程注意导淋全开排水。

⑥ 烘炉预热用液化气/驰放气已从界外管网送至界区单系列阀前。

⑦ 预热烧嘴已吊装在炉口上，并用螺丝固定。

（3）开车

① 气化炉升温：建立烘炉预热水循环，投用开工抽引器，预热烧嘴点火烘炉。

② 高压闪蒸系统 N_2 置换。

③ 低压闪蒸系统 N_2 置换。

④ 真空闪蒸系统的 N_2 置换。

⑤ 启动真空闪蒸系统。

⑥ 启动灰水系统。

⑦ 煤浆给料泵压力试验。

⑧ 气化炉安全联锁系统空试。

⑨ 建立烧嘴冷却水循环。

⑩ 锁斗系统投用准备。

⑪ 更换工艺烧嘴。

⑫ 气化炉系统氮气置换。

⑬ 激冷室提液位。

⑭ 建立煤浆循环。

⑮ 接收氧气。

⑯ 气化炉投料。

⑰ 投料后的操作。

（4）停车

① 气化炉逐渐降至半负荷操作，同时提高氧煤比，使气化炉在高于正常操作温度 50~100℃下运行至少 30min，以清除炉壁挂渣。

② 合成气排入开工火炬。

③ 气化炉计划停车。注意气化炉运行的工况稳定，系统保压循环，黑水系统及闪蒸系统的调节采取间断开大阀门的方法，以便使流速变化带动管道沉积黑灰及结垢，避免降低排水后积灰堵塞管道概率。

④ 气化炉卸压、切水。

⑤ 氧管/煤浆管线的卸压和冲洗。

⑥ 锁斗系统停用。

⑦ 氧管/煤浆管线手动吹扫。

⑧ 气化炉、洗涤塔的氮气置换。

⑨ 吊烧嘴，气化炉降温。

3.1.2.6 德士古水煤浆加压气化工段岗位操作注意事项

（1）煤浆制备单元

① 煤浆浓度的控制

a. 保持原料煤煤质的稳定，严格控制外水含量不超标，当原料煤中水分含量高时应适当减少工艺水添加量，当原料煤中水分含量低时可适当增加工艺水加入量。

b. 保持煤浆添加剂浓度的稳定，控制其有效成分的稳定。

c. 在原料煤水分含量、添加剂浓度稳定时应尽量保持原料煤与工艺水、添加剂的添加比例的稳定；当生产负荷发生变化时，原料煤、工艺水及添加剂加入量均应作相应的调整。

d. 操作中及时根据煤浆浓度分析结果调整工艺水添加量。

② 煤浆黏度的控制

a. 如果因粒度分布不当造成煤浆的黏度增大或减小，可通过调整钢棒配比、钢棒添加量来改变粒度分布，获得适合的黏度。

b. 添加剂用量会影响煤浆黏度，当煤浆黏度低时，可在正常基础上适当减少用量；当煤浆黏度高时，可在正常基础上适当增大用量；但煤浆黏度也并非绝对与添加剂用量成正比，不能用持续增大添加剂用量的方法来获得合适的黏度。

c. 以上措施无明显改观应考虑煤的内在水含量影响煤浆的黏度。

③ 煤浆粒度分布的控制

煤浆粒度分布是水煤浆气化技术中重要的工艺指标之一，它决定了煤浆的性能、煤浆在气化炉内反应情况等，所以操作中应保证煤浆粒度的稳定。其调节方法如下。

a. 保证原料煤煤质的稳定，特别是原料煤的硬度不要波动太大。

b. 保证磨机内钢棒级配的合理性，并定期补加新钢棒以保证级配的稳定。

c. 保证生产负荷的相对稳定，短时通过调整生产负荷的大小来调整粒度，长期解决必须调整磨机内钢棒的级配来做相应的调节。

d. 保证进入磨机原料煤粒度的稳定，煤浆粒度变细时，可适当增加原料煤的粒度；当煤浆粒度变粗时，可适当降低原料煤的粒度。

e. 由于影响煤浆粒度分布的因素较多，操作中当煤浆粒度变化时，应首先查明原因，然后再做相应的处理。

（2）气化洗涤单元

① 气化炉温度的控制

a. 提高氧煤比可提高气化炉操作温度。气化炉控制的最低操作温度，应使气化炉中熔融的液态灰渣具有流动性，使之可连续通过渣口流入激冷室内。在气化炉最小操作温度附近操作时，可能会导致气化炉渣口被熔渣堵塞。而在较高温度操作时，渣黏度降低，耐火砖的磨损率会增加。

b. 氧气进料在进入工艺烧嘴之前被分为两股。至烧嘴中心氧气管线的正常流量范围是系统总氧气流量的 12%~20% 之间，以 14% 为正常操作值。此股流量必须在 10% 以上才能使烧嘴达到较好的物料混合效果。

c. 煤浆与氧气之间量的关系应保持与热量和物料平衡表的关系一致，当改变装置生产能力时，这些量需一起调整才能保证恒定的碳转化率及气化炉温度。

d. 煤浆中水含量也会影响气化炉的温度。当进料氧碳比恒定时，提高煤浆浓度会使气化炉温度升高，并且相对 CO 而言可提高合成气中 H_2 和 CO_2 的含量。

e. 合成气连续甲烷分析仪可以提供辅助的气化炉温度指示。在恒定气化压力下，甲烷浓度升高代表着气化炉温度降低，反之亦然。甲烷浓度可指示气化炉温度，作为气化炉热电偶故障时，维持气化操作温度的参考数据之一。

② 洗涤水系统的 pH 值控制

洗涤水和部分黑水系统管路由于 pH 值较低，需要定期监测可能的腐蚀。由于气化炉中氨的生成量比酸性气的生成量多，可以通过将氨保留在系统中来控制 pH 值。生成的过量氨在洗涤塔会自然溶解到水中。氨汽提后随酸性气进入下游。部分未汽提含氨冷凝液返回洗涤塔以维持系统所需的 pH 值。

（3）渣水处理单元

根据分析结果调整工艺：

a. 出洗涤塔工艺气中固含物浓度高。增加文丘里洗涤器的洗涤水量或增加进洗涤塔的洗涤水量，提高液位以及增加洗涤塔排放等。

b. 根据粗渣及细渣中碳含量高低来调整气化炉工况，废渣中的碳含量高要提高炉温。

c. 通过灰水固含物浓度分析，判断沉降槽分离效果，并作相应处理。固含量增加，需要增加絮凝剂用量，反之需要减少絮凝剂用量。

d. 分析灰水中 Cl^- 浓度，浓度高了则要补充新鲜水。

e. 分析灰水中 Ca^{2+}、Mg^{2+} 浓度和 pH 值，浓度高则适当增加分散剂用量，反之则减少分散剂用量。

f. 因环保要求，控制外排废水中磷含量，根据分析数据中磷含量的高低调整低磷分散剂的投加量。

3.1.2.7　德士古水煤浆加压气化系统异常现象及处理方法

德士古水煤浆加压气化工段岗位操作时的异常现象、原因及处理方法见表 3-2。

表 3-2　德士古水煤浆加压气化工段异常现象及处理办法

序号	异常现象	原因	处理
1	磨煤机进煤量低	1. 磨煤机前煤仓出口堵；	a. 确认投用磨煤机前煤仓底部工厂空气； b. 敲打磨煤机前煤仓锥部； c. 必要时，停车拆下料口。
		2. 煤称重给料机故障；	2. 检查煤称重给料机；
		3. 磨煤机进口溜槽堵。	3. 停煤称重给料机并清除。
2	磨煤机出口槽液位高	1. 低压料浆泵能力下降；	1. 提高转速并检查；
		2. 低压料浆泵进口不畅；	2. 检查料浆浓度、清理管道；
		3. 磨煤机负荷大。	3. 调整负荷。
3	料浆黏度大	1. 添加剂量不适当；	1. 调整添加剂量；
		2. 料浆粒度太细；	2. 同下第 5 项；
		3. 浓度过高。	3. 降低浓度。
4	料浆管道堵塞	1. 管内物料停留时间过长； 2. 管内进入较大杂物。	疏通管道。
5	料浆粒度变细	1. 给料量太少；	1. 增加给料量；
		2. 钢棒级配不合理；	2. 调整级配；
		3. 煤质发生变化。	3. 上报部门处理。
6	低压料浆泵打量不足	1. 进口管堵塞；	1. 疏通进口管道；
		2. 泵故障（如：进出口阀门堵、坏、隔膜坏等）；	2. 检查泵；
		3. 磨煤机出口槽液位低。	3. 提高液位。
7	气化炉炉膛温度异常	1. 氧煤比波动；	1. 调整氧煤比至正常范围；
		2. 氧气纯度变化；	2. 联系空分提高氧气纯度；
		3. 料浆浓度变化。	3. 调整料浆浓度至正常范围。

序号	异常现象	原因	处理
8	炉壁温度高	1. 耐火砖脱落;	1. 现场实测炉壁温度,如果温度不正常,气化炉停车;
		2. 炉砖断裂,气体短路进入炉壁;	2. 同上;
		3. 内层炉砖剥落。	3. 分析灰渣中的 Cr 含量,结合运行时间,计算砖厚度,大停车处理。
9	工艺气出口温度高	1. 激冷水流量低;	a. 增加激冷水流量计流量; b. 检查激冷水泵运行状态,如激冷水流量仍然过低,启动备用泵给激冷环供水,切出运行激冷水泵检修。
		2. 激冷室液位低。	a. 确认激冷水流量调节阀阀位; b. 确认气化炉液位调节阀阀位; c. 检查气化炉液位计,冲洗液位计,参考现场液位计。
10	烧嘴冷却水回水温度高	1. 烧嘴冷却水流量低;	a. 检查烧嘴冷却水泵,注意备用泵必须为自启动状态; b. 调节烧嘴冷却水系列阀; c. 如果法兰泄漏,现场紧固。
		2. 烧嘴冷却水冷却器效率下降;	a. 增加循环冷却水流量; b. 使烧嘴冷却水罐溢流,以降低烧嘴冷却水温度; c. 必要时停车检修。
		3. 烧嘴损坏。	a. 检查气化炉热偶是否异常变化; b. 检查氧气、料浆压力、流量及氧气纯度、料浆浓度,如果进料压力不断升高,表示烧嘴损坏,立即停车; c. 确认工艺气成分的变化; d. 判断冷却水盘管是否泄漏; e. 必要时停车检修。
11	烧嘴压差高	1. 烧嘴堵塞;	a. 降负荷运行; b. 如压差持续上升,停车更换烧嘴。
		2. 氧气流量太大;	2. 降低氧气用量;
		3. 料浆流量增大。	3. 降低料浆流量或调节氧气量。
12	烧嘴压差低	1. 烧嘴损坏;	1. 检查烧嘴冷却水系统运行状况,必要时停车;
		2. 进料流量降低;	2. 调节氧气和煤浆流量同时注意炉温;
		3. 气化炉压力快速升高。	a. 检查激冷环或气体管线是否堵塞; b. 检查气化炉系统压力。
13	气化炉液位异常	1. 激冷水流量异常;	a. 调整激冷水流量计; b. 检查激冷水泵,必要时启动备用泵,切出运行泵检修。
		2. 黑水流量异常。	a. 调节经气化炉液位调节阀; b. 切换经气化炉液位调节阀,检修阀门。
14	下降管烧穿	1. 激冷水流量低于工艺指标或激冷水在激冷环上分布不均造成下降管部分断水; 2. 生产过程中不稳定,气化炉液位控制过低。	停车,恢复生产后注意增加激冷水量,维持好气化炉液位。
15	锁斗循环泵故障	1. 运行的锁斗循环泵停;	1. 停锁斗程序,检修锁斗循环泵;
		2. 两台泵同时故障。	2. 如 2 小时内不能修好,气化炉停车。
16	除氧水泵故障	1. 运行泵停;	1. 备用泵启动;
		2. 三台泵都不能启动。	2. 气化炉停车。

序号	异常现象	原因	处理
17	洗涤塔出口工艺气含尘量超标	1. 洗涤水流量低; 2. 洗涤塔液位偏低; 3. 工艺冷凝液过少; 4. 洗涤塔黑水浓度过高。	1. 增加洗涤水流量; 2. 提高洗涤塔液位; 3. 加大工艺冷凝液量; 4. 适当增加洗涤塔黑水排放量。
18	锁斗与气化炉压差太高	1. 破渣机堵; 2. 停锁斗程序; 3. 锁渣系统泄漏。	a. 破渣机反转; b. 停止锁渣罐程序,用除氧水反冲; c. 检查气化炉掉砖。 a. 用除氧水反冲,增大循环量; b. 破渣机反转,气化炉降负荷。 检查相关仪表阀门。

3.1.2.8 德士古水煤浆加压工段主要设备

（1）气化炉

气化炉是高温气化反应发生的场所，是气化的核心设备之一。其燃烧室为内衬耐火材料的立式压力容器，耐火材料用以保护气化炉壳体免受反应高温的作用。壳体外部还设有炉壁温度检测系统，以检测生产中可能出现的局部热点。气化炉结构上必须与喷嘴匹配得当以保证燃烧反应的顺利进行，为保证必要的反应停留时间和合理的流场分布还必须具有合理的炉膛高径比。

水煤浆气化炉的主体结构是燃烧室和激冷室。燃烧室是煤浆和氧气发生不完全燃烧反应的部分，由起到承压作用的壳体和对壳体起保护作用的耐火材料两部分组成。激冷室主要包括筒体、激冷环、下降管和上升管等。激冷室内的激冷环和下降管与上部燃烧室相连，燃烧室内反应产生的高温工艺气混合着熔融状态的炉渣，经过激冷环、下降管到达激冷室液位内进行水浴洗涤。激冷水通过激冷环沿下降管旋流而下，与高温工艺气与熔融状态炉渣并流而下，对下降管起到保护作用。工艺气经过激冷和洗涤后，沿上升筒上升，经过顶部折流板折流后，通过工艺气出口离开气化炉。灰渣经过激冷凝固后，沉降到冷却水底部，由破渣机排至捞渣机。水煤浆气化炉结构见图3-8。

（2）烧嘴

德士古气化工艺中所使用的烧嘴主要有预热烧嘴和工艺烧嘴。预热烧嘴用于气化炉养护及气化炉预热的初始阶段；工艺烧嘴用于煤气化阶段，水煤浆及氧化剂通过工艺烧嘴进入气化炉反应室发生气化反应。工艺烧嘴的雾化性能是影响煤气化产品成分和煤转化率的主要因素之一，工

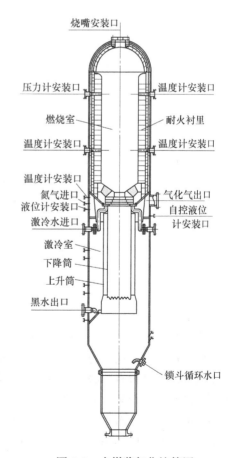

图3-8 水煤浆气化炉简图

艺烧嘴的寿命和其投产运转情况直接影响气化的技术指标和经济效益。

工艺烧嘴示意图如图 3-9 所示，其结构由中心氧头、煤浆头、外氧头组合形成，其中有两个氧气流道和一个煤浆流道，为同心三管结构。进入烧嘴的氧气流分为两个通道：中心氧头放氧气，由煤浆头形成的截面为外部氧头放出外环氧；中心氧头与煤浆头形成的流道喷出水煤浆。在烧嘴头部设置水套和冷却水盘管，防止炉内高温直接烘烤烧嘴头部，对保护烧嘴起到关键作用。中心氧、水煤浆和外氧的流通面积应满足各自介质的流量要求，在供气压力允许的情况下，应达到良好的混合和雾化效果。中心氧的出口流速 150~180m/s，煤浆出口流速 5~15m/s，预混合腔出口平均流速 12~20m/s，外氧的出口流速 160~200m/s。该工艺烧嘴主体材料一般选用 Incone1600 和 UMCo-50（或 GH188）。Incone1600 是一种高镍铬合金，镍和铬的总含量超过 70%，是一种标准的耐热和耐腐蚀工程材料，在高温环境和腐蚀环境中具有极好的抗氧化性能。UMCo-50（或 GH188）属于钴基合金材料，具有优异的抗高温氧化性能和耐磨性，该合金使用温度范围为 650~1100℃。同时，工艺烧嘴为高压元件，工作压力一般为 4~8MPa。由于水煤浆喷嘴使用条件的要求，其在装配和定位过程中的尺寸控制要求也非常严格。如果总成的整体尺寸和精度不能满足图纸要求，将影响水煤浆的供应流量、氧气流量、水煤浆的雾化、燃烧器火焰的形状，并直接影响整个气化炉的工作。

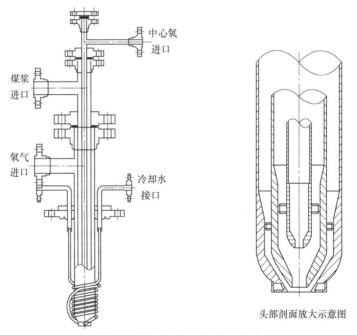

中心氧进口

煤浆进口

氧气进口

冷却水接口

头部剖面放大示意图

图 3-9　德士古工艺烧嘴示意图

（3）磨煤机

磨煤机主要是将一定粒度的煤配合水制成水煤浆，主要分为棒磨机和球磨机等不同的形式，是制备高浓度水煤浆的关键设备。磨机的性能决定着原料煤破碎为颗粒的粒径及处理负荷。常用的制浆磨机有球磨机、棒磨机两类，球磨机易于磨制微细颗粒，而棒磨机的产品粒度上限比球磨机大很多，对提高堆积效率有利。因此本工艺中选用湿式溢流型棒磨机，其磨矿介质为磨棒，其结构如图 3-10 所示。在棒磨机筒体内部，物料、水和钢棒随着筒体旋转，在离心力和摩擦力的作用下，筒体内的钢棒随筒体一起旋转到一定高度后落下将物料击碎，加之棒与棒之间、棒与筒体衬板之间有滑动研磨，磨出粒度分布合格的煤浆。由于连续给料的推力作用并借助于水的冲力，被粉磨的物料通过出料筒的中心孔溢出，经滚筒筛滤去粗物料颗粒后进入磨机出料槽。

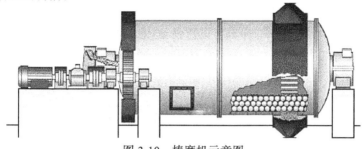

图 3-10　棒磨机示意图

（4）煤浆泵

煤浆泵的主要作用是将水煤浆泵送至气化炉进行气化，一般选用往复式隔膜泵。其工作原理是由电机通过减速机驱动曲轴、连杆、十字头，将旋转运动转化为直线运动，使活塞进行往复运动。当活塞向动力端运动时，活塞借助油介质将隔膜室中隔膜吸到动力端方向，此时隔膜腔体积增大，腔体内压力降低，煤浆借助进料压力打开进料单向阀，吸入并充满隔膜室。当活塞向缸头方向运动时，活塞借助油介质将隔膜室中隔膜推向缸头方向运动，隔膜腔内煤浆受到挤压从而使压力升高，进料单向阀关闭，排料单向阀随之打开，将煤浆输送到出口管道。往复式隔膜泵的结构图如图 3-11 所示。

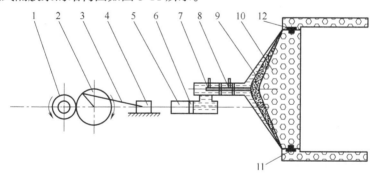

图 3-11　往复式隔膜泵结构示意图

1—电动机；2—曲轴（偏心轮）；3—连杆；4—十字头；5—活塞缸；6—活塞；7—导杆；
8—信号发生器；9—橡胶隔膜；10—隔膜室；11—进料阀；12—出料阀

3.2　CO 变换工段

3.2.1　CO 变换工段的作用

一氧化碳变换是合成气中的 CO 与水蒸气在催化剂的作用下，发生反应并生成二氧化碳与氢的过程。合成氨工业在 1913 年就开始应用该过程，制氢工业在之后也开始应用。通过变换反应，可以调节合成气中一氧化碳与氢的组分含量，因此变换反应还可用于甲醇合成和煤制油等 FT 合成过程，从而实现各种合成工艺对气体组分的要求。变换工艺甚至可以用于降低城市煤气组分的一氧化碳含量。

在煤制甲醇生产工艺过程中，甲醇是通过一氧化碳与氢气反应制得，合成反应如下：

$$CO+2H_2 \longrightarrow CH_3OH \qquad (3-7)$$

1molCO 与 2mol 的 H_2 发生反应生成 1molCH₃OH，碳氢比在达到 1:2 附近时，更易于反应的进行。但是德士古水煤浆气化得到的粗煤气中一氧化碳的含量在 45%左右，通过 Shell 气化生产的煤气组分中一氧化碳含量则可以达到 65%左右，不能够直接作为合成气来使用。两种气化得到的粗煤气组成如表 3-3 所示。为了合成甲醇，CO 的体积分数应该在 18%~20%之间，同时提高 H_2 的含量，调整碳氢比。

表 3-3　煤粉气化和水煤浆气化的粗合成气数据对比表

组成（干基），（摩尔分数）	煤粉加压气化	水煤浆气化
一氧化碳	~66.5%	~46%
氢气	~26%	~37.5%
二氧化碳	~6.5%	~15.8%
其他	~1%	~0.7%
合计	100%	100%
有效气量/%	~92.5	83.5
水气比/（mol/mol）	0.9~1.1	1.3~1.5
水/CO/（mol/mol）	1.5	3.2
温度/℃	210	~219
压力/MPa	4.0	4.0~6.5

该 CO 变换工序的目的和作用就是通过水蒸气变换反应，把粗煤气中过高的 CO 变换成 CO_2，同时生成 H_2，以调整粗煤气中 CO 和 H_2 的含量，以满足甲醇合成装置对氢碳比的要求，而生成的 CO_2 将在后续合成气净化工序中去除。因此这一工序是甲醇合成反应中重要的一部分，具有承上启下的重要作用。

3.2.2　CO 变换的基本原理

3.2.2.1　变换反应热效应

CO 变换的主反应如下：

$$CO+H_2O \Longrightarrow CO_2+H_2-41.2kJ/mol \qquad (3-4)$$

变换反应是可逆放热等摩尔反应。反应速度较慢，只有在合适的催化作用才能快速反应。

表 3-4 为不同温度下变换反应的反应热情况。

表 3-4　变换反应的反应热

温度/℃	25	200	250	300	350	400	450	500
反应热/（kJ/mol）	41.16	40.04	39.64	39.23	38.76	38.30	37.86	37.30

在工业生产过程中，变换反应的反应热在变换炉升温完毕进入正常生产后，可以作为热源以维持生产过程的进行。

析碳反应、甲烷化反应是一氧化碳变换的主要副反应。

析碳反应为：

$$2CO \rightleftharpoons C+CO_2 \tag{3-8}$$

$$CO+H_2 \rightleftharpoons C+H_2O \tag{3-9}$$

析碳反应是放热和体积缩小的反应。当温度低、压力高时，容易发生析碳反应，一般多发生在变换反应器的上段上层。碳覆盖催化剂表面，导致活性表面减少，阻力增加。

甲烷化反应为：

$$CO+3H_2 \rightleftharpoons CH_4+H_2O \tag{3-6}$$

$$2CO+2H_2 \rightleftharpoons CH_4+CO_2 \tag{3-10}$$

$$CO_2+4H_2 \rightleftharpoons CH_4+2H_2O \tag{3-11}$$

甲烷化反应是强放热反应，容易引起催化剂床层出现"飞温"，导致催化剂损坏，甚至是反应器的损坏。通过增加水气比、稳定操作温度等措施可防止甲烷化反应的发生。

3.2.2.2　变换反应的影响因素

变换反应的特点是可逆、放热、反应前后体积不变，并且反应速率比较慢，只有在催化剂的作用下才具有较快的反应速率。温度、压力、汽气比等操作条件对该反应平衡和反应速率的影响如下。

（1）温度

变换反应是可逆的放热反应，随反应进行，温度不断升高。大体上，CO 浓度每降低 1%（干基），温度要升高 $9/(1+W) \sim 10/(1+W)$ ℃，W 为水气比（进口气体水蒸气的分子数与总干气分子数之比）。对于可逆放热反应而言，温度对反应速度和反应平衡两个因素的影响是相反的。温度升高反应速度常数增大，对反应速度有利；但温度越高平衡常数越小，反应推动力减小，同时受热力学影响，反应平衡向左移动，对反应速度又不利。因而对变换反应来说存在最佳反应温度，在最佳反应温度下，催化剂用量最少，变换效率最高。该反应温度与转化率关系是：反应初期的转化率较低，最佳温度高，反应后期转化率高，最佳温度低，故随着反应的进行要不断地将热量移出体系，才能使温度一直保持在最佳温度附近。

在实际操作中，还要配合催化剂的活性温度范围严格控制床层温度，反应的起始温度通常需要超过催化剂的起始活性温度至少 20℃，低于此范围，催化剂活性不够，温度太高，催化剂会失活。一般煤气变换反应的温度是 200~550℃。

因此，变换温度的条件应综合以下因素来决定：

① 应在催化剂的活性温度范围来操作，避免床层的热点超过催化剂使用温度上限。

② 尽可能地使温度变化接近最佳反应温度曲线，可以采取分段冷却的方法。

（2）压力

由于变换反应是等体积反应，故压力对平衡无影响，然而对于大型工业装置生产，反应内扩散过程较大程度地受到压力影响，压力不同对催化剂的孔分布要求也不同。加压操作可以加快反应速率（反应速度大约与压力的平方成正比），减小设备体积，提高系统的热利用率，减少动力消耗，但压力不宜过高，大型厂多用 3.5~4.0MPa。

（3）水气比

水气比是指原料气中的水蒸气组分与原料气中的干气组分的摩尔比或标准状况下的体积比，通常用 S/G 表示。水气比（H_2O/干气）或水碳比（H_2O/CO）是变换操作的一个重要调节手段。提高水气比，可以提高一氧化碳平衡变换率，加快反应速度，防止析碳及甲烷化等副反应发生。同时过量的水蒸气可以作为热载体，带走大量反应热，因此改变蒸汽用量可以调节变换床层温度。但蒸汽用量过大，H_2S 含量低时，易发生反硫化反应。

水蒸气用量是变换过程中最主要消耗指标，尽量减少其用量对过程的经济性具有重要意义。蒸汽比例过高，还将造成催化剂床层阻力增大，CO 停留时间缩短，余热回收设备负荷加重等，同时外排的工艺冷凝液增多。一般煤气变换的水气比范围为 0.3~1.0。

（4）空速

空速是指在单位时间通过单位体积催化剂的气体量。由于进料速度大小直接反映了系统生产能力的高低，因而，催化剂对高空速的适应能力也是衡量催化剂性能优劣的一个重要指标。空速过大，则气体和催化剂的接触时间比较短，导致 CO 来不及反应就离开了催化剂床层，即变换率比较低。空速过小，则通过催化剂床层的气量比较小，则会降低生产强度从而形成浪费。催化剂要求的空速通常为 2500~4000h^{-1}。

3.2.2.3　CO 变换反应催化剂

无催化剂存在时，变换反应的速率极慢，即使温度升至 700℃ 以上，反应仍不明显，因此必须采用催化剂，使反应在不太高的温度下有足够的反应速率，达到较高的转化率。目前工业上采用的变换催化剂有三大类。

（1）铁铬系催化剂

铁铬系催化剂是前期最先使用的高温催化剂，操作温度为 350~550℃。其化学组成以 Fe_2O_3 为主，助剂有 Cr_2O_3 和 K_2O_3，反应前需要还原成 Fe_3O_4 才有活性。因为反应温度高，反应后气体 CO 含量最低为 3%~4%。

Fe-Cr 系催化剂在使用过程中活性会降低，往往不是其他化学性质的改变，而是其物理性质受到损害的结果，尤其是表面结构受到破坏。因此在使用过程中应注意和加强对催化剂的保护。对催化剂有毒的物质包括硫化物、磷、砷、氯等。

（2）铜锌系催化剂

铜锌系催化剂的活性温度范围为 200~250℃，主要活性成分是氧化铜，氧化铝、氧化锌或氧化铬为稳定剂。此类催化剂通常用在高温变换之后，将煤气中 3% 左右的 CO 含量降低至 0.3% 左右。

Cu-Zn 系催化剂的操作温度应遵循先低温后高温的原则，提温可以加快变换速率。此类催化剂失活的主要原因是中毒，硫会使催化剂中毒，因此一般要求煤气中总硫含量小于 1×10^{-7}。氯对催化剂的毒性比硫还严重，催化剂吸附 0.1% 的氯，就足以使其严重失活。

（3）钴钼催化剂

钴钼系催化剂为宽温耐硫变换催化剂，其活性组分为 MoS_2 和 CoS，在催化剂中加入碱金属氧化物可降低变换反应温度，此类催化剂的操作温度 200~550℃，原料气经变换后 CO 含量可降至 0.2% 左右。钴钼耐硫变换催化剂最大的特点是活性组分处在硫化状态下才具有活性，因此该系列催化剂不会因为粗合成气中硫存在而导致催化剂中毒。但是使用前需要繁琐的预硫化过程，此外为防止催化剂反硫化，使用中工艺气体需保证一定的硫含量，通常须大于 150mg/m^3（标态）。失活后的催化剂可再硫化，使部分失活的催化剂活性大部分恢复。

3.2.2.4　CO 变换反应器

根据反应器操作温度控制的不同，可分为绝热变换反应器和等温变换反应器。绝热变换反应器是采用催化剂装填量来控制催化剂床层温升，而等温变换反应器是通过将变换反应热移出并转化为饱和蒸汽来维持床层温度。目前工业上变换反应器主要仍为绝热式反应器。

（1）绝热固定床反应器

绝热固定床反应器如不考虑热损失，则近似认为与外界不换热，对于可逆放热反应，依靠本身放出的反应热而使反应气体温度逐步升高。催化剂床层入口气体温度高于催化剂的起始活性温度，而出口气体温度低于催化剂的耐热温度。对于绝热温升较小的反应，可用单段绝热催化床，如果单段绝热床不能适应要求，则可采用多段绝热床。图3-12是可逆放热单反应三段间接换热式的操作状况，因此在转化率-温度图上有平衡曲线和最佳温度曲线。变换工艺在流程设置上的基本原理类似于此图，均采用多段绝热床反应、多次换热的方式。

绝热式变换炉根据内部结构型式分为轴向变换炉、径向变换炉和轴径向变换炉。

（2）等温变换反应器

多段绝热反应造成了变换工艺流程长，形成复杂的换热体系。等温变换反应器（图3-13）相当于在反应器中内置一个换热器，通过及时移走反应生成的热量，保持床层基本恒温。由于温度降低，平衡常数增大，反应程度加深，转化率更高，使反应过程温和，一直保持在最适宜温度下。同时，变换反应初期操作时易超温，可通过反应器中的换热体系加以控制，保护设备安全，可有效解决操作中的一系列难题。在等温反应过程中，催化剂产生的应力最小，从而延长了催化剂的寿命并且催化剂的性能也得到最大程度的发挥。不足之处是，因为增添了内件，催化剂的装填系数减小。

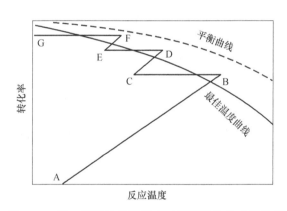

图3-12　单一可逆放热单反应三段间接换热式操作状况

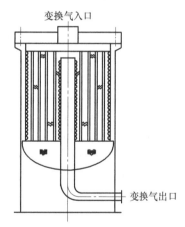

图3-13　等温变换反应器示意图

轴向、径向、轴径向、等温变换炉这四种结构形式不同的变换炉适应不同特点的变换反应，其炉型特点如表3-5所示。

表3-5　不同变换炉特点

炉型	优点	缺点
轴向变换炉	典型传统的固定床反应器，结构简单、轴向返混小、应用广泛、运行可靠。	流体通道受横截面积限制，导致同量催化剂床层高，床层压降大，生产过程中容易产生偏流。
径向变换炉	与轴径向变换炉特点大部分一致。	催化剂顶层需要预留一部分空间，反应前期催化剂没有反应气通过，浪费了部分催化剂和空间。
轴径向变换炉	1. 气体流通面积增加，速度低，减少了对入口催化剂颗粒的冲刷，同时，催化剂床层的粉尘容纳能力显著增加，使床层阻力上升缓慢；	1. 内件结构较为复杂，且检修不便，国内方案的内件需提前安装； 2. 内件为专利设备，投资较高；

炉型	优点	缺点
轴径向变换炉	2. 气体均匀穿过床层，避免气体偏流短路； 3. 可采用小颗粒催化剂，降低催化剂内扩散阻力。	3. 装卸催化剂困难，更换时间长，且更换催化剂时需整炉同时更换； 4. 采用粒径更小的催化剂，制备过程更苛刻。
等温变换炉	1. 单程变换率更高，所需催化剂装填量最少； 2. 针对变换装置开车引气过程中易超温的问题，可通过炉中的换热结构控制，避免设备超温； 3. 在等温反应过程中，催化剂产生的应力小，延长了催化剂的使用寿命。	1. 因壳体内部增设了内件而导致了催化剂的装填系数降低； 2. 高位反应热只能副产饱和的中低压蒸汽，对装置的能效有一定的影响。 3. 硫酸、硫醚副产物增多，影响下游低温甲醇洗的脱硫率。

3.2.3　CO 变换工艺的特点

采用不同的煤气化技术生产的粗合成气氢碳比和水气比是不相同的，合成气的不同用途对氢碳比也有不同要求，合成气下游产品的要求决定变换单元的技术路线。本节只介绍 Shell 干煤粉加压气化下游生产甲醇产品的 CO 变换工艺。

对煤制甲醇工艺，由于甲醇合成的原料气是 CO 和 H_2，因此无需将粗煤气中的 CO 全部变换，而只需对粗煤气进行部分变换，使变换气中 CO 含量达到 20% 左右即可。同时，对于 Shell 干煤粉加压气化，粗煤气中 CO 含量比较高，为防止副反应的发生和催化剂超温，需保持一定的水气比。但如果原料气一次通过第一变换炉，就会消耗大量蒸汽，这从经济的角度很不合理，有效、可行的办法是降低第一变换炉的负荷，进行逐级多炉串联加并联的部分变换，并采用低水气比工艺，即来自气化车间的粗煤气中 55%~60% 通过第一变换炉，在第二变换炉入口加入不通过第一变换炉的约 30% 的粗煤气，与第一变换炉出来的变换后气体混合，通过液态水激冷增湿降温来减少蒸汽消耗。同时，为了调节变换出口煤气中 CO 含量，另外约 10% 未经变换的煤气与第二变换炉出口的气体混合，并用液态水激冷增湿降温后，进入第三变换炉。利用上述两条副线，调节分配三个变换炉的负荷，来控制变换出口的 CO 含量。一氧化碳变换余热采用分等级回收方式，高温工艺余热采用气化激冷水和预热锅炉给水的方式回收；低温工艺余热预热除盐水。其变换流程方框图如图 3-14 所示。

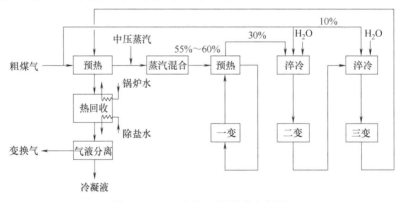

图 3-14　CO 变换工艺流程方框图

一氧化碳变换催化剂采用钴-钼耐硫变换催化剂，是一种以镁铝尖晶石为载体，含有多元复合助剂的新型 CO 耐硫变换催化剂，其物理性能和主要使用条件如表 3-6 所示。新鲜催化剂中活性组分钴、钼以氧化钴、氧化钼的形式存在，使用时要先进行硫化，使活性金属组分由氧化物转变成硫化物。

表 3-6 钴-钼耐硫变换催化剂的物理性能和主要使用条件

项目		QDB-04
外形尺寸/mm		$\phi 3.5 \sim 4.5$
堆密度/（kg/L）		$0.8 \sim 1.0$
破碎强度/（N/cm）		$\geqslant 130$
比表面积/（m²/g）		$\geqslant 100$
孔容/（cm³/g）		$\geqslant 0.25$
主要使用条件	压力/MPa	~8.0
	温度/°C	190~500
	干气空速/h⁻¹	~4500
	水/气/（mol/mol）	~1.4

本变换工艺特点如下：

① 钴-钼耐硫催化剂适用于原料气中硫含量较高的变换工艺，对原料气中硫只有最低要求，无上限要求，因此使整个净化流程更为简单。钴-钼耐硫催化剂起活温度较低，一般宽温变换催化剂起活温度为240℃，最高温度可耐480℃，低温变换催化剂起活温度为180℃，最高温度可耐450℃，较宽的温度范围适应于CO浓度高而引起温升大的特点。

② 为满足后续工段CO指标要求和节能原则，采用部分原料气变换工艺。这样既节省高压蒸汽也避免甲烷化副反应的发生，同时也满足后续工段对CO浓度的要求，调节手段灵活。

③ 为节省蒸汽消耗，一氧化碳变换采用三段式变换，段间采用锅炉给水激冷，采用激冷流程一方面提高入口水气比、另一方面降低变换入口温度。低温耐硫变换通过调节满足后续工段所需要的CO指标要求。

④ 一氧化碳变换工序同时也是一个原料气不断降温的过程，余热采用分等级回收方式，高温工艺余热采用废热锅炉副产蒸汽的方式回收；低温工艺余热预热除盐水。

3.2.4 CO变换工艺流程说明

3.2.4.1 操作工艺流程

CO变换工艺流程图如图3-15所示。

从煤气化装置来的粗煤气（160℃、3.6MPa），首先进入原料气分离器S3101，分离出夹带的水分，然后进入原料气过滤器S3102除去气体中的固体机械杂质。

从原料气过滤器S3102出来的粗煤气被分成三股：一股（约55%）进煤气预热器E3101管程与壳程的来自第三变换炉的变换气换热到210℃，再进入蒸汽混合器S3103，与加入的263℃蒸汽混合，混合后气体（温度约230℃）再进入煤气换热器E3102管程与壳程的来自第一变换炉的变换气换热到260℃后，进入一变炉R3101进行变换。

出第一变换炉的变换气（温度约459℃）进入煤气换热器E3102的壳程，与管程煤气换热后（温度约432℃），与来自S3102的另一股粗煤气（约30%，作为一段高温变换气的冷激气）相混合，并进入1#淬冷过滤器S3104，在此煤气被来自冷凝液泵P3101的101.8℃的变换冷凝液冷却到235℃左右，然后进入第二变换炉R3102进行变换反应。

出第二变换炉的气体（温度约345℃）与粗煤气中剩余15%的气体（来自S3102的第三股粗煤气）混合后，进入2#淬冷过滤器S3105，在此煤气被来自P3101的101.8℃的变换冷凝液淬冷增湿到220℃，然后进入第三变换炉R3103发生变换反应。

出第三变换炉R3103的变换气（温度约305℃）进入煤气预热器E3101的壳程，被管程的煤气冷却到294℃，然后进入锅炉给水预热器E3103A/B的管程与壳程的锅炉给水换热，温

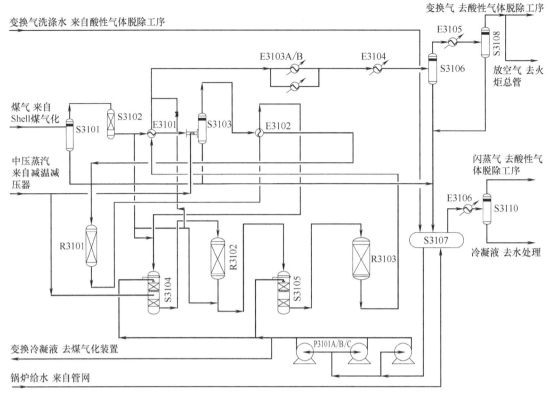

图 3-15　CO 变换工艺流程简图

度降至 180℃后进入除盐水预热器 E3104 的管程，与壳程的除盐水换热到 85℃后，进入 1#变换气分离器 S3106 分离冷凝水后，进入变换气水冷器 E3105 的管程，被壳程的循环水冷却到 40℃后，进入 2#变换气分离器 S3108 分离冷凝水后，出界区去低温甲醇洗装置。

　　来自粗煤气分离器 S3101、1#变换气分离器 S3106、2#变换气分离器 S3108、蒸汽混合器 S3103 的冷凝液汇合来自酸性气体脱除的冷凝液进入冷凝液闪蒸槽 S3107 进行降压至 1.1MPa 闪蒸，闪蒸后的冷凝液被冷凝液泵 P3101A/B/C 送至 1#、2#淬冷过滤器和煤气化装置；闪蒸槽闪蒸出来的气体进入闪蒸汽水冷器 E3107 的管程，被壳程的循环冷却水冷却至 40℃，再进入闪蒸汽分离器 S3110 分离冷凝水后，去低温甲醇洗的酸气总管；分离下来的冷凝液去污水生化处理装置。

　　变换前后粗煤气和变换气的典型组成如表 3-7 所示。

表 3-7　粗煤气和变换气组成　　　　　　　　　　（体积分数/%）

组分	粗煤气	变换气
H_2	15.5	42.9
CO	56.3	19.0
CO_2	8.1	36.5
N_2	1.4	1.2
Ar	0.06	0.052
CH_4	0.01	0.01
H_2S	0.1	0.115
NH_3	0.03	0.018
H_2O	18.5	0.205

3.2.4.2　催化剂装填和硫化

（1）催化剂装填

催化剂的装填是一个十分重要的步骤，要分层装填，每层都要在整平之后再装下一层，装填后的床层必须平整均匀，严格防止疏密不均从而形成沟流，影响催化剂的使用。

变换催化剂具有较高的强度，因此在装填之前，一般不需要对催化剂进行筛选，但是若在运输或装卸过程中操作不当，使催化剂发生磨损或破碎则必须过筛处理。装填时，可以采取从桶内直接倒入，或是使用溜槽或充填管等多种方式。但无论采用哪一种装填方式，都必须避免催化剂自由下落高度超过 1m。在装填期间，如要在催化剂上走动，则必须垫上木板，使身体重量分散在木板的面积上。

为防止催化剂在开、停车过程中可能会经受高速气流冲击，将催化剂吹出或湍动而造成损坏，可在催化剂床层顶部覆盖金属丝网或惰性材料（惰性材料的材质应耐高温、耐腐蚀并且不含硅），惰性材料通常为瓷球。此外，在装填催化剂之前需要先装耐火瓷球，起到支撑催化剂床层和均匀分布反应气的作用。瓷球的相关性能如表 3-8 所示。

表 3-8　瓷球的关键指标

项目	单位	惰性瓷球
Al_2O_3 含量	%	≥75
Fe_2O_3 含量	%	≤1
堆积密度	kg/m³	1400~1550
吸水率	%	≤5
耐酸度	%	≥98
耐碱度	%	≥90
耐温度急变	℃	≥1000
耐温度	℃	≥1600
碰撞试验		从 10 米高自由落地不开裂
抗压强度	N/颗	$\phi50≥8500N/颗$ $\phi25≥3600N/颗$

（2）催化剂升温

① 升温前的准备

a. 催化剂装填完毕后要用氮气进行气密试验直至合格。

b. 用氮气将系统置换合格，导淋排水完全，各导淋取样分析 $O_2<0.1\%$，并且氮气正压保护。

c. 有足量纯度>99.9%的氮气备用。

d. 贮槽内已放入 CS_2 备用，并有专人记录 CS_2 的加入量和剩余量。

② 催化剂升温

采用纯氮气对催化剂床层进行升温。控制氮气的升温速率不超过 50℃/h。催化剂床层升温一定要平稳，严格按升温曲线进行，并控制好升温速度。程序升温过程如表 3-9 所示。

表 3-9　催化剂氮气程序升温步骤

范围	升速	时间
常温~80℃	30~40℃/h	约2h
80℃	恒温	2h

范围	升速	时间
80~120℃	25~30℃/h	约2h
120℃	恒温	8h
120~175℃	20℃/h	约3h
175℃	恒温	5h
175~230℃	20℃/h	约3h

床层温度升至80℃以上时，注意排放氮气分离器冷凝水，并将这些水收集计量。各恒温阶段，放水必须完全，床层各点温度基本一致后后方可进行下一步。第一、二、三变换炉升温可并联进行，硫化时各变换炉单独进行。当催化剂床层入口温度升至230℃，床层最低温度也大于200℃时，催化剂氮气升温结束。

（3）催化剂硫化

① 硫化介质和硫化反应

出厂的钴-钼催化剂活性组分通常以氧化物形态存在，活性很低。需经过高温充分硫化，使活性组分转化为硫化物，催化剂才显示其高活性。催化剂硫化的好坏直接影响催化剂的活性，甚至使用寿命。一般钴-钼催化剂可以使用 H_2S、CS_2、COS 或其他含硫气体进行硫化，硫化过程所要发生的主要化学反应如下。

硫化过程会发生如下反应：

$$CS_2 + 4H_2 \longrightarrow 2H_2S + CH_4 - 240.6\text{kJ/mol} \qquad (3\text{-}12)$$

$$CoO + H_2S \longrightarrow CoS + H_2O - 13.4\text{kJ/mol} \qquad (3\text{-}13)$$

$$MoO_3 + 2H_2S + H_2 \longrightarrow MoS_2 + 3H_2O - 48.1\text{kJ/mol} \qquad (3\text{-}14)$$

上述反应均为放热反应，且氢解反应（3-12）为强放热反应。因此，如果用 CS_2 来硫化催化剂，应控制加料速度，防止超温。同时，还应注意当温度达200℃以上时，CS_2 的氢解才具有较大的转化率，因此，要控制 CS_2 加入时的温度，防止 CS_2 累积吸附并引起床层温度暴涨。在硫化过程中，要严格控制床层的温升速度，同一床层相邻热偶之间的温差不应超过50℃。

选用氮气为介质进行硫化时应加入 30%左右的氢气，以利于 CS_2 氢解；而使用工艺气硫化时，硫化气中的氢气含量要保持在 20%~30%之间，严防氢气过量而发生 CS_2 的加氢反应。同时应注意在硫化过程中还可能发生下述反应：

$$CO + H_2O \longrightarrow CO_2 + H_2 - 41.5\text{kJ/mol} \qquad (3\text{-}4)$$

$$CO + 3H_2 \longrightarrow CH_4 + H_2O - 206.4\text{kJ/mol} \qquad (3\text{-}6)$$

因此，要控制氢气的添加量和床层温度，防止甲烷化副反应的发生。硫化时，CS_2 的加入量一般根据催化剂中的活性组分完全硫化来计算。添加 CS_2 的速度依催化剂床层温升情况而定。并以反应器出口 H_2S 含量与入口含量平衡，来确定硫化反应是否结束。

若变换催化剂硫化选用甲醇装置来的驰放气，气体组成为 H_2 约占32%，CO 约占10%，CO_2 约占5%，CH_4 约占2%，N_2 约占50%。配以适量的 CS_2 作为硫化剂，经加热升温后，通入催化剂床层进行硫化反应。一般初始开车条件下，多采用氮气做 CS_2 载气，生产运行条件下更换变换催化剂时，多采用生产系统的驰放气做 CS_2 的载气。

② 硫化操作要点

催化剂的硫化过程大致可以分为三个阶段：硫化初期、主期和末期。硫化过程操作要点如下：

a. 当催化剂床层入口温度升至 230℃，床层最低温度也大于 200℃时，可适当加入 H_2，并控制好加入 H_2 的速度，逐渐使 H_2 浓度达到 25%以上。

b. 逐渐补入 CS_2，观察床层温升变化情况，开始控制 CS_2 补入量稳定在 20~40L/h，同时适当提高催化剂床层温度。

c. 当床层温度达 260~300℃时，保持 CS_2 补入量，对催化剂进行硫化，同时要定时分析床层出口 H_2S 和 H_2（每小时分析一次，维持床层出口 H_2 在 10%~20%）。

d. 要保证在较低的床层温度（小于 300℃）的条件下，使 H_2S 穿透催化剂床层。当床层出口有 H_2S 穿透时，可加大 CS_2 补入量继续对催化剂进行硫化，CS_2 补入量可增加到 80~120L/h，同时加强 H_2 含量的分析。

e. 硫化主期，床层温度可控制在 300~350℃。

f. 硫化末期，要维持催化剂床层温度在 400~420℃进行高温硫化 2h，当出口 H_2S 浓度的分析结果连续三次都达到 10g/m³ 以上（每次分析的间隔时间要大于 10min）时，可以认为硫化结束。

g. 用 CS_2 硫化时，因无法分析入口 H_2S 的指标，入口硫组分的含量主要是靠控制 CS_2 的加入量来控制。催化剂硫化完全的标志是，连续 3 次分析出口 H_2S 含量都大于 10g/m³。催化剂升温和硫化程序如表 3-10 所示。

表 3-10　催化剂升温和硫化程序

序号	阶段	时间/h	升速/（℃/h）	温度区间/℃	出口 H_2S/%
1	升温（排水）	18~23	≤30	0~200	
2	配氢气	2	≤30	200~230	
3	初期（穿透）	14~18	≤30	230~300	1.0~2.0
4	主期（提温）	12~14	≤30	300~360	2.5~3.0
5	强化期	4	≤30	360~400	2.5~3.0
6	降温及置换	6	降温 300℃以下		

③ 硫化时的注意事项

a. 加强氮气分离器排放安全，但当进行催化剂硫化时，应注意不要排空，以防止发生 H_2S 中毒；

b. 为防止催化剂超温，应坚持"提硫不提温，提温不提硫"的原则；应严格控制催化剂床层热点不超过 450℃；

c. 催化剂硫化时，若床层温度增长过快并超过 500℃时，要立即停加 CS_2，降低氮气入口温度并加大煤气的流量，使温度下降；

d. 加入氢气时催化剂床层的温度一定要控制在 200℃左右，并要有专人定时检测 H_2 浓度，使其控制在 20%~30%；严防氢气浓度过高，发生催化剂的还原反应；

e. 补入 CS_2 的量一定要有专人负责，CS_2 的加入要缓慢、稳定，防止 CS_2 过量，使床层超温或在系统内冷凝，以出口 H_2S 不超过 50g/m³ 为宜。CS_2 的加入温度以 230~250℃为宜，因为 CS_2 在 200℃以上才能发生氢解反应，若有 CS_2 在催化剂床层中累积，当温度达到 200℃以上时，就会突然发生 CS_2 氢解反应而导致床层温度暴涨；但温度超过 250℃再加入 CS_2，H_2 就可能使 C_oO 或 M_oO_3 发生还原反应，也会导致床层温度暴涨，两种现象都可能使催化剂失活；

f. 硫化结束后，用氮气将系统彻底置换合格，并不断补加 N_2，直至各导淋取样分析 H_2S 为零；

g. 硫化期间，严格监测 N_2 纯度，保证 N_2 纯度在 99.95%以上；

h. 在硫化过程中，应定时排放部分循环气，置换 CO_2、甲烷等惰性气体。

3.2.4.3 正常生产操作

（1）开车条件及准备工作

① 煤气化装置已开车正常，气化炉负荷>50%。

② 变换催化剂氮气升温结束。

③ 原料气分离器 S3101 的入口、旁路截止阀的阀后盲板全部拆除。

④ 变换装置所有管线、设备进行氮气置换，置换合格。

⑤ 低温甲醇洗装置的入口截止阀及旁路阀关闭。

⑥ 打开中压锅炉给水管线上界区截止阀。

⑦ 打开中压蒸汽管线上截止阀。

⑧ 投用冷却水、锅炉给水和除盐水。

（2）开车

① 变换主工艺气系统氮气置换，置换合格后关闭所有导淋。

② 用锅炉给水为冷凝液闪蒸槽 S3107 建立液位至 50%；打开冷凝液闪蒸槽的低压氮气阀，充压至 1.1MPa，启动冷凝液泵 P3101。

③ 打开第一、二、三变换炉的进出口截止阀。

④ 打开原料气分离器 S3101 的入口截止阀的旁路阀，变换装置进行充压，充压速度控制在 1bar/min。

⑤ 系统压力充至平衡，全开原料气分离器 S3101 的入口截止阀，关其旁路阀。

⑥ 建立煤气流量，进行各台变换炉的升温，升温速度控制在 50℃/h。

⑦ 打开锅炉给水截止阀，调节阀后中压蒸汽温度在 280℃左右，调节中压蒸汽压力在 4.275MPa 左右。

⑧ 按比例投用蒸汽流量，控制好一变炉入口水气比，宁高勿低；投用蒸汽注意排凝。

⑨ 为确保一变炉的升温速度，控制煤气流量保持不变。当变换炉入口温度分别达到 260℃、235℃、220℃时，及时控制变换炉的床层温升。

⑩ 当一、二、三变换炉升温正常，并且床层各温度稳定后，把煤气逐渐全部导入变换装置，变换气全部放空。

⑪ 控制调节二变炉煤气流量，使其流量占变换装置处理煤气量的 35%左右。

⑫ 及时增加气化系统负荷，调节变换出口气中 CO 含量至正常。

⑬ 及时把粗煤气分离器 S3101、1#变换气分离器 S3106、2#变换气分离器 S3108、蒸汽混合器 S3103 的冷凝液送入冷凝液闪蒸槽 S3107；当冷凝液闪蒸槽的液位超过 50%，外送冷凝液至煤气化装置。

⑭ 控制冷凝液闪蒸槽内压力在 1.1MPa；打开闪蒸汽分离器 S3110 顶部出口截止阀，把闪蒸汽分离器释放的酸气送入酸气总管；把 S3110 排放的冷凝液送水处理厂进行污水处理。

⑮ 当 2#变换气分离器出口 CO 含量正常后，将压力设定为 3.34MPa，具备向低温甲醇洗装置送气条件。

（3）停车

① 变换装置后系统已经停车。

② 通知气化厂做好甲醇装置停车准备，粗煤气放空点缓慢导至气化装置进行放空。

③ 降低进入变换装置的煤气量，以 2~3kNm³/h 的速度减量；同时同步降低中压蒸汽流量。

④ 关原料气分离器 S3101 的入口截止阀，关锅炉给水截止阀。

⑤ 进行变换装置卸压，卸压速度控制在 1bar/min；当压力卸至 1~2bar 时，关一变炉、二变炉、三变炉的进出口截止阀。短期停车时，变换装置可不卸压，只要把变换炉的进出口截止阀关闭即可。

⑥ 关闭冷凝液闪蒸槽 S3107 顶部的洗涤水的入口截止阀。

⑦ 停冷凝液泵 P3101，关锅炉水补水阀及前后截止阀，关闭蒸汽分离器 S3110 顶部酸气出口截止阀。

⑧ 系统进行氮气置换。

⑨ 接临时氮气管线对三台变换炉进行氮气保压。

⑩ 若大修需对催化剂卸出更换，则要进行催化剂降温钝化。

（4）岗位操作要点

① 一段炉入口温度的控制

变换炉的操作是以控制变换炉催化剂床层温度为中心，以控制变换炉入口温度和入口水气比为主要控制手段。在工艺指标正常的情况下，尽量控制在较低活性温度下操作，严防催化剂超温，杜绝带液入炉的现象发生。若遇超温过高或温升过快，应联系调度，通过开大炉后放空阀调整，若仍旧超温则通知调度做停车处理。

操作中根据催化剂活性情况进行调整，开始使用催化剂时，催化剂活性比较高，可控制变换炉入口比较低的温度（露点以上 25℃）。采用较低的操作温度，既有利于反应的平衡，又可以减缓催化剂性能衰退，并对催化剂的反硫化也起到抑制作用。随着使用时间增加，催化剂活性降低时，可适当提高变换炉入口温度。

② 允许瞬间大幅度改变工艺条件

保持温度、压力、水气比、硫化氢浓度等各项操作参数的平稳，尽量减少开停车次数，避免无硫操作或硫含量过低。要注意各反应器的压差变化，当工况改变或操作异常时，应注意测定出口 CO 含量，必要时应标定各项参数。当长时间运行后催化剂活性衰退，出口 CO 含量增加时，可小幅度逐渐提高入口温度，使出口 CO 含量保持在设计值以内。

③ 严禁带水操作

催化剂中的活性组分（尤其是钾）极易溶于水，若有水带入催化剂的床层，将会使催化剂中的活性组分逐渐浸出，导致催化剂永久失活。床层带水还会将可溶性的盐析出，使催化剂颗粒粘连、结块，造成床层偏流失活，所以，生产时控制好原料气分离器 S3101 的液位，严防有水进入变换炉催化剂床层。

④ 严禁在露点温度下操作

露点温度与水气比密切相关，操作中的蒸汽加入要严格按煤气量控制。在运行初期，催化剂活性较高时，应尽可能采用低水气比操作，这样不仅有利于节能，而且还可延长催化剂的使用寿命。

⑤ 严防出现催化剂的反硫化

气体中的 H_2S 含量、水气比和床层的操作温度是引起催化剂反硫化的主要因素。因此不仅要严格控制水气比，而且要严格控制原料气中的 H_2S 含量。对原料气中 H_2S 含量的要求视工艺条件的不同而不同，水气比越大、温度越高，要求的原料气中的 H_2S 含量也越高。为防止催化剂出现反硫化反应，在生产过程中如遇到减量生产时，应特别注意先减蒸汽再减煤气。

由于氧含量超标造成变换炉炉温上升时，切不能用蒸汽降温。应采取先减少蒸汽量，再减煤气量，降低入口温度等手段进行降温处理。

3.2.4.4　异常现象及处理方法

CO 变换岗位操作时的异常现象及处理方法见表 3-11。

表 3-11　变换岗位异常现象及处理方法

序号	异常现象	原因	处理
1	变换炉催化剂床层温度突涨	1. 煤气中氧含量高； 2. 煤气中 CO 含量高； 3. 蒸汽调节阀失灵或中压蒸汽压力下降造成蒸汽不足； 4. 冷凝液泵停车或抽空。	1. 先减少蒸汽量，再减煤气量，用降低变换炉入口温度的手段进行降温处理；若氧含量过量，造成催化剂温度飞温，进行紧急停车处理； 2. 调整水气比； 3. 用蒸汽副线进行操作，联系仪表人员检修调节阀，或联系调度提高蒸汽压力，仍不能满足生产时，停车处理； 4. 启动备用泵或快速向冷凝液闪蒸槽内补充锅炉水，炉温上涨过快时，可减负荷进行操作，必要时停车处理。
2	变换炉催化剂床层温度突降	1. 操作控制不当，蒸汽量过大； 2. 煤气进入变换炉带水。	1. 稳定操作，缓慢调整； 2. 视具体情况而定，短时间少量带水，可适当提高入炉煤气温度；若床层温度下降幅度太大，系统减负荷。
3	变换气中 CO 含量增高	1. 催化剂床层温度过低，影响变换速率； 2. 负荷过大或加量过猛，使气体空速增大，超过催化剂的正常负荷； 3. 水气比过低，或是各段水气比调节不当； 4. 催化剂活性降低，由于催化剂长期使用或发生反硫化、析碳、粉尘覆盖、中毒等原因使其活性下降； 5. 操作不稳，温度压力波动。	1. 提高反应温度； 2. 减小负荷，或缓慢地加负荷； 3. 提高蒸汽压力，提高水气比，或调节蒸汽加入量； 4. 应根据活性下降的具体原因，采取重新硫化、烧炭或更换催化剂等相应措施； 5. 稳定操作，稳定温度、压力。
4	变换系统阻力大	1. 升温硫化操作不当，开、停车频繁，蒸汽带水，造成催化剂粉化； 2. 换热器堵； 3. 系统阀门开度小。	1. 减负荷生产，严重时更换催化剂； 2. 能坚持运行则坚持运行，否则停车疏通； 3. 检查打开阀门。
5	催化剂活性下降	1. 催化剂升温硫化操作不当； 2. 停车期间空气进入，使催化剂失活中毒； 3. 温度过高，水气比过大，导致催化剂反硫化； 4. 催化剂处于使用后期。	1. 严格按照硫化方案进行操作； 2. 严格停车后的催化剂管理，采用正压或充氮保护催化剂； 3. 严格工艺指标，必要时进行再硫化； 4. 部分更换催化剂或全部更换。
6	冷凝液泵流量和压力不足	1. 冷凝液泵进出口阀门开度小； 2. 冷凝液泵进口管线内有气体； 3. 泵进口管线及滤网堵； 4. 泵内件磨损严重； 5. 冷凝液闪蒸槽液位低。	1. 全开阀门； 2. 倒泵运行，停泵排气； 3. 倒泵运行，停泵清理； 4. 倒泵运行，停泵更换泵内件； 5. 提高冷凝液闪蒸槽液位。
7	设备、管道破裂	1. 设备腐蚀，冲刷严重； 2. 设备管道本身质量问题，强度差； 3. 系统超温超压操作； 4. 其他原因。	1. 汇报领导，紧急停车； 2. 紧急停车，将泄漏点隔离； 3. 严格工艺纪律，严禁超温超压操作； 4. 视情况停车处理，有条件的可用氮气或蒸汽吹除，以稀释着火爆炸点处的煤气，并做好消防准备，防止事故蔓延扩大。

3.2.5 主要设备

3.2.5.1 变换炉

变换炉一般采用绝热固定床反应器,三台变换炉均为立式耐热压力容器,无内衬结构。三台变换炉的工作温度以第一变换炉的温度为最高,而第二、三变换炉的工作温度相对要低一些,因此第一变换炉的材质要求高于第二、第三变换炉的材质。第一、二、三变换炉从结构形式上看基本相同,都是由筒体和上、下封头组焊而成,并用裙座与下封头连接起来通过地脚螺栓将设备固定于基础上,在上封头的顶部和下封头的底部开设有气体的进、出口,炉底靠外侧设有 3个卸料口,炉壁上还设置有 3 个热电偶套管接口。变换炉的结构示意图如图 3-16 所示。

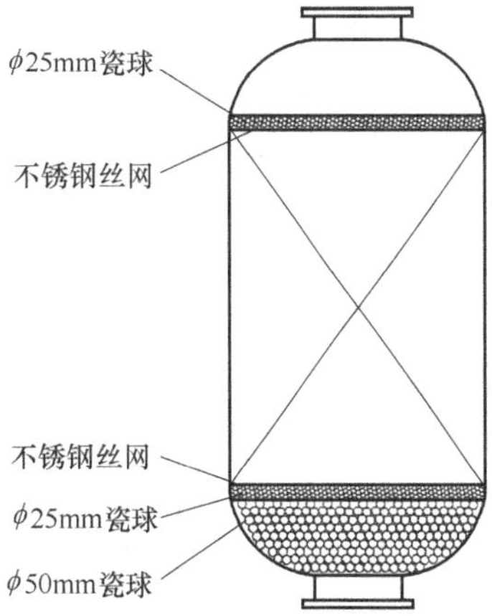

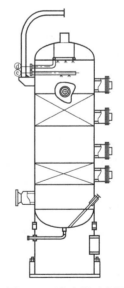

图 3-16 变换炉结构示意图

3.2.5.2 水分离器

为了防止上游装置粗煤气中的煤灰带入变换炉内,并附着在催化剂的表面而污染变换催化剂的现象发生,在变换炉前设计了水分离器,分离器内设有洗灰水和氧化铝瓷球层,以充分洗涤和过滤粗煤气中的灰尘。水分离器示意图如图 3-17 所示。

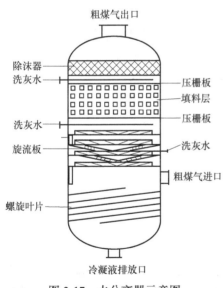

图 3-17 水分离器示意图

图 3-18 淬冷器示意图

3.2.5.3 淬冷器

淬冷器的目的是将高温变换气与顶部喷入的雾状水滴在填料层上充分接触,水滴汽化为水蒸气,变换气温度降低,起到对变换气降温增湿的作用。淬冷器内有环状分布器和撞击喷头,用以强化水雾化效果。淬冷器示意图如图 3-18 所示。

3.3 低温甲醇洗工段

3.3.1 低温甲醇洗工段的作用

煤气化装置产出的粗合成气中除含有CO、H_2、CO_2外，还含有少量的H_2S、COS（羰基硫）、CH_4、HCN以及微量的氯和氨等，硫化物会使甲醇合成催化剂中毒，失去活性，必须通过合成气净化除去。净化单元的主要任务是脱除变换气中的CO_2、H_2S和COS等酸性气体，因此，也称为酸性气脱除单元。对煤制合成气来说，可选择的合成气净化技术有MDEA（甲基二乙醇胺）、NHD（Selexol，聚乙二醇二甲醚）和低温甲醇洗（Rectisol）等脱硫脱碳净化技术。

低温甲醇洗是一种以甲醇为溶剂吸收CO_2、H_2S和COS等酸性气体的物理吸收的方法。低温甲醇洗工艺技术成熟，最早由林德公司和鲁奇公司于20世纪50年代初共同开发，并于1954年被首次应用于粗煤气的净化，随后被广泛应用于国内外合成氨、合成甲醇和其他羰基合成、城市煤气、工业制氢和天然气脱硫等气体净化装置中。在国内以煤、渣油为原料建成的大型合成氨装置中也大都采用这一技术。

低温甲醇洗技术采用甲醇作为吸收溶剂，其优势主要有以下几个方面：①在低温条件下，甲醇对CO_2、H_2S等酸性气体的溶解度较高，因此气体净化度高，净化气中总硫含量可降至小于$0.1\mu L/L$，CO_2可被脱至$1\mu L/L$以下；②甲醇的比热容比较大，可以保证吸收过程中的温升较小，有利于低温吸收；③甲醇的选择性好，可以在一个或两个吸收塔中分段选择性进行脱硫脱碳；④甲醇的沸点低，溶剂回收率较高，同时，溶剂再生过程中的能耗较低；⑤甲醇的热稳定性和化学稳定性非常好，不易被降解、不起泡、对设备腐蚀性小。因此，低温甲醇洗是目前国内外公认的经济合理、净化度高的气体净化技术。

低温甲醇洗工段的作用是将粗变换气中的H_2S和CO_2脱除到要求的控制指标，同时还起到脱除变换气中NH_3、HCN、HCl和羰基化合物的作用，为甲醇合成提供干净的原料气，并为煤气化装置提供CO_2气和为下游克劳斯硫回收装置提供原料气。

具体的工艺指标要求如下所示：

① 出界区净化气杂质含量：$CO_2 \leqslant 3\%$（mol），总硫含量$< 1 \times 10^{-7}$（mol）；

② CO_2产品气：$CO_2 \geqslant 98.5\%$（mol）；

③ 富含H_2S酸性气体：$H_2S \geqslant 25\%$（mol）；

④ 甲醇水分离塔排放废水：$CH_3OH \leqslant 1 \times 10^{-4}$（mol）；

⑤ 尾气：$H_2S \leqslant 2 \times 10^{-5}$（mol），$CH_3OH \leqslant 1 \times 10^{-4}$（mol）。

3.3.2 低温甲醇洗的基本原理

低温甲醇洗的基本原理是以拉乌尔定律和亨利定律为基础，依据低温状态下的甲醇具有对H_2S和CO_2等酸性气体的溶解吸收性大、而对H_2和CO溶解吸收性小的这种选择性，来脱除粗变换气中的H_2S和CO_2等酸性气体，从而达到净化粗变换气的目的。上述过程是物理吸收过程，吸收后的甲醇经过减压加热再生，分别释放CO_2、H_2S气体。

3.3.2.1 气体在甲醇中的溶解度

甲醇是一种极性有机溶剂，变换气中各种组分在其中的溶解度有很大差异。甲醇对煤气

中 H_2O、CO_2、H_2S 及其他介质的吸收顺序：$H_2O>HCN>NH_3>H_2S>COS>CO_2>CH_4>CO>N_2>$ H_2，其中 HCN、NH_3 在甲醇中的溶解度远大于 H_2S、COS、CO_2 在甲醇中的溶解度，H_2S、COS 在甲醇中的溶解度为 CO_2 在甲醇中的溶解度几倍以上，H_2S、COS、CO_2 在甲醇中的溶解度远大于 CH_4、CO、N_2、H_2 在甲醇中的溶解度。

此外，不同气体在甲醇中的溶解度吸收系数随温度的变化是不一样的。CO、N_2 和 H_2 的溶解度基本与温度无关，而其他气体的溶解度随温度的降低而升高，这意味着降低温度将不会增加 CO 的同步吸收。

3.3.2.2 相平衡基本定律

拉乌尔定律和亨利定律是研究任何气体气、液相平衡的两个基本定律，被吸收的气体在甲醇中的气、液相平衡同样符合这两个基本定律。

拉乌尔定律是指稀溶液中溶剂的蒸汽压 p_1 等于纯溶剂的蒸汽压 p_0 与其摩尔分数 x_1 的乘积，即

$$p_1=p_0 x_1 \tag{3-15}$$

设溶质的摩尔分数为 x_2，由于 $x_1=1-x_2$，所以式（3-15）可以改为：

$$p_1=p_0(1-x_2)$$
$$或 \ x_2=(p_0-p_1)/p_0 \tag{3-16}$$

即溶剂蒸气压下降的分数等于溶质的摩尔分数。

亨利定律是指在一定温度和平衡状态下，一种气体在液体里的溶解度和该气体的平衡分压成正比，即

$$p_2=Ex_2 \tag{3-17}$$

式中　x_2——平衡时气体在液体中的摩尔分数；

　　　p_2——二相平衡时液面上该气体的分压；

　　　E——亨利系数，其数值与温度、总压、气体和溶剂的性质有关。

实验证明，在稀溶液中溶质若服从亨利定律，则溶剂必然服从拉乌尔定律。

亨利定律是化工吸收过程的依据。从式（3-17）可看出，当溶质和溶剂一定时，在一定温度下，E 为定值，气体的分压越大，则其在溶液中的溶解度就越大，所以增加气体的压力有利于吸收。从式（3-17）还可以看出，若在相同的气体分压下进行比较，E 值越小，则溶解度越大，所以亨利常数 E 值的大小可以作为选择吸收剂的一个依据。

低温甲醇洗在合成气净化工艺中的应用是以上述二定律为基本理论根据的，但这两个定律仅适用于稀溶液、压力不高的情况。在高压下，亨利定律对甲醇吸收有三条修正：

① 温度愈低，溶解度系数愈大。

② 由于吸收系统存在氢组分，CO_2 的溶解度系数要有所下降；甲醇吸收了水分以后，H_2S、COS、CO_2 在其中的溶解度下降。

③ 甲醇吸收 CO_2 后，再吸收 H_2S、COS 其吸收能力会降低。

3.3.2.3 吸收与解吸

吸收是应用液体来吸收气体的操作过程。通常用于从气体中吸收一种或几种组分，以达到气体分离的目的。其基本原理是利用气体混合物中各组分在溶剂中的溶解度不同，通过气液传质来实现。

一般把吸收用的液体称为吸收剂或溶剂，被吸收的气体组分称为可溶性气体、溶质或组分，其余不能被吸收的气体组分称为惰性气体或载体。吸收过程两相界面附近的传质情况可用图 3-19 表示。其中 A 代表在相间传递的物质，即溶质；B 代表惰性气体，即载体；S 代表吸收剂，即溶剂；"B+A""S+A"表示气、液相中的组成。

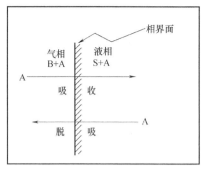

图 3-19　吸收传质过程示意图

吸收时按溶剂与溶质是否会发生化学反应，可以分为物理吸收和化学吸收；根据吸收时温度是否有变化，可以分为等温吸收和非等温吸收；还可以按被吸收组分的数目可分为单组分吸收和多组分吸收。低温甲醇洗工艺是多组分、非等温的物理吸收。

甲醇的纯度对其吸收能力具有很大的影响，影响甲醇纯度的因素有甲醇的含水量、甲醇中 CO_2 和硫化物的浓度等，其中水含量对其影响最大。当甲醇中含水达 5%时，CO_2 在甲醇中的溶解度下降 15%，H_2S 的溶解度也大大降低。为了完成甲醇的循环使用，需要对吸收气体后的甲醇进行解吸再生。目前贫甲醇的含水量要求为低于 1%。

在吸收了溶质的溶剂进行解吸时，根据亨利定律，压力越低温度越高，则越有利于溶质的解吸，在温度等于溶剂的沸点时，溶质在溶剂中的溶解量为零。因此，选择溶剂解吸的方法有：

① 减压解吸法（闪蒸），即吸收了溶质的溶剂，通过节流和降低系统的总压（甚至达到负压），实现溶质的解吸。减压再生是吸收剂再生最简单的方法之一，溶剂在吸收塔内吸收了大量的溶质后，进入再生塔减压闪蒸，使溶解在吸收剂中的溶质解吸出来。该方法适用于吸收过程在高压条件下而吸收后的后续工段处于常压或较低的压力水平。在低温甲醇洗工艺中，从吸收塔出来的甲醇溶液减压到约 2.0MPa，根据不同气体在甲醇中溶解度不同的原理，先闪蒸出 CO 和 H_2，进行回收。闪蒸后的甲醇溶液进入闪蒸塔进一步减压，闪蒸得到 CO_2 气体，加以回收利用。

② 气提解吸法（气体再生），即导入惰性气，降低溶质分压，实现溶质的解吸。实际操作时是将不含溶质的载气从塔底通入解吸塔，与从塔顶喷淋而下的需再生的吸收剂逆流接触，进行质量传递。由于吸收剂中溶质对应的平衡气相分压高于载气中的溶质分压，所以溶解在吸收剂中的溶质会从液相传递到气相，使得吸收剂得到再生。气提解吸实际上是吸收过程的逆过程。工程上根据气提解吸工艺要求而选择不同载气，常用的气提载气有三种，即惰性气体（如空气、氮气和 CO_2 等）、水蒸气和吸收剂蒸气。在低温甲醇洗工艺中一般用氮气作为气提介质。

③ 加热解吸法（热再生），即用外来的热量把溶剂加热到沸腾，使溶质在溶剂中的溶解量为零。吸收了大量溶质的吸收剂进入再生塔，通过加热升温而使吸收剂中的溶质解吸出来。由于解吸温度需高于吸收温度，所以该法适用于在低温下进行的吸收过程。否则，如果吸收温度较高，则需要更高的解吸温度，因而需消耗更高品位的热能，过程可能不够经济。

3.3.2.4　低温甲醇洗工艺的主要影响因素

（1）压力

吸收压力升高，吸收的推动力增大，既可以提高气体的净化度，又可以增加甲醇的吸收能力，减少甲醇的循环量。但压力过高有效气体 H_2 的损失会增加。通常根据原料气组成、气体净化度以及前后工序的压力来确定合适的操作压力。

对于甲醇再生而言，压力愈低愈有利，但是为了把再生过程中释放的 CO_2 和 H_2S 气体分别送往 CO_2 压缩机和克劳斯硫回收装置，一般情况下再吸收塔、热再生塔的塔顶压力略高于大气压。

（2）温度

不同气体在甲醇中溶解度随温度的变化是不一样的，待脱除的酸性气体，如 H_2S、COS、CO_2 等的溶解度在温度降低时增加很多，而有用气体如 H_2、CO 及 CH_4 等的溶解度在温度降低时却增加很少，其中 H_2 的溶解度反而随温度的降低而减少。因此，温度降低可增加 CO_2 和 H_2S 在甲醇中的溶解度，提高酸性气体的吸收效果，在气体净化度满足要求的基础上，可以降低甲醇循环量，节省输送甲醇的泵所消耗的电能。同时，甲醇在低温下的饱和蒸气压低，挥发损失量小。但温度过低会导致冷量损失增加。一般选择的温度范围在 $-40 \sim 60\,^{\circ}\!C$。

由于 CO_2 和 H_2S 的溶解热，在吸收过程中会导致甲醇溶液的温度升高，吸收能力下降，因此需要在吸收塔的中部设置中间冷却器，对甲醇进行降温以维持其吸收能力。系统中大部分的冷量可以由甲醇节流和气体解吸制冷来提供，其他由于不完全再生和周围环境换热造成的冷量损失，则由氨冷器或其他外界冷源进行补偿。

（3）溶液循环量

溶液循环量取决于生产负荷和溶液的吸收能力。最少需要溶剂流量 W_{min}、原料气总量 V、原料气压力 p 和脱除组分的溶解系数 λ_i 之间关系式如下：

$$W_{min} = V/(p \cdot \lambda_i) \tag{3-18}$$

从上式（3-18）可以看出，最少需要溶剂流量 W_{min} 与预脱除组分的浓度无关，随着压力和溶解系数 λ_i 的降低而增加，装置的经济性随着压力和溶解系数 λ_i 升高而提高。

3.3.3 低温甲醇洗工艺的特点

低温甲醇洗工艺流程分为两步法低温甲醇洗流程（即两步法吸收 CO_2 和 H_2S）和一步法甲醇洗流程（即一步法同时脱除 CO_2 和 H_2S），一步法脱硫脱碳适合于煤气化合成气经过耐硫变换后再净化的工艺，因此本工段采用一步法甲醇洗流程。整个工艺流程包括原料气预冷和酸性气体 H_2S/CO_2 吸收、CO_2 解吸回收、H_2S 浓缩、甲醇溶液热再生、甲醇水分离、尾气洗涤六个部分。该工艺流程方框图如图 3-20 所示。

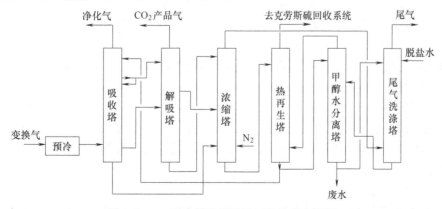

图 3-20　一步法低温甲醇洗工艺流程方框图

（1）原料气预冷和酸性气体（CO_2、H_2S 等）吸收

原料气来自于一氧化碳变换工序。因为低温甲醇洗的操作温度在-50℃左右，远低于水的凝固点，所以变换气中的水分会凝固，使得管道被堵塞，影响设备的正常操作。所以在原料气进入吸收塔之前，先向其中喷入少量的甲醇，因纯甲醇的冰点为-97℃，当原料气中的水降温相变成液体时，水和甲醇形成二元混合物，可以降低凝固点，从而防止水分结冰。甲醇和水的混合物需要进行气液分离，气体进入吸收塔，液体会送往甲醇水分离塔，精馏出甲醇循环利用，同时排出达到排放标准的废水。从后续几个塔顶出来的气体（净化气、CO_2 产品气和气提尾气）的温度较低，可以用这三股气体给原料气降温，回收冷量，节约能耗。

原料气进入吸收塔后，在下塔先被吸收 H_2S 和 COS 等硫化物，然后无硫的气体继续上升，在上塔部分被吸收 CO_2，最终从塔顶出来无硫无碳的合成气，去往甲醇合成工段。

吸收塔所需要的贫甲醇大部分为来自热再生塔的循环甲醇，冷却后进入吸收塔作为吸收剂。由于溶解过程是一个放热过程，甲醇溶液在吸收 CO_2 后温度会升高，吸收能力下降。为了保证吸收效果，采用分段操作，进行段间降温。

另外，一般原料气中 H_2S 的量比 CO_2 少得多，且 H_2S 在甲醇中的溶解度也比 CO_2 高，所以吸收完 CO_2 的甲醇部分进入下塔吸收硫化物，其余部分冷却后进入无硫甲醇闪蒸罐闪蒸分离。从塔底排出的含硫甲醇经过换热后进入含硫甲醇闪蒸罐进行分离。

（2）CO_2 解吸回收

设置二氧化碳解析塔的目的是得到纯度较高的 CO_2 气体。二氧化碳解析塔的操作压力比吸收塔低，当含有 CO_2 的甲醇进入解析塔后由于减压，其中的 CO_2 就会解析出来，最终在塔顶得到不含硫的 CO_2 气体。二氧化碳解析塔的原料来自两个方面，一是无硫甲醇闪蒸罐底部流出的无硫甲醇溶液，经过减压之后进入二氧化碳解析塔；二是含硫富甲醇闪蒸罐底部流出的一部分甲醇溶液减压后进入二氧化碳解析塔中部闪蒸分离，分离后的甲醇溶液送往硫化氢浓缩塔。

从二氧化碳解析塔顶部流出的气体经换热升温后送往其他工段，底部流出的甲醇溶液减压后进入硫化氢浓缩塔。

（3）H_2S 浓缩

硫化氢浓缩塔为了进一步解吸 CO_2，同时浓缩 H_2S 而设置的设备，还能回收冷量。由于硫化氢浓缩塔是用气提气来回收酸性气体的，所以也叫作气提塔。硫化氢浓缩塔的原料主要来自于二氧化碳解析塔，以及从含硫富甲醇闪蒸罐底部流出的另一股甲醇溶液。根据气提的原理，降低气体的分压可以提高气提效果，所以硫化氢浓缩塔通常会引入一股氮气作为气提介质。另外，从浓缩 H_2S 的闪蒸罐底部流出的甲醇溶液也会回流到硫化氢浓缩塔中，经过循环不断提高浓度最终得到 H_2S 气体。

出气提塔的气体和甲醇的温度都很低，为了节能考虑都需要送往前面的设备回收冷量。

（4）甲醇溶液热再生

出气提塔底部浓缩的甲醇溶液加压后进入过滤器除去固体杂质，经过换热器升温后进入再生塔进行气提再生。从塔顶出来的 H_2S 气体送往克劳斯硫回收装置。热再生塔的中段往往还会引入一股从甲醇水分离塔顶部出来的甲醇蒸汽，这样可以为热再生塔提供一定的热量。从再生塔底部出来的贫甲醇，经过加压过滤后大部分进入甲醇中间贮罐。

（5）甲醇水分离

从甲醇水分离罐出来的甲醇水混合物进入分离塔中部。来自再生塔底部被过滤、加压后

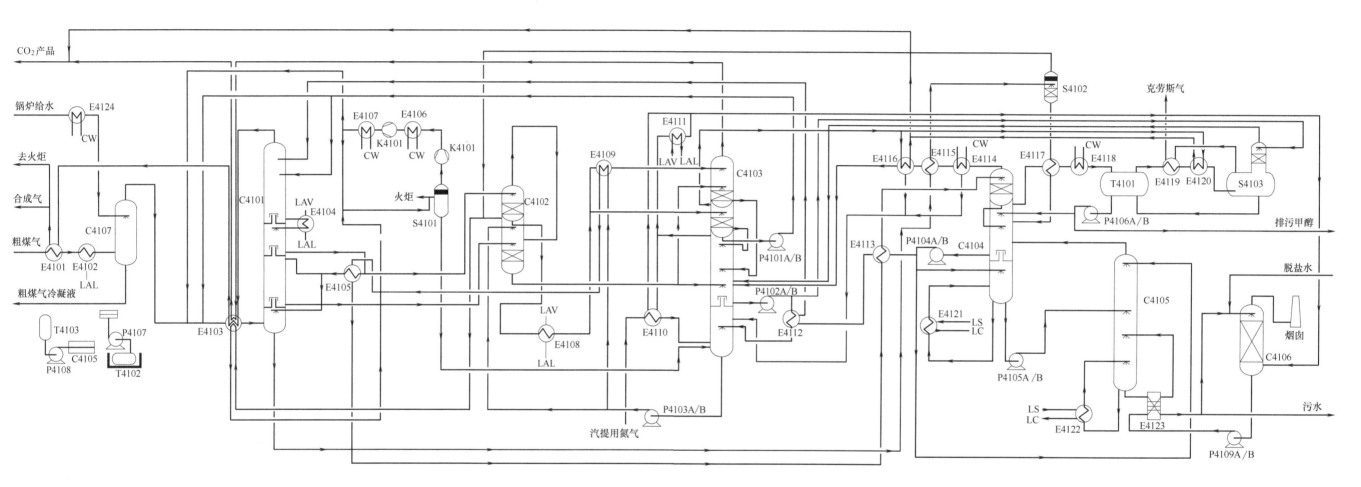

图 3-21 低温甲醇洗工艺流程简图

的部分贫甲醇经冷却后进入分离塔顶部作为回流液。从分离塔顶部出来的甲醇蒸汽直接进入再生塔，从底部出来的废水冷却后送往废水回收工序进行处理。

（6）尾气洗涤

从 H_2S 浓缩塔来的尾气进入尾气洗涤塔用脱盐水进行洗涤操作，降低其中甲醇含量，回收的甲醇打入到甲醇精馏塔进行精馏操作。洗涤后的尾气达到排放标准直接排入大气中。

该工艺具有以下几个特点：

① 整个过程在较低温度下进行；

② 吸收塔采用五段吸收，各段吸收剂-甲醇的温度较低，温度一般在-40~60℃；在较低温度条件下，可以大大提高甲醇的吸收效果；粗煤气进入吸收塔的温度愈低，则冷量损失愈少，可以大大降低冰机的负荷；

③ 运行费用较低；

④ 洗涤用的甲醇溶剂容易获取。

3.3.4 低温甲醇洗工艺流程说明

3.3.4.1 操作工艺流程

低温甲醇洗工艺流程图如图 3-21 所示。

（1）原料气冷却

来自一氧化碳变换工段的原料气（40℃，3.35MPa）进入到低温甲醇洗的原料气/合成气换热器 E4101 的管程，与壳程的净化气换热回收其冷量后，再进入到原料气深冷器 E4102 的管程，被壳程的 4℃级氨冷却到 10℃左右，再进入到氨洗涤器 C4107 的下部。

来自界区的锅炉给水（158℃，6.0MPa）进入到锅炉给水冷却器 E4124 的管程，被壳程的循环水冷却降温后，进入氨洗涤器 C4107 的上部，对来自下部的原料气进行洗涤，以减少氨和氢氰酸含量，洗涤水出界区。

向从氨洗涤器 C4107 顶部出来的原料气中喷入一定量的低温甲醇，以防气相中的水分在下一步的冷却过程中冷凝结霜，冷凝下来的水与甲醇形成混合物。冰点降低，从而不会出现冻结现象。然后原料气再进入原料气最终冷却器 E4103 壳程，被管程的低温净化气、CO_2 产品气和循环气冷却到-17℃左右。

（2）H_2S/CO_2 吸收

-17℃左右的原料气进入吸收塔 C4101 的预洗段，微量成分如 NH_3、H_2O、羰基化合物和 HCN 等被一小股饱和了 CO_2 的低温甲醇洗涤吸收下来。

粗煤气然后通过升气管进入到 C4101 的 H_2S 洗涤吸收段，在此 H_2S 和 COS 被来自 E4105 饱和了 CO_2 的低温甲醇洗涤下来。富 H_2S 甲醇通过液位控制离开 C4101 的集液区被送到中压闪蒸塔 C4102 的下段进行闪蒸再生。

脱硫后的气体然后通过另一升气管进入 C4101 的 CO_2 洗涤吸收段，煤气依次被经-40℃级氨冷却后的含一定量二氧化碳的甲醇、经过闪蒸再生的半贫甲醇、经过热再生的贫甲醇进行洗涤吸收；在 C4101 的 CO_2 吸收段，气体用冷的、经过闪蒸再生的半贫甲醇作为主洗甲醇，用冷的、经过热再生的贫甲醇作为精洗甲醇进行洗涤；后者通过与原料气流量成一定比例被送到塔顶。在保证气体净化度的前提条件下，增加主洗流量，减少精洗流量，可减少再生热负荷，达到节能目的。由于吸收 CO_2 放热，故甲醇相应地产生温升，当甲醇升温到一定程度时，为了保证 CO_2 的脱除效果，在甲醇沿塔向下流动、洗涤吸收 CO_2 的过程中，引出部分洗涤甲醇到含 CO_2 甲醇中间冷却器 E4104 的管程中，用壳程−40℃级氨将其冷却到−36℃左右，然后再返回到 CO_2 吸收段继续洗涤吸收 CO_2。饱和了 CO_2 的甲醇，通过液位控制离开 CO_2 吸收段，然后部分进入 H_2S 吸收塔给料冷却器 E4105 管程，被壳程介质冷却后，一部分与粗煤气流量成比例地送到 C4101 的 H_2S 吸收段顶部，用于洗涤 H_2S，另一部分被送到 C4101 的预洗段作洗涤剂用，其余的富 CO_2 甲醇送到 C4102 的上段进行降压闪蒸。

出 CO_2 洗涤塔顶的净化气（总硫含量<0.1μL/L，CO_2 约 3%）依次进入原料气最终冷却器 E4103 和原料气/合成气热交换器 E4101，与原料气进行热交换回收冷量之后，被送往甲醇合成装置。

（3）H_2 的回收

为了回收溶解在甲醇溶液中的 H_2、N_2 和 CO 等有效气体，提高装置的氢回收率，以及保证 CO_2 产品气的纯度，流程中设置了中间（减压）解吸过程即闪蒸过程。

来自 C4101 CO_2 吸收段收液槽的甲醇部分通过 H_2S 吸收塔给料冷却器 E4105 被送到 C4101 H_2S 吸收段的顶部，收液槽剩余大部分液体则被送到中压闪蒸塔 C4102 的上段。在此，甲醇在中压下闪蒸，以去除部分 CO_2 及溶解的有价值的 H_2 和 CO。该股气体被送到 C4102 的下段以进一步减少其中 CO_2 的含量。

来自 C4101 的 H_2S 吸收段的富 H_2S 甲醇进入 C4102 下段进行中压闪蒸，在此可利用的 H_2 和 CO 以及部分 CO_2 被闪蒸出来。为了减少往复压缩的气体的量，闪蒸气中大量的 CO_2 被来自热再生进料泵 P4103A/B 的一小股冷甲醇再吸收下来，其余气体出 C4102 的下段，去原料气最终冷却器 E4103，再经循环气压缩机加压后，汇入进本工段的变换气中。

出 C4101 的预洗甲醇进预洗甲醇闪蒸加热器 E4115 管程，被壳程介质加热后，进入预洗闪蒸槽 S4102 进行中压闪蒸，闪蒸气与 C4102 下段来的闪蒸气体一起作为循环气，在原料气最终冷却器 E4103 管程中被加热，再被循环压缩机 K4101 压缩升压后返回到出 C4107 的粗煤气中。预洗闪蒸后的甲醇进预洗甲醇最终加热器 E4117 管程被加热升温后进热再生塔 C4104。

（4）CO_2 的解析和 H_2S 浓缩

来自 C4102 上段的富 CO_2 甲醇进闪蒸甲醇氨冷器 E4108 的管程，被壳程介质进一步冷却，然后一部分被送到再吸收塔 C4103 的 CO_2 闪蒸段，在此闪蒸出不含硫的 CO_2 产品气。CO_2 产品气分成两股，分别进入克劳斯气/CO_2 产品气换热器 E4120 和热闪蒸气冷却器 E4116 的管程，被壳程介质加热后送到界区；闪蒸后的甲醇一部分被送到再吸收塔 C4103 下段的最上面塔板作洗涤浓缩 H_2S 用，剩余的甲醇通过主洗泵 P4101A/B 送到 C4101 的上段用作二氧化碳洗涤吸收的半贫甲醇。来自闪蒸甲醇氨冷器 E4108 的其余甲醇进再洗涤甲醇冷却器 E4109 的壳程，被管程介质冷却后，被送到再吸收塔 C4103 顶段的上部作为硫组分的再吸收剂，在此净化从含硫甲醇中释放出来的 CO_2 气，使出塔顶的气体中 H_2S 含量低于 10μL/L，达到排放标准，同时也降压闪蒸出 CO_2 气。

来自 C4102 下段的富 H_2S 甲醇被分成两股：一股送到再吸收塔 C4103 的上段下部，在此释放大量夹带 H_2S 和 COS 的 CO_2 气，该气体被上部闪蒸了 CO_2 的贫甲醇洗涤 H_2S 和 COS 后，进入原料气最终冷却器 E4103 的管程被壳程原料气加热后，作为 CO_2 产品气被送到界区；另一股富 H_2S 甲醇直接送到 C4103 下部 H_2S 浓缩段的下部；从 C4103 顶段出来的闪蒸 CO_2 后含 H_2S 的甲醇同样被送到 C4103 下部 H_2S 浓缩段的下部。

来自界区的低压氮气在氮气换热器 E4110 的管程中被壳程的弛放气冷却后进入 C4103 底

段底部，对上部所有的含硫甲醇进行气提，更多的 CO_2 被氮气气提释放出来。CO_2 从甲醇中的释放由再吸收甲醇/贫甲醇换热器 E4112 壳程的贫甲醇提供热量得到加强：从带升气管的塔板抽出的甲醇用再吸收塔循环泵 P4102A/B 打到再吸收甲醇/贫甲醇换热器 E4112 的管程，在这里被壳程热再生过的甲醇加热后回到 C4103 底部的气提段。

从气提段来的 N_2/CO_2 混合气与热闪蒸气和酸性循环气混合。含硫混合物用送到 C4103 底部最上面塔板的甲醇重复洗涤浓缩 H_2S。洗涤了 H_2S 的含 N_2 气体作为放空气，小部分进入氮气冷却器 E4110 的壳程，大部分进入冷冻剂再冷却器 E4111 的壳程，分别被管程介质回收冷量后，送到尾气洗涤塔 C4106 中。

来自再吸收塔 C4103 底段的富 H_2S 甲醇经热再生塔给料泵 P4103A/B 升压后大部分依次进入再洗涤甲醇冷却器 E4109 的管程、H_2S 吸收塔进料冷却器 E4105 的壳程和富/贫甲醇换热器 E4113 的管程，被依次回收冷量后，送到热再生塔 C4104 的热闪蒸段；其余部分来自 P4103A/B 的甲醇进中压闪蒸塔 C4102 的下段用作闪蒸气中 CO_2 再洗涤甲醇。

（5）热再生

来自富/贫甲醇换热器 E4113 的富硫化氢甲醇，首先进入热再生塔 C4104 顶部的热闪蒸段进行降压闪蒸，热闪蒸气依次进入热闪蒸冷凝器 E4114、预洗甲醇闪蒸加热器 E4115 和热闪蒸冷却器 E4116 的壳程，并依次被冷却水、预洗甲醇和冷的二氧化碳气冷却下来，然后热闪蒸气进入再吸收塔 C4103 的浓缩段，冷凝液被送到再吸收塔 C4103 的最底段，以进一步进行 H_2S 的浓缩。

热闪蒸后的甲醇和来自 E4117 的被加热后的预洗甲醇分别进入热再生塔 C4104 热再生段，通过用来自位于热再生段下部的水浓缩段的甲醇蒸气和来自甲醇水分离塔 C4105 顶部的甲醇蒸气进行气提而得到彻底再生。

来自热再生段的含甲醇蒸气的气体混合物，随后通过一系列的热交换器以冷凝甲醇。首先进入预洗甲醇最终加热器 E4117 的壳程，以加热冷态的预洗甲醇（在预洗甲醇被送入热再生塔 C4104 顶部前），然后进入热再生塔冷凝器 E4118 的壳程，大部分甲醇被冷凝下来，然后再进入热再生回流槽 T4101 分离冷凝液，出热再生塔回流槽 T4101 的气体依次进入克劳斯气再热器 E4119 的管程和克劳斯气/CO_2 气换热器 E4120 的壳程，被克劳斯气和 CO_2 气进一步冷却，并进入克劳斯气分离器 S4103 中，在此甲醇冷凝液被收集并送回到回流槽 T4101，出克劳斯气分离器 S4103 的克劳斯气在克劳斯气再热器 E4119 壳程中被加热后送到界区。

来自克劳斯气分离器 S4103 的部分克劳斯气，进入连接到分离器 S4103 的小再吸收塔，被来自再吸收塔循环泵 P4102A/B 的一股低温甲醇洗涤（以防止克劳斯气的微量组分在主循环甲醇中累积）后，返回到再吸收塔 C4103 用于 H_2S 的浓缩。从各个克劳斯气体冷凝器中得到的冷凝液收集在回流槽 T4101 中，通过热再生塔回流泵 P4106 加压后，大部分返回到热再生塔 C4104 的顶部作回流用；一小部分被引出至界区，以防微量组分在系统中有累积。

完全再生的甲醇在热再生塔集液槽收集，然后由二氧化碳吸收塔给料泵 P4104A/B 送至富/贫甲醇换热器 E4113 和再吸收甲醇/贫甲醇换热器 E4112 的壳程，被冷却到-55℃左右，其流量经与粗煤气流量成比例性控制后，返回到吸收塔 C4101 顶部作为 CO_2 洗涤吸收用贫甲醇。

（6）甲醇水精馏

热再生后的一小部分甲醇被送到 C4104 的水浓缩段，经热再生塔再沸器 E4121 供热，在该段内进行精馏：一方面达到该段底部产品中水的浓缩，另一方面产生用于气提的必要甲醇蒸气进入上部的热再生段。利用甲醇水分离塔给料泵 P4105A/B 将浓缩后的甲醇水送到甲醇水分离塔 C4105 的中部，在此，进行水和甲醇的蒸馏分离。该塔塔底物料被甲醇水分离塔再沸器 E4122 再沸。C4105 顶部出来的甲醇蒸气被送到热再生塔 C4104 用作气提介质，而底部出来的物料为污水，进入污水冷却器 E4123 中被冷却后，大部分被送到尾气洗涤塔 C4106，其余的被送出界区去生化处理。

（7）尾气洗涤塔

甲醇水分离塔 C4105 的底部产品是水，该水在污水冷却器 E4123 中被冷却下来，一小部分被送到界区；大部分来自污水冷却器 E4123 的污水与来自界区的脱盐水一起送到尾气洗涤塔 C4106 的上部，对来自换热器 E4110 和 E4111 的放空气进行洗涤，以回收甲醇，降低放空气中甲醇的含量。离开 C4106 顶部的尾气通过高点放空管放空。含甲醇水经洗涤水泵 P4109A/B 送到污水冷却器 E4123，在此被加热后，进入甲醇水分离塔 C4105 进行分离。

净化后煤气和产品气的典型组成如表 3-12 所示。

表 3-12　净化后煤气和产品气的组成　　　　　　　　（体积分数/%）

组分	净化气	CO_2 产品气	克劳斯气
H_2	65.93	0.22	0.01
CO	29.05	0.78	0.04
CO_2	3.00	98.96	72.18
N_2	1.92	0.01	0.04
Ar	0.08	0	0
CH_4	0.01	微量	0
H_2S	0.1μL/L	5μL/L	26.7
COS			0.91
CH_3OH	0.02	<300μL/L	0.12
HCN	微量	微量	微量
NH_3	微量	微量	微量
H_2O	0	0	0

3.3.4.2　正常生产操作

（1）开车条件及准备工作

① 检查各设备、管道、阀门、分析取样点及电气、仪表等必须非常完好。

② 与公用工程、空分系统及下游火炬系统和克劳斯装置联系，做好开车准备。

③ 系统用氮气置换合格并封闭。

④ 检查系统所有阀门的开关位置，应符合开关要求。

（2）开车

① 系统充压：利用高、低压氮气按照 0.1MPa/min 的充压速度依次将吸收塔 C4101、中压闪蒸塔 C4102、再吸收塔 C4103、热再生塔 C4104、预洗甲醇闪蒸罐 S4102 充压到正常或接近正常操作压力。

② 甲醇的充填：由甲醇罐区向新鲜甲醇罐 T4103 内充甲醇，然后按正常开车步骤打开泵，向热再生塔 C4104、吸收塔 C4101、中压闪蒸塔 C4102、再吸收塔 C4103 加入乙醇，建立液位。启动冲洗水泵 P4109，向甲醇水分离塔 C4105 补充脱盐水，并用锅炉给水向氨洗涤器 C4107 加液，建立液位。

③ 各塔、换热器液位建立后，建立主甲醇循环回路的甲醇循环，将各回路的循环量调整在设计值的 50%。取样分析 C4104 底部甲醇的水含量。

④ 冷却水的投用：打开锅炉给水冷却器 E4124、热闪蒸冷凝器 E4114、热再生冷凝器 E4118 的冷却水，控制各冷却器锅炉给水出口温度分别在 40℃、42℃ 和 40℃。

⑤ 控制系统压力：控制吸收系统压力为 3.15MPa，控制 CO_2 管线压力为 0.07MPa，控制热再生塔 C4104 中释放出的氮气压力为 0.11MPa，必要时通过充 N_2 阀向系统充压。

⑥ 投用氨冷器：投用冷冻剂过冷器 E4111、含二氧化碳甲醇中冷器 E4104、闪蒸甲醇氨冷器 E4108，控制 E4104 出口甲醇温度 ≤−36℃。投用热再生塔（C4104），回流罐 T4101 打回流。

⑦ 甲醇水分离系统的开车：建立尾气洗涤塔 C4106 液位，把脱盐水送到甲醇水塔 C4105。缓慢地引入蒸汽，启动甲醇水塔再沸器。打开进料和回流，控制甲醇中水含量<1%。

⑧ 导入原料气：把原料气缓慢引入低温甲醇洗装置，当在线分析合成气中 $H_2S+COS<0.1\mu L/L$、$CO_2<3\%$、吸收系统压力为 3.15MPa 时，外送净化气到合成装置。把克劳斯气送到硫回收装置。

（3）停车

① 通知调度，低温甲醇洗后系统做停车准备。

② 系统逐渐减少负荷，逐渐关小粗煤气流量直至为零。

③ 停止向硫回收装置送克劳斯气。

④ 当粗煤气退出，向 C4101、C4102 中充高压 N_2 及向 C4103、C4104、C4105 充低压 N_2 维持循环并进行再生。

⑤ 停止喷淋甲醇，停止锅炉给水。

⑥ 低温甲醇洗装置保持甲醇循环，甲醇再生 4~6h。

⑦ 关闭 E4102、E4104、E4108 各氨蒸发器液位调节阀及前后截止阀。

⑧ 停甲醇循环，停车后要求控制好各塔、各容器的液位。各循环回路停车要逐步进行，防止甲醇带出系统。停气提氮气，停高压氮气和低压氮气。

⑨ 把各台再沸器蒸汽阀关闭后，关闭疏水器后截止阀，打开疏水阀前、阀后导淋排净冷凝液。

（4）岗位操作要点

① 变换气中氨的脱除

在进入甲醇吸收前，需要降低原料气中的氨含量，以防止氨的累积和在热再生塔 C4104 顶部形成碳酸铵。在氨洗涤器 C4107 中，40℃锅炉给水与原料气逆流接触以脱除原料气带入的大部分氨。随着原料气流量的增加或氨含量的增加，锅炉水流量也将增加，控制氨含量小于 $20\mu L/L$。

② 变换气冷却

为防止变换气中少量水蒸气在变换气最终冷却器 E4103 中结冰，在出氨洗涤塔 T4107 的变换气中喷入少量甲醇，甲醇与水形成的混合物使得冰点降低，从而有效地避免了凝固现象，变换气中可能溶有的少量焦油杂质同时也被除去。当正常变换气流量操作时，通常喷入的甲醇流量不需调节。

③ 气液比的控制

由于物理吸收要求的甲醇循环率与要脱除的组分含量无关，直接与需加工的气体总量成比例，因此甲醇流量采用比值控制，并根据氨洗塔 C4107 后的原料气流量进行调整。当原料气流量发生变动时，甲醇流量应相应调整；虽然较高的甲醇流量可以使气体净化更好，但它也可能会对下游装置起负面影响。

在加减负荷时，应遵循：加负荷，先加甲醇循环量，稳定后再加粗煤气负荷；减负荷，先减粗煤气负荷，稳定后再减甲醇循环量。

④ 满负荷下运行甲醇水分离塔

甲醇水分离塔的目的是对低温甲醇洗装置中的循环甲醇进行清洗，任何溶解、悬浮在甲醇中的异物（包括细锈粉、气化来的炭黑、硫化物、灰尘或安装时留下的油等）都可以通过废水连续排出系统。甲醇水分离塔在工艺上的这种清洗作用要求塔一般在满负荷下连续运行。

⑤ 控制热再生塔顶的回流甲醇中氨含量

氨在吸收塔 C4101 的预洗工段被吸收。预洗甲醇在 E4115 被加热并在预洗闪蒸罐 S4102 中闪蒸。闪蒸后的液体经过预洗甲醇最终加热器 E4117 后被送到热再生塔 II 段。在热再生塔 II 段氨被气提出来，部分被在热再生塔顶部冷凝区冷凝下来的甲醇再次吸收。这股甲醇冷凝液被送到热再生塔顶部作为回流液，因此会发生氨在系统中的累积。

氨的积累可以达到很高的浓度，以致在热再生塔主段的 H_2S 气提时，会由于氨在塔顶的存在而气提不彻底。最后，氨会在热再生的甲醇中生成（NH_4)$_2$S，当甲醇送到吸收塔 C4101 塔顶时，硫化铵分解释放出 H_2S，因此导致 H_2S 进入合成气中。硫化铵的熔点为−18℃，低于该熔点条件下呈凝固状态，因此高氨浓度对热再生塔顶部系统的另一个影响是堵塞冷交换器。

为避免 H_2S 漏入合成气和/或热交换器堵塞，到热再生塔顶的回流甲醇中氨含量应保持在 $5\sim10g/L$ 以下，相应地在热再生后甲醇中应低于 20mg/L。如果热再生塔回流和再生的甲醇中氨含量太高（尽管热再生塔气提作用已经加到最大），可以把一小股回流甲醇排到界区外来降低氨含量。

3.3.4.3 异常现象及处理方法

低温甲醇洗岗位操作时的异常现象、原因及处理方法见表 3-13。

表 3-13 低温甲醇洗岗位异常现象及处理方法

序号	异常现象	原因	处理
1	合成气中 H_2S + COS 含量高	1. 到吸收塔 C4101 H_2S 吸收段甲醇流量不足； 2. 到吸收塔 C4101 H_2S 吸收段甲醇温度太高； 3. 吸收塔 C4101 中压力太低； 4. 热再生后甲醇中 H_2S 含量太高，甲醇再生不合格； 5. 热再生塔回流/再生后甲醇中 NH_3 含量过高； 6. 甲醇水含量超标； 7. 设备内漏，如原料气终冷器 E4103 内漏。	1. 现场巡检，排除低温甲醇系统有泄漏，控制室检查甲醇循环泵流量，适当调节吸收段甲醇流量； 2. 提高主洗塔甲醇循环量； 3. 降低主洗塔甲醇温度； 4. 提高主洗塔操作压力； 5. 加大热再生塔负荷，降低贫甲醇中的 H_2S 和 NH_3 含量； 6. 分析热再生塔回流液中氨含量，加大液相排氨频次或者开大气相排氨阀门； 7. 优化甲醇水分离塔操作，降低贫甲醇中水含量； 8. 检测换热器是否有泄露，组织停车检修或更换。
2	CO_2 产品气中 H_2S + COS 含量高	1. 到吸收塔 C4101 H_2S 吸收段甲醇流量不足； 2. 到吸收塔 C4101 H_2S 吸收段甲醇温度太高； 3. 吸收塔 C4101 中压力太低； 4. 热再生后甲醇中 H_2S 含量太高，甲醇再生不合格； 5. C4103 顶部的洗涤甲醇流量 F15213 偏低。	1. 加大主洗塔脱硫段甲醇循环量，保证富甲醇中不含硫，保证 CO_2 产品闪蒸塔（闪蒸段）的洗涤效果，同时保证 CO_2 产品闪蒸塔（闪蒸段）尾气的纯度； 2. 降低主洗塔脱硫段甲醇温度； 3. 提高主洗塔操作压力； 4. 加大热再生塔负荷，降低贫甲醇中的 H_2S 含量； 5. 加大至 CO_2 产品闪蒸塔（闪蒸段）洗涤甲醇的流量。

序号	异常现象	原因	处理
3	C4105排放污水中甲醇含量高	1. 甲醇水分离塔C4105温度控制设定值太低； 2. 温度控制器参数整定不当反应太慢； 3. C4105（筛板）塔板蒸汽负荷太低。	1. 提高甲醇水分离塔温度串级控制点的设定值，加大再沸器蒸汽负荷； 2. 降低甲醇水分离塔进料负荷，提高甲醇水分离效果； 3. 降低甲醇水分离塔顶部回流。
4	产品合成气（或CO_2产品气）中$H_2S+COS+CO_2$含量高	原料气最终冷却器E4103中原料气泄漏到合成和CO_2产品气。	分析E4103是否有泄漏，组织检修或更换。
5	尾气介质中H_2S/COS含量高	1. 到C4103气提段、经过C4103塔板段的甲醇流量比太小； 2. 进入C4103气提段的甲醇温度偏高； 3. 气提氮气量太大。	1. 加大至CO_2产品闪蒸塔（闪蒸段）洗涤甲醇的流量； 2. 降低至CO_2产品闪蒸塔（闪蒸段）洗涤甲醇的温度； 3. 加大主洗塔脱硫段甲醇循环量； 4. 加大硫化氢浓缩段顶部洗涤甲醇流量，保证尾气洗涤效果； 5. 减小硫化氢浓缩段气提氮气流量。
6	合成气中CO_2含量高	1. 到吸收塔CO_2洗涤段甲醇流量低； 2. 洗涤甲醇温度偏高； 3. 吸收塔C4101的压力低； 4. 甲醇再生不合格。	1. 提高主洗塔甲醇循环量； 2. 提高主洗塔操作压力； 3. 降低主洗甲醇温度； 4. 加大热再生塔负荷，降低贫甲醇中的H_2S和NH_3含量； 5. 优化甲醇水分离塔操作，降低贫甲醇中水含量。
7	克劳斯气浓度不够	1. 再吸收塔C4103中甲醇从H_2S浓缩段带入太多CO_2； 2. C4103底部温度低。	1. 增加硫化氢浓缩段气提氮气流量； 2. 降低中压闪蒸塔操作压力，或提高热再生塔热闪蒸段操作压力，减少带入硫化氢浓缩塔的CO_2量； 3. 提高C4103底部温度。
8	克劳斯气中甲醇含量高	1. 克劳斯气分离器S4103（E4120壳程出口）中温度高； 2. 液体甲醇未从克劳斯气分离器正确分离/排放。	1. 保证贫甲醇再生效果的前提下，减小热再生塔水浓缩段和甲醇水分离塔蒸汽负荷，降低热再生塔热再生段的操作温度； 2. 降低热再生塔顶部冷却器E4118的出口温度或把更多的CO_2送到E4120管程； 3. 降低热再生塔回流槽和克劳斯气分离器液位，减少克劳斯气中的甲醇夹带。
9	热再生后的甲醇中HCN含量高	热再生塔C4104上段气提不足。	1. 加大氨洗塔和主洗塔预洗段的洗涤量，减少带入净化系统中的HCN含量； 2. 加大热再生塔和甲醇水分离塔再沸器蒸汽流量，加大热再生段气提负荷，保证贫甲醇的再生度。
10	循环甲醇中水含量高	1. 甲醇水分离塔C4105的温度控制回路设定值太高； 2. 到甲醇水分离塔的回流不足； 3. 甲醇水分离塔的温度控制器的参数整定不当； 4. 氨洗塔C4107中原料气冷凝液排放不畅； 5. 水冷器内漏（热再生塔顶部冷凝器E4118、E4114）； 6. 热再生塔再沸器E4121内漏。	1. 降低甲醇水分离塔中部温度串级控制点的设定值，减少上升蒸汽中的带水量； 2. 加大甲醇水分离塔顶部回流量或降低回流温度； 3. 联系变换工序，降低变换分离器或净化氨洗塔液位，减少变换气中带水量； 4. 优化甲醇水分离塔温度梯度，保证精馏段的分离效率； 5. 检测酸性气水冷器、热再生塔和甲醇水分离塔底再沸器是否有泄露，组织停车检修或更换。

3.3.5 主要设备

3.3.5.1 甲醇洗涤塔

甲醇洗涤塔为一立式塔器设备。甲醇洗涤塔从结构型式上看，是由筒体和上、下封头组焊而成，用裙座与下封头连接起来并通过地脚螺栓将设备固定于基础上。甲醇洗涤塔的内件采用浮阀塔板，采用双溢流/四溢流设计。

整个甲醇洗涤塔的内件从下而上分为预洗段、H_2S 主吸收段、CO_2 洗涤段、CO_2 主洗涤段、CO_2 精洗涤段。为了防止塔顶的甲醇跑损，顶部设置除沫器。甲醇洗涤塔结构示意图如图 3-22 所示。

3.3.5.2 原料气最终冷却器

为使低温甲醇洗工艺的热损失尽可能地最小化，原料气最终冷却器采用缠绕管式换热器。缠绕管式换热器体积小、结构紧凑，而传热面积大、换热效率高，且操作压力可以达到 20MPa，在炼厂加氢、大型空气分离、天然气气化、液体氧、液体氮、低温甲醇洗等工业领域正被广泛使用。

缠绕管式换热器几何结构不同于目前化工工业领域中使用的列管式换热器。该换热器的换热管呈螺旋盘管状绕制，在壳体内的换热管的长度可以加长，从而缩小了换热器的外壳尺寸，使换热效率得到提高，并节省了材料。

Lurgi 低温甲醇洗装置中的原料气最终冷却器 E4103 为多股流的缠绕管式换热器，用以将原料气与冷合成气、冷 CO_2 产品气和循环气进行换热。

缠绕管式换热器的结构类似于管壳式换热器，其外壳为一受压容器，外壳的上、下两端为固定绕管的管板，在管板上布置有管箱接管；在缠绕管式换热器的内部布置有多股绕管。缠绕管式换热器的管程通入的是冷合成气、冷 CO_2 产品气和循环气，壳程通入的是原料气，在一个换热器内同时进行多股流介质间的热交换。

缠绕管式换热器的结构主要由管芯、外壳、管板及管箱接管组成，在外壳四周均匀地布

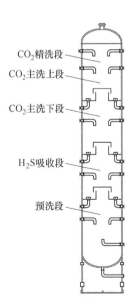

图 3-22　甲醇洗涤塔示意图

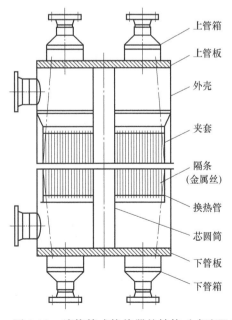

图 3-23　缠绕管式换热器的结构（多流股）

置有四个支座，通过支座与预埋件的焊接而固定于基础框架上。

缠绕管式换热器的结构如图 3-23 所示。

缠绕管式换热器结构复杂，流道狭窄，因此在使用时应当注意当流体中含有灰尘、析出物和即使加热也不能排除的杂质会容易导致其发生堵塞。此外，工艺条件的改变也容易造成缠绕管式换热器的堵塞。例如低温甲醇洗中的甲醇水分离塔，若操作不当可造成塔顶循环甲醇中水含量过高，由此影响低温甲醇对 CO_2 和 H_2S 的吸收，造成设备腐蚀率大量增加，产生的腐蚀物会堵塞缠绕管式换热器壳侧通道。

3.4 安全及三废处理

3.4.1 物质的危险性及安全措施

煤制合成气生产化工产品过程中从原料到产品，大多数物质具有易燃、易爆、有毒、有害、腐蚀性强、窒息性大等特点，生产过程存在的主要危险危害介质有 CO、H_2、H_2S、O_2、NH_3、CS_2、CH_3OH、NaOH、N_2、CO_2 等。其中 H_2、CO、H_2S 具有易燃性和易爆性。当这些可燃气与空气混合达到爆炸极限时，遇火就会发生爆炸，造成灾害。因此必须加强这些物质的管理，防止泄漏，搞好防火防爆工作。生产过程中的氨、一氧化碳、硫化氢等气体对人体有害，长期接触上述有害物质，会造成慢性中毒，大量接触会造成急性中毒甚至死亡。因此，必须加强管理和治理，防止发生中毒事故。硫化氢会严重腐蚀设备管道，生成硫化铁脱落；氢气在高压下能使钢材表面渗碳，使钢材脱碳变得疏松，导致钢材脆性破裂。因此必须加强设备的保养，做好防腐工作。二氧化碳、氮气虽然无毒，但是会有使人缺氧、窒息的危险。停车检修时用氮气作为置换气，氮气对人体有窒息作用。

危险介质的特性及安全措施如下。

（1）一氧化碳（CO）

物质名称	一氧化碳	化学式	CO	标况下状态	气体
密度/（g/cm³）	1.25	颜色	无色	气味	极微弱的臭味
闪点/℃	<-50	自燃点/℃	610	爆炸极限（体积分数）/%	12.5~74.2
毒性	中等毒	易燃易爆性	易燃易爆	允许浓度/（mg/m³）	30

危险特性

与空气混合能形成爆炸性混合物，遇热或明火即爆炸。由于含 CO 气体密度很低（粗煤气 $\rho_粗$=0.92kg/m³；净煤气 $\rho_净$=0.4kg/m³），所以泄漏时气体混合物扩散很快，以致在危险区内有很高的中毒、火灾和爆炸危险。

健康危害

一氧化碳经呼吸道吸入后，通过肺泡膜进入血液，与血红蛋白结合，使血液失去携氧的能力，导致人体组织陷入缺氧状态。轻度中毒会出现头痛、头晕、耳鸣、心悸、恶心、呕吐、无力；中度中毒还会出现脉快、烦躁、步态不稳、至中度昏迷；重度患者深度昏迷、瞳孔缩小、肌张力增强、频繁抽搐、休克、肺水肿、严重心肌损害等。

防护措施

工程控制：严加密封，提供充分局部排风。生产、生活用气必须分路。

呼吸系统防护：空气中浓度超标时，必须佩戴防毒面具。紧急事态抢救或撤离时，建议佩戴正压自给式呼吸器。

眼睛防护：一般不需要特殊防护。高浓度接触时可戴防眼镜。

身体防护：穿防静电工作服。

手防护：一般不需特殊防护。

其他：工作现场严禁吸烟。实行就业前和定期的体检。进入罐区或高浓度区作业，须有人监护。

操作处理方法

接触 CO 的操作人员，操作岗位上应配置过滤 5 型防毒面具和氧气呼吸器。检修时应根据现场具体情况选用长管式防毒面具或送风面具。特别是带压堵漏盲板和进罐入罐作业，必须做好监护工作。凡有慢性支气管炎哮喘病、活动性肺结核、慢性心脏病、重度贫血、器质性神经系统疾病者及孕妇，均不适宜从事接触一氧化碳工作。

泄漏处理

迅速疏散泄漏污染区人员至上风处，并隔离直至气体散尽，切断火源。应急处理人员戴正压自给式呼吸器，穿一般防护服。切断气源，喷雾状水稀释、溶解，抽排（室内）或强力通风（室外）。如有可能，将漏出气体用排风机送至空旷地方，或装设适当喷头烧掉。也可作管路导至炉中、凹地焚之。漏气容器不能再用，要经过技术处理以清理可能剩下的气体。

灭火措施

切断气源。若不能切断气源，则不允许熄灭泄漏处的火焰。用雾状水、泡沫、二氧化碳、干粉灭火。

急救措施

一旦发现急性中毒者，应立即使其脱离现场，移至空气新鲜处，解开领口，保持呼吸畅通，注意保暖，一般轻度中毒者无需特殊治疗即可恢复。重度中毒者应及时抢救。如呼吸停止应做人工呼吸，直至医务人员到达。

（2）氢气（H_2）

物质名称	氢气	化学式	H_2	标况下状态		气体
密度/（g/cm^3）	0.07	颜色	无色	气味		无味
闪点/℃		自燃点/℃	400	爆炸极限（体积分数）/%		4.1~74.1
毒性	无毒	易燃易爆性	极易燃	允许浓度/（mg/m^3）		

危险特性

与空气混合能形成爆炸性混合物，遇热或明火即爆炸。气体比空气轻，在室内使用和储存时，漏气上升滞留屋顶不易排出，遇火星会引起爆炸。氢气与氟、氯、溴等卤素会剧烈反应。

健康危害

本品在生理学上是惰性气体，仅在高浓度时，由于空气中氧分压降低才引起窒息。在很高的分压下，氢气可呈现出麻醉作用。侵入途径：吸入。

防护措施

呼吸系统防护：一般不需要特殊防护，高浓度接触时可佩戴氧气（空气）呼吸器。
眼睛防护：一般不需特殊防护。
身体防护：穿防静电工作服。
手防护：戴一般作业防护手套。

操作处理方法

密闭操作，加强通风。操作人员必须经过专门培训，严格遵守操作规程。建议操作人员穿防静电工作服。远离火种、热源，工作场所严禁吸烟。使用防爆型的通风系统和设备。防止气体泄漏到工作场所空气中。避免与氧化剂、卤素接触。配备相应品种和数量的消防器材。

泄漏处理

迅速撤离泄漏污染区人员至上风处，并进行隔离，严格限制出入。切断火源。建议应急处理人员戴氧气呼吸器，穿防静电工作服。尽可能切断泄漏源。合理通风，加速扩散。漏气容器要妥善处理，修复、检验后再用。

灭火措施

切断气源。若不能切断气源，则不允许熄灭泄漏处的火焰。喷水冷却容器。灭火剂：雾状水、泡沫、二氧化碳、干粉。

急救措施

吸入：迅速脱离现场至空气新鲜处，保持呼吸道通畅。如呼吸停止，立即进行人工呼吸，直至医务救援人员赶到。

（3）硫化氢（H_2S）

物质名称	硫化氢	化学式	H_2S	标况下状态	气体
密度/（g/cm^3）	1.539	颜色	无色	气味	恶臭（臭鸡蛋气味）
闪点/℃	<50	自燃点/℃	260	爆炸极限（体积分数）/%	4~46
毒性	剧毒	易燃易爆性	易燃易爆	允许浓度/（mg/m^3）	10

危险特性

硫化氢能溶于水和醇类，20℃时在水中溶解系数2.86，40℃时为2.03，能与许多金属离子起化学反应，生成不溶水的硫化物，能使银、铜等表面发黑。与空气混合达一定比例，碰到火花受热会发生着火爆炸。与浓硝酸、烟硝酸或其他强氧化剂接触发生剧烈化学反应，发生爆炸。气体比空气重，能在较低处扩散到相当远的地方，遇明火会引起回燃。

健康危害

硫化氢是强烈的神经毒物，对黏膜有强烈刺激作用。短期内吸入高浓度硫化氢后出现流泪、眼痛、流涕、咽喉部灼热感、咳嗽、胸闷、头痛、乏力、意识模糊等。部分患者会有心肌损害。重者可出现脑水肿、肺水肿。极高浓度（$1000mg/m^3$以上）时可在数秒钟内突然昏迷，呼吸和心脏骤停，发生闪电型死亡。

防护措施
工程控制：严加密闭，提供充分的排风和全面排风。提供安全淋浴和洗眼设备。
呼吸系统防护：空气中浓度超标时，必须戴防毒面具。紧急事态抢救或撤离时建议佩戴正压自给式呼吸器。
眼睛防护：戴化学防护眼镜。
身体防护：穿防静电工作服。
手防护：戴防化学品手套。
其他：工作现场禁止吸烟、进食和饮水。工作后，沐浴更衣。保持良好的卫生习惯。

操作处理方法
密闭操作，加强通风。接触硫化氢的操作人员，操作岗位上应配备过滤式 4 型防毒面具和氧气呼吸器。进入密闭容器从事检修时，应选长管式防毒面具或送风式防毒面具，并做好现场监护工作。

泄漏处理
疏散泄漏污染区人员至上风处，并隔离直至气体散尽，切断火源。应急处理人员戴正压自给式呼吸器，穿一般防护服。切断气源，喷雾状水稀释、溶解，抽排（室内）强力通风（室外）。如有可能，将残余或漏出气体用排风机送至水洗塔或与塔相连的通风橱内。或是通过三氯化铁水溶液，管路装止回装置以防溶液吸回。漏气容器不能再用要经过技术处理以清理可能剩下的气体。

灭火措施
切断气源。若不能立即切断气源，则不允许熄灭正在燃烧的气体，喷水冷却容器，可能的将容器从火场移至空旷处。雾状水、泡沫灭火。

急救措施
皮肤接触：脱去污染的衣着，用肥皂水彻底冲洗。就医。
眼睛接触：立即翻开上下眼睑，用流动清水或生理盐水冲洗 15 分钟。就医。
吸入：迅速脱离现场至空气新鲜处。保持呼吸道通畅。保暖并休息。呼吸困难时给输氧。呼吸停止时，立即进行人工吸氧。就医。

（4）氧气（O_2）

物质名称	氧气	化学式	O_2	标况下状态	气体
毒性	低毒	颜色	无色	气味	无臭无味

危险特性
有助燃性，与易燃物形成爆炸性的混合物。

健康危害
受限空间作业时，氧含量在 19.5%~21%之间。当空气中的氧气浓度超过 40%时，人就有可能发生氧中毒，40%~60%时出现胸闷、呼吸困难，80%以上时，出现虚脱、昏迷、甚至死亡。

防护措施
工程控制：密闭操作。提供良好的自然通风条件。
身体防护：穿一般作业工作服。
手防护：戴一般作业防护手套。
其他防护：避免高浓度吸入。

操作处理方法
密闭操作，加强通风。操作人员必须经过专门培训，严格遵守操作规程。远离火种、热源，工作场所严禁吸烟。远离易燃、可燃物。防止气体泄漏到工作场所空气中。避免与活性金属粉末接触。搬运时轻装轻卸，防止钢瓶及附件破损。配备相应品种和数量的消防器材及泄漏应急处理设备。

泄漏处理
迅速撤离泄漏污染区人员至上风处，并进行隔离，严格限制出入。切断火源。建议应急处理人员戴正压自给式呼吸器，穿一般作业工作服。避免与可燃物或易燃物接触。尽可能切断泄漏源。合理通风，加速扩散。漏气容器要妥善处理，修复、检验后再用。

灭火措施
用水保持容器冷却，以防受热爆炸，急剧助长火势。迅速切断气源，用水喷淋保护切断气源的人员，然后根据着火原因选择适当灭火剂灭火。

急救措施
当受到氧气的伤害时，迅速脱离现场至空气新鲜处，保持呼吸道畅通，如呼吸困难时输氧，呼吸心跳停止时，立即进行人工呼吸和胸处心脏按压术，并及时就医。

（5）氮气（N₂）

物质名称	氮气	化学式	N₂	标况下状态	气体
密度/（g/cm³）	1.25	颜色	无色	气味	无味
毒性	无毒	易燃易爆性	不可燃	允许浓度/（mg/m³）	

危险特性

　　氮气本身无毒，但当作业环境中氮气增多，氧气相对减少时引起单纯性窒息作用。

健康危害

　　当环境中氮气含量大于82%，而氧气含量低于18%时，会出现窒息症状，表现为头晕、头痛、呼吸困难、胸部压迫感、肢体麻木，甚至失去知觉；严重者可迅速昏迷，出现阵发性痉挛、青紫、瞳孔缩小，对光反应迟钝等缺氧症状。

防护措施

　　身体防护：穿一般作业工作服。

　　手防护：戴一般作业防护手套。

　　其他防护：避免高浓度吸入。

操作处理方法

　　严格执行操作规程，杜绝氮气跑、漏。在用氮气置换过的设备中工作，必须做安全分析，氧含量19%~22%，人才能进入设备内工作，并要有人监护。

泄漏处理

　　相关人员迅速撤离泄漏区，站在上风向。拉警戒线、严禁进入；佩戴正压式呼吸器，尽快切断气源。

急救措施

　　迅速使患者脱离现场，移至新鲜空气处，注意保暖。若设备密闭或出口太小，一时难以救出，应迅速向设备内输送氧气或空气。患者脱离现场后，如呼吸已停止，应立即口对口进行人工呼吸；如心跳停止，则立即施行胸外心脏按压。

（6）二氧化碳（CO₂）

物质名称	二氧化碳	化学式	CO₂	标况下状态	气体
密度/（g/cm³）	1.977	颜色	无色	气味	高浓度时略带酸味
沸点/℃	−78.5	凝固点/℃	−56.55	爆炸极限（体积分数）/%	
毒性	有毒	易燃易爆性	不可燃	允许浓度%	0.5

危险特性

　　若遇高热，容器内压增大，有开裂和爆炸的危险。

健康危害

　　本品对人最低毒性浓度为 2%，超过此浓度可引起呼吸器官损害。低浓度二氧化碳对呼吸中枢有兴奋作用，高浓度时呈抑制，更高浓度二氧化碳有麻痹作用。二氧化碳透过肺泡的能力较氧大 25 倍，空气中二氧化碳浓度较高时必将造成体内二氧化碳滞留，缺氧窒息。吸入浓度为 8%~10%CO₂ 时除头昏、头痛、眼花和耳鸣外，还有气急、脉搏加快、无力、血压高、精神兴奋、肌肉痉挛，长时间时神志丧失。重症急性发作都在几秒钟内，几乎像触电般地倒下。表现为昏迷、反射消失、瞳孔扩大或缩小、大小便失禁、呕吐等。严重者出现呼吸停止及休克。较轻者在几小时内逐步苏醒，但仍感头痛、无力等，往往二三天才能恢复。

防护措施

　　身体防护：穿一般作业工作服。

　　手防护：戴一般作业防护手套。

　　其他防护：避免高浓度吸入。进入罐、限制性空间或其他高浓度区作业，须有人监护。

操作处理方法

　　产生二氧化碳的生产场所，必须保持通风良好。进入密闭设备、容器和地沟等处，应先进行安全分析，确认是否合格，分析合格前不可擅自进入。进入高浓度二氧化碳场所，进行检修工作前，应先抽风排气。分析不合格时，应戴上氧气呼吸器或长管用具，并要有人监护。

泄漏处理

　　相关人员迅速撤离泄漏区，站在上风向。拉警戒线、严禁进入；佩戴正压式呼吸器，尽快切断气源。

灭火方法

　　本品不燃。尽可能将容器从火场移至空旷处。喷水保持火场容器冷却，直至灭火结束。

急救措施

　　中毒后应迅速将患者抬离毒区，给患者吸氧，如呼吸停止应做人工呼吸，直至医务人员到达。必要时用高压氧治疗。抢救人员应佩戴隔离式防毒面具。

（7）甲烷（CH₄）

物质名称	甲烷	化学式	CH₄	标况下状态	气体
密度/（g/cm³）	0.717	颜色	无色	气味	无味
闪点/℃	−188	自燃点/℃	632	爆炸极限（体积分数）/%	5.0~15.4
毒性	低毒	易燃易爆性	易燃易爆	允许浓度/（mg/m³）	

危险特性

易燃，与空气混合能形成爆炸性混合物，遇热源和明火有燃烧爆炸的危险。与五氟化溴、氯气、次氯酸、三氟化氮、液氧、二氟化氧及其他强氧化剂接触反应剧烈。

健康危害

甲烷对人基本无毒，但浓度过高时，使空气中氧含量明显降低，使人窒息。当空气中甲烷达 25%~30% 时，可引起头痛、头晕、乏力、注意力不集中、呼吸和心跳加速、共济失调。若不及时远离，可致窒息死亡。皮肤接触液化的甲烷，可致冻伤。

防护措施

呼吸系统防护：一般不需要特殊防护，但建议特殊情况下，佩戴自吸过滤式防毒面具（半面罩）。

眼睛防护：一般不需要特别防护，高浓度接触时可戴安全防护眼镜。

身体防护：穿防静电工作服。

手防护：戴一般作业防护手套。

其他：工作现场严禁吸烟。避免长期反复接触。进入罐、限制性空间或其他高浓度区作业，须有人监护。

操作处理方法

密闭操作，全面通风。操作人员必须经过专门培训，严格遵守操作规程。远离火种、热源，工作场所严禁吸烟。使用防爆型的通风系统和设备。防止气体泄漏到工作场所空气中。避免与氧化剂接触。配备相应品种和数量的消防器材及泄漏应急处理设备。

泄漏处理

迅速撤离泄漏污染区人员至上风处，并进行隔离，严格限制出入。切断火源。建议应急处理人员戴正压自给式呼吸器，穿消防防护服。尽可能切断泄漏源。合理通风，加速扩散。喷雾状水稀释、溶解。构筑围堤或挖坑收容产生的大量废水。如有可能，将漏出气用排风机送至空旷地方或装设适当喷头烧掉。也可以将漏气的容器移至空旷处，注意通风。漏气容器要妥善处理，修复、检验后再用。

灭火措施

切断气源。若不能立即切断气源，则不允许熄灭正在燃烧的气体。喷水冷却容器，可能的话将容器从火场移至空旷处。

灭火剂：雾状水、泡沫、二氧化碳、干粉。

急救措施

皮肤接触或眼睛接触：皮肤或眼睛接触液态甲烷会冻伤，应及时就医。

吸入：迅速脱离现场至空气新鲜处。保持呼吸道通畅。如呼吸困难，给输氧。如呼吸停止，立即进行人工呼吸。就医。

（8）氨（NH₃）

物质名称	氨	化学式	NH₃	标况下状态	气体
密度/（g/cm³）	0.771	颜色	无色	气味	有刺激性恶臭气味
闪点/℃		自燃点/℃	651.1	爆炸极限（体积分数）/%	16.1~25
毒性	中等毒	易燃易爆性	可燃	允许浓度/（mg/m³）	30

危险特性

与空气混合，含氨量为 15.7%~27.4% 时，遇到电焊、气割、气焊、电器线路短路等产生的明火、高热能，在密闭空间内有爆炸、开裂的危险。与氟、氯等接触会发生剧烈化学反应。遇高热，容器内压增大，有开裂与爆炸的危险。

健康危害

侵入途径：吸入。氨的刺激性是可靠的有害浓度报警信号。但由于嗅觉疲劳，长期接触后对低浓度的氨会难以察觉。低浓度氨对黏膜有刺激作用，高浓度可造成组织溶解坏死。

潮湿的皮肤或眼睛接触高浓度的氨气能引起严重的化学烧伤。

防护措施

工程控制：严加密闭，提供充分的局部排风与全面通风，提供安全淋浴与洗眼设备。

呼吸系统防护：空气中浓度超标时，建议佩戴过滤式防毒面具（半面罩）。紧急事态抢救或撤离时，必须佩戴空气呼吸器。

眼睛防护：戴化学安全防护眼镜。

身体防护：穿防静电工作服。

手防护：戴橡胶手套。

其他防护：工作现场禁止吸烟、进食与饮水。工作完毕，淋浴更衣。保持良好的卫生习惯。

操作处理方法

　　密闭操作，加强通风。在使用氨水作业时，应随身备有清水，以防万一；在氨水运输过程中，应随身备有 3%硼酸液，以备急救冲洗；配制一定浓度氨水时，应戴上风镜；使用氨水时，作业者应在上风处，防止氨气刺激面部；操作时要严禁用手揉擦眼睛，操作后洗净双手。

泄漏处理

　　迅速撤离泄漏污染区人员至上风处，并立即进行隔离 150m，严格限制出入，切断火源。建议应急处理人员戴正压自给式呼吸器，穿防毒服。尽可能切断泄漏源。合理通风，加速扩散。高浓度泄漏区，喷含盐酸的雾状水中与、稀释、溶解。构筑围堤或挖坑收容产生的大量废水。贮罐区最好设稀酸喷洒设施。漏气容器要妥善处理，修复、检验后再用。

灭火措施

　　消防人员必须穿全身防火防毒服，在上风向灭火，切断气源，若不能切断气源，则不允许熄灭泄漏处的火焰，喷水冷却容器，可能的话将容器从火场移至空旷处。

　　灭火剂：雾状水、抗溶性泡沫、二氧化碳、砂土。

急救措施

　　皮肤接触：立即脱去污染的衣着，应用 2%硼酸液或大量清水彻底冲洗。就医。

　　眼睛接触：立即提起眼睑，用大量流动清水或生理盐水彻底冲洗至少 15min。就医。

　　吸入：迅速脱离现场至空气新鲜处，保持呼吸道通畅，如呼吸困难，给输氧，如呼吸停止，立即进行人工呼吸。就医。

（9）CS_2

　　CS_2 在常温常压下为无色透明微带芳香味的脂溶性液体，具有极强的挥发性、易燃性和爆炸性。燃烧时伴有蓝色火焰并被氧化成二氧化碳与二氧化硫。密度 $1.266g/cm^3$，沸点 $46.2℃$，闪点 $-18.2℃$，引燃温度 $90℃$。

物质名称	二硫化碳	化学式	CS_2	标况下状态	易挥发液体
密度/（g/cm³）	1.266	颜色	无色	气味	微带芳香味
闪点/℃	−18.2	引燃温度/℃	90	爆炸极限（体积分数）/%	1~60
毒性	剧毒	易燃易爆性	易燃易爆	允许浓度/（mg/m³）	10

危险特性

　　二硫化碳危非常易燃，它的蒸气易与空气组成范围广泛的爆炸性混合物。接触到热源或者氧化剂容易燃烧爆炸。其蒸气的分子量比空气大，能在低处扩散很远，遇火即燃。燃烧生成一氧化碳、二氧化硫、二氧化碳等有害产物。且受热易分解出有毒的硫化物气体。

健康危害

　　二硫化碳可以损害人的神经和血管。轻度的二硫化碳中毒会使人头晕、头痛、眼及鼻黏膜感到刺激，严重会使人有酒醉表现甚至变得兴奋，出现昏迷、丧失意识、痉挛抽搐，致使人因呼吸系统麻痹而死亡。

防护措施

　　工程控制：严加密闭，提供充分的排风和全面排风。提供安全淋浴和洗眼设备。

　　呼吸系统防护：空气中浓度超标时，必须戴防毒面具。紧急事态抢救或撤离时建议佩戴正压自给呼吸器。

　　眼睛防护：戴化学防护眼镜。

　　身体防护：穿防静电工作服。

　　手防护：戴防化学品手套。

　　其他：工作现场禁止吸烟、进食和饮水。工作后，沐浴更衣。保持良好的卫生习惯。

操作处理方法

　　开工时用二硫化碳作为硫化剂硫化催化剂。采用 CS_2 对催化剂进行硫化时应注意：密闭操作，局部排风；操作人员必须经过专门培训，严格遵守操作规程；操作人员佩戴自吸过滤式防毒面具（半面罩），戴化学安全防护眼镜，穿防静电工作服，戴橡胶耐油手套；远离火种、热源，工作场所严禁吸烟；使用防爆型的通风系统和设备；防止蒸气泄漏到工作场所空气中；灌装时应控制流速，且有接地装置，防止静电积聚。

储存方法

　　容器内可用水封盖表面或采用氮气密封；远离火种、热源；温度高于 35℃时应采取降温措施；保持容器密封；采用防爆型照明、通风设施；禁止使用易产生火花的机械设备和工具；二硫化碳用后的容器应立即用冷水冲洗，再用热水洗净；储区应备有泄漏应急处理设备和合适的收容材料。

泄漏处理

　　应急处理：迅速撤离泄漏污染区人员至安全区，并进行隔离，严格限制出入。切断火源。应急处理人员应佩戴安全防护设备。不要直接接触泄漏物。尽可能切断泄漏源。防止流入下水道、排洪沟等限制性空间。

小量泄漏：用砂土、蛭石或其他惰性材料吸收。

大量泄漏：构筑围堤或挖坑收容。喷雾状水或泡沫冷却和稀释蒸汽、保护现场人员。用防爆泵转移至槽车或专用收集器内，回收或运至废物处理场所进行无害化处理，污染现场，应急处置工具，清洗废水更应随之进行无害化处理至达到环保要求。

灭火措施

二硫化碳着火用水（雾状水）冷却容器，有可能的话将着火容器转移到空旷的地方，若火场中的容器已经变色或安全泄压装置中已经有声音，则马上撤离火场。立刻将污染区人员撤离至安全区域，并隔离污染区，限制人员出入。切断火源，应急处理的人员应戴自给式呼吸器，穿着防静电的工作服。其他灭火剂还有泡沫、干粉、砂等。

急救措施

皮肤接触：皮应立刻脱下被污染衣物，用大量流动的清水冲洗 15 分钟以上。严重者尽快送往就医。

眼睛接触：应马上抬起眼睑，用流动的清水或者生理盐水冲洗。严重者尽快送往就医。

口鼻吸入：应即刻离开现场到空气新鲜的地方。保证呼吸道的通畅。如果呼吸困难，尽快给予输氧。若是呼吸停止，迅速进行人工呼吸并就医。

不慎食入：喝大量温开水，促使呕吐并就医。

（10）甲醇（CH_3OH）

物质名称	甲醇	化学式	CH_3OH	标况下状态	易挥发液体
密度/（g/cm^3）	0.791	颜色	无色	气味	
闪点/℃	11.11	自燃点/℃	473	爆炸极限（体积分数）/%	6.0~36.5
毒性	中等毒	易燃易爆性	易燃易爆	允许浓度/（mg/m^3）	50

危险特性

其蒸气与空气形成爆炸性混合物，遇明火高热引起燃烧爆炸。与氧化剂能强烈反应。其蒸汽比空气重。能在较低处扩散到相当远的地方，遇明火会引着回燃，若遇高热，容器内压增大，有开裂和爆炸的危险，燃烧时无火焰。燃烧分解产物：一氧化碳、二氧化碳。

禁忌物：酸类、酸酐、强氧化剂、碱金属。

健康危害

侵入途径：吸入、食入，经皮肤吸收。

甲醇对人体毒害作用很大，误服 15 mL 可使人双目失明，70~100mL 可使人死亡。

甲醇对人体中枢神经系统具有强烈的麻醉作用，吸入高浓度的甲醇蒸气能产生眩晕、昏迷、麻木、痉挛、食欲不振等症状，经常吸入低浓度甲醇蒸气会造成头痛、恶心、呕吐、刺激黏膜等症状，甲醇蒸气和甲醇液体能严重损坏人体眼、肾、肝脏等器官。

防护措施

工程控制：严加密闭，提供充分的排风和全面排风。提供安全淋浴和洗眼设备。

呼吸系统防护：可能接触其蒸气时应该佩戴防毒面具，紧急事态抢救或撤离时建议佩戴正压自给呼吸器或空气呼吸器。

眼睛防护：戴化学防护眼镜。

身体防护：穿防静电工作服。

手防护：戴防化学品手套。

操作处理方法

接触甲醇的操作人员，操作岗位上应配备过滤式 3 型防毒面具和氧气呼吸器。直接接触甲醇，还应增发胶手套、靴、防护眼镜等个人劳动保护用品。检修时，应选用长管式或送风式防毒面具，并做好现场监护工作。

泄漏处理

迅速撤离泄漏污染区人员至安全区，并进行隔离，严格限制出入，切断火源。建议应急处理人员戴正压自给式呼吸器，穿防静电工作服，不要直接接触泄漏物，尽可能切断泄漏源。防止流入下水道、排洪沟等限制性空间。

小量泄漏：用砂土或其他不燃材料吸附或吸收，也可以用大量水冲洗，洗水稀释后放入废水系统。

大量泄漏：构筑围堤或挖坑收容，用泡沫覆盖，降低蒸气灾害。用防爆泵转移至槽车或专用收集器内，回收或运至废物处理场所处置。

灭火措施

尽可能将容器从火场移至空旷处。喷水保持火场容器冷却，直至灭火结束。处在火场中的容器若已变色或从安全泄压装置中产生声音，必须马上撤离。

灭火剂：抗溶性泡沫、干粉、二氧化碳、砂土等。

急救措施

皮肤接触：将中毒人员救离危险区，抬到有新鲜空气的地方。解开衣服，并脱下湿透的衣服。用大量的水和肥皂彻底清洗皮肤。

眼睛接触：尽快用清水洗净，最好在就近的洗眼器上洗净。对受害的眼睛立即打开眼睑，用流动水至少冲洗 10min。

吸入：迅速脱离现场至空气新鲜处。保持呼吸道通畅。如呼吸困难，给输氧。如呼吸停止，立即进行人工呼吸，就医。

食入：饮足量温水，催吐或用清水或 1%硫代硫酸钠溶液洗胃，就医。亦可喝下大约 100mL 白酒解毒。

（11）氢氧化钠（NaOH）

物质名称	氢氧化钠	化学式	NaOH	标况下状态	液体
密度/（g/cm³）	2.13	颜色	白色	易燃易爆性	不可燃
熔点/℃	318.4	沸点/℃	1388		

危险特性

本品不会燃烧，遇水和水蒸气大量放热，形成腐蚀性溶液。与酸发生中和反应并放热。具有强腐蚀性。

健康危害

本品有强烈刺激和腐蚀性。粉尘或烟雾会刺激眼和呼吸道，腐蚀鼻中隔；皮肤和眼与 NaOH 直接接触会引起灼伤；误服可造成消化道灼伤，黏膜糜烂、出血和休克。

侵入途径：吸入、食入、皮肤接触。

防护措施

工程控制：密闭操作，注意通风

呼吸系统防护：必要时佩戴防毒口罩。

眼睛防护：戴化学安全防护眼镜。

身体防护：穿工作服（防腐材料制作）。

手防护：戴橡胶手套。

其他：工作后，沐浴更衣。注意个人清洁卫生。

泄漏处理

隔离泄漏污染区，周围设警告标志，建议应急处理人员戴好防毒面具，穿化学防护服。不要直接接触泄漏物，用大量水冲洗，经稀释的洗水放入废水系统。如大量泄漏，收集回收或无害处理后废弃。

储存方法

氢氧化钠应储存于阴凉、干燥、通风良好的库房。应远离火种、热源。库温不超过 35℃，相对湿度不超过 80%。包装必须密封，切勿受潮。应与易（可）燃物、酸类等分开存放，切忌混储。储区应备有合适的材料收容泄漏物。

灭火措施

雾状水、砂土、二氧化碳灭火器。

急救措施

皮肤接触：应立即用大量水冲洗，再涂上 3%~5%的硼酸溶液。

眼睛接触：立即提起眼睑，用流动清水或生理盐水冲洗至少 15min。或用 3%硼酸溶液冲洗。就医。

吸入：迅速脱离现场至空气新鲜处。必要时进行人工呼吸。就医。

食入：应尽快用蛋白质之类的东西清洗干净口中毒物，如牛奶、酸奶等奶质物品。患者清醒时立即漱口，口服稀释的醋或柠檬汁，就医。

3.4.2　其他危害因素及安全措施

煤制合成气是高温、高压的生产过程，处理的工艺介质含有氢气、一氧化碳、氮气、二氧化碳、二硫化碳、高温蒸汽、中压蒸汽和超低温介质等，有压缩机、泵和风机等转动机械，有催化剂的装卸工作等等，故除了有毒有害物质的危害，还存在着诸多其他危害因素。

（1）放射源

放射源是气化工段的重大危险源，用于为气化炉进料提供准确的料位检测，包括 Co-60、Cs-137 和 Am-241。处于安全管理或可靠保安状态下，这些放射源几乎不会对人造成永久性损伤。对操作、接触或接近无屏蔽放射源的人员会造成临时性损伤，引起放射性皮肤疾病、放射性骨损伤、放射性甲状腺疾病。

当发现自己被照射或近距离接触裸露放射源时，应急处理办法是赶紧远离射源，马上就医。

（2）设备管道的超压爆炸

煤气化系统的操作压力较高，如作业人员操作不当，有可能会引起设备和管道的超压而发生爆炸。在装置开、停车及检修时，由于阀门、设备、管线往往处于非正常运行状态，如果操作人员误操作或违章作业，则发生火灾、爆炸、中毒等事故的可能性很大。因此必须严格控制工艺指标，防止超温、超压、超负荷运行，加强维护和管理，防止事故的发生。

（3）易燃、易爆、有毒、有害气体的泄漏引起的燃烧爆炸和中毒事故

为了防止有毒、易燃气体的泄漏和爆炸，设置有安全阀、节流孔板和安全联锁装置等，以有效防止工艺介质因超压和串压而引起的设备爆炸事故；现场设置有易燃、易爆、有毒、有害气体监测报警装置，可以实时监测现场安全环境，提供有效安全警示。为防火防爆，装置区内建有消防水系统，地面为不发火花水泥地面，并留有消防通道，并在各个岗位和装置区内配有专用灭火器、防毒面具和洗眼器。

（4）煤尘危害

① 污染大气，危害人类的健康

长期接触生产性煤尘的作业人员，因长期吸入煤尘，使肺内粉尘的积累逐渐增多，当达到一定数量时即可引发尘肺病。严重时会造成呼吸功能障碍，甚至呼吸衰竭。

② 爆炸危害

煤尘与空气能形成可燃的混合气体，当其浓度和氧气浓度达到一定比例时若遇明火或高温物体，极易着火，可发生煤尘爆炸。

为了防止煤尘危害，要求煤尘环境中作业人员按照规定正确使用防尘口罩、防尘服等个人防护用品；及时启动除尘器，降低落煤管、筒仓等封闭空间煤尘浓度，定期清理沉积粉尘，严格管控动火作业，防止煤尘爆炸；定期检查泄爆口盖板灵活好用。

（5）高空坠落和转动机械等引起的伤害

为了防止高空坠落危害的发生，凡需要经常操作、检查的地方均设计了操作平台、斜梯及防护栏杆等设备外围防护设施，平台、踏步等均采用成品镀锌钢格栅板防滑，还挂有警示牌可以有效预防高空坠落危害。作业人员配备有安全帽。

为了防止机械伤害，动设备转动轴上设有保护罩；为各岗位人员配备有安全帽、劳保鞋等劳动保护用品。

（6）高温、低温引起的伤害

高温、低温引起的伤害包括高温物料和管道引起的烫灼伤，低温物料、设备和管道引起的冻伤等。装置高温设备、管道均设有保温隔热层或涂色警示，从而避免造成高温灼伤或烫伤和低温冻伤。

（7）噪音对人体造成的伤害

噪声来源范围主要来自气体压缩机的低频气流噪声，以及各种流体泵产生的中高频气流噪声，整体上噪声以低、中频气流噪声为主。噪声能引起听觉功能敏感度下降甚至造成声聋或引起神经衰弱，噪声干扰信息交流，听不清谈话或信号，导致误操作发生率上升。

为控制噪声，主要采取控制噪声发出、加强个人防护和控制噪声传播三方面进行防治。为了厂区员工个人健康，需通过佩戴防声棉、防声耳塞、防声耳罩和防声头盔等措施进行控制。隔声是控制噪声的主要措施，在噪声源周边采用钢筋混凝土板隔声构件隔绝噪声传播的效果较好；在室内集中布置设备，从而有效地防治噪声的传播，减少对厂区其他区域的影响；通过将放空消音器安装在管道内，消声器连接到管道或进风口和出风口，让空气流通，可以在一定程度上降噪。工作环境内的噪声不能超过85dB。

3.4.3 装置主要污染物情况及控制

（1）气化工段

Shell 气化工段和德士古水煤浆气化工段的污染物及处理情况如表 3-14 所示。

表 3-14　气化工段主要污染物及处理

主要污染物		处理或去向
Shell 气化工段	德士古水煤浆气化工段	
磨煤机烟道气	煤料输送产生的粉尘	经除尘后符合环保标准，放空
煤粉贮仓过滤器放空气	—	符合环保标准，放空
气提塔尾气	闪蒸单元酸性气	去酸性气体回收装置
气化炉开停车期间排放的气体	气化炉开停车期间排放的气体	去火炬燃烧
排放废水	排放废水	循环利用或去污水处理系统
锅炉排污冷凝液	—	排放至水系统
灰渣（干燥）	灰渣（干燥）	外运或循环利用

气化工段大气污染物主要有煤粉制备或输送过程中产生的含尘气体、气化炉开停车期间排放的气体、气提塔尾气或闪蒸单元酸性气等，主要有害污染物包括粉尘、一氧化碳、氢气、甲烷、硫化氢、COS 和氨等。其中含尘气体可以通过湿法除尘或机械除尘，气体污染物可以采用燃烧法进行处理。燃烧法是通过热氧化燃烧或高温分解的原理，将废气中的可燃有害成分转化为无害物质。因此为了减少环境的污染将排放气体送入火炬焚烧，经过焚烧处理后有害气体转化为二氧化碳、二氧化硫和氮氧化物再排入大气。火炬系统能有效地减少气体污染物对于周边环境的污染。

气化工段的废水主要来自气化渣水排污，废水中的主要污染物有氨氮、硫化物、氰化物、固体悬浮物等。德士古水煤浆气化工段产生废水经过灰水处理装置，对气化产生的黑水进行闪蒸、沉降和压滤处理后的灰水一大部分回收利用，少部分送至污水处理厂进行生化处理达到一级排放标准，然后利用多介质和活性炭过滤器进一步除去悬浮物和有机物。

在气化工段主要废渣是气化炉灰渣。气化炉细灰因含碳量较高，可按一定比例与煤掺和作为燃料二次利用，粗渣可外运销售用作建筑材料或铺路。

（2）变换工段

变换工段液体和气体污染物如表 3-15 所示。

表 3-15　变换工段液体和气体污染物　　　　单位：（摩尔分数/%）

项　目		物料名称		
		冷凝液	闪蒸汽冷凝液	闪蒸气
组成	H_2	2.1×10^{-5}	1.4×10^{-5}	16
	CO	9×10^{-6}	10^{-5}	6.7
	CO_2	0.2	0.3	75.8
	N_2	3.53×10^{-7}	2.69×10^{-7}	0.4
	Ar	3.9×10^{-8}	4.7×10^{-8}	2.29×10^{-4}
	CH_4	5×10^{-9}	6×10^{-9}	3.4×10^{-5}
	H_2S	1.7×10^{-5}	2.5×10^{-8}	0.3

项目		物料名称		
		冷凝液	闪蒸汽冷凝液	闪蒸气
组成	NH_3	0.0871	0.3	4.25×10^{-7}
	H_2O	99.8	99.4	0.8
温度/℃		80	40	40
压力/MPa		1.2	1.185	1.85

变换工段排出的废气主要有变换气冷凝液闪蒸出的含有二氧化碳、硫化氢和氨等能引起环境污染的废气和硫化过程中排出的含硫化氢和二硫化碳的废气，这些废气被送到硫回收装置进行硫磺制取和回收。

变换气冷凝液和闪蒸汽冷凝液含有二氧化碳、硫化氢和氨等能引起环境污染的物质，为防止其引起环境污染，变换气冷凝液被送到煤气化装置作为煤气洗涤水的补充水来源，闪蒸汽冷凝液送到污水深度处理后循环利用。

变换工段产生的固体污染物是卸出的废催化剂，其处理办法是收集外卖或由厂家回收利用。

（3）低温甲醇洗工段

低温甲醇洗工段的污染物如表 3-16 所示。

表 3-16　低温甲醇洗工段三废排放　　　　单位：（摩尔分数/%）

项目		物料名称			
		放空气	原料气冷凝液	污水	排放甲醇
组成	H_2	0	0.01	0	0
	CO	0.01	0.01	0	0
	CO_2	68.77	1.03	0	0.7~1.0
	N_2	29.97	0	0	0
	Ar	0	0	0	0
	CH_4	0	0	0	0
	H_2S	2.5×10^{-5}	0.01	0	1.2~2.5
	COS			0	0.002~0.004
	CH_3OH	$<1 \times 10^{-4}$	0	0.01	97
	NH_3	微量	微量	0	5~10g/L
	HCN	微量	微量	0	~300g/L
	H_2O	1.25	98.93	99.99	
温度/℃		11.5	40	20.1	30
压力/MPa		0.01	3.269	0.22	0.85

低温甲醇洗工段排出的放空气只有微量的有害成分，可直接排到大气中；排出的冷凝液主要有二氧化碳、硫化氢和氨等能引起环境污染的物质，为防止其引起环境污染，冷凝液被送到煤气化装置进一步利用；排出的污水被排放到生化处理装置进行进一步的处理；排放出的废甲醇被回收作燃料或收集外卖。

思考题

1. 比较 Shell 气化和德士古气化工艺流程，存在哪些不同点？
2. Shell 气化工段的主要生产工艺参数有哪些？
3. 如何控制 Shell 气化炉的温度？

4. Shell 气化炉的结构和主要原理是什么？

5. Shell 气化工段对安全、环保的要求有哪些？

6. 德士古气化洗涤单元的主要生产工艺参数有哪些？

7. 德士古气化用煤对煤质的要求有哪些？

8. 德士古气化工段闪蒸塔的作用和工作原理是什么？

9. 影响德士古气化工艺经济性的因素有哪些？

10. 德士古气化工段对安全、环保的要求有哪些？气化炉开停车期间排放的气体如何处理？

11. 低温甲醇洗脱硫工艺存在哪些优缺点？

12. 低温甲醇洗工段的主要生产工艺参数有哪些？

13. 进中压闪蒸塔前为什么要先加热？

14. C4104 为什么要有水浓缩段，可以取消吗？

15. 吸收塔结构及其工作原理是什么？

16. 根据流程画出吸收塔的工艺流程简图。

17. 变换工段的主要生产工艺参数有哪些？

18. 影响变换工段变换炉反应器床层温度的主要因素有哪些？

19. 造成变换气中 CO 含量升高的因素主要有哪些，如何控制变换气中 CO 含量？

20. 变换工段对安全、环保的要求有哪些？

21. 煤气化制合成气生产各工段存在哪些有待改进的技术问题？

参考文献

1. 吴国光，张荣光. 煤炭气化工艺法. 2 版. 徐州：中国矿业大学出版社，2015.

2. 王辅臣. 煤气化技术在中国：回顾与展望. 洁净煤技术，2021，27（1）：1-33

3. 汪寿建. 壳牌煤气化关键设备设计探讨. 大氮肥，2003，26（5）：304-306.

4. 李斌. 浅析 SHELL 煤气化装置的设备配置. 氮肥技术，2007，28（2）：7-10.

5. 李超华. 壳牌煤气化制甲醇激冷气压缩机问题分析及改进. 山西化工，2020，（60）：104-107.

6. 董贵宁. 粉煤气化装置飞灰过滤器运行问题及技术改造. 大氮肥，2020，43（6）：375-377.

7. 杨延，刘卫. 提高水煤浆浓度的工艺措施及技术应用. 中氮肥. 2021，（2）：11-15.

8. 蒋煜，王磊，涂亚楠. 水煤浆技术研究进展与发展趋势. 煤炭工程. 2020，52（5）：27-32.

9. 魏学科. 50 万吨/年煤气化制甲醇装置扩能优化改造研究. 北京化工大学，硕士学位论文，2018.11.

10. 张峥. 水煤浆气化工艺烧嘴的延寿方法研究. 西安石油大学，硕士学位论文，2019.5.

11. 刘波. 德士古水煤浆气化工艺流程模拟. 西安科技大学，硕士学位论文，2015.6.

12. 徐延梅. 水煤浆气化炉关键部件的改进研究. 山东大学，硕士学位论文，2019.6.

13. 王朝鹏. 大型煤制甲醇项目变换工序的设计与优化. 北京化工大学，硕士学位论文，2017.12.

14. 黄斌. CO 变换工艺 Aspen 模拟. 华东理工大学，硕士学位论文. 2016.12.

15. 田旭，曹志斌，汪旭红. 变换反应器技术进展. 大氮肥，2012，35（1）：13-16.

16. 杜孟洪，付永杰. WHG 煤气化 CO 变换装置问题分析及改造. 氮肥与合成气，2017，45（4）：15-17.

17. 樊飞，王峰，高红兵，等. Shell 煤气化制甲醇项目之变换装置技术改造与高负荷运行. 化肥设计，2009，47（5）：29-33.

18. 余建良. 180 万 t/a 煤制甲醇装置净化系统优化设计及应用. 神华科技，2012，10（5）：74-77.

19. 蒋燕，马炯. 低温甲醇洗吸收塔模拟及内件优化设计. 化工设计，2015，25（5）：11-16.

20. 王亚亚. 低温甲醇洗工艺流程模拟与优化. 西安石油大学，硕士学位论文，2014.6.

21. 崔倩. 低温甲醇洗工艺的模拟与扩产改造方案研究. 大连理工大学，硕士学位论文，2016.6.

22. 任智斌. 低温甲醇洗工艺安全评价研究. 郑州大学，硕士学位论文，2014.4.

23. 于清野. 缠绕管式换热器计算方法研究. 大连理工大学，硕士学位论文，2011.6.

第四章

合成气制甲醇

甲醇是一种重要的基本有机化工原料，是碳一化学的基础，甲醇后加工可以生产百余种化工产品。甲醇又是重要的替代燃料，在汽油中添加 5%~15%的甲醇可以使汽油的辛烷值提高，燃烧性能更好。因此甲醇在化学工业、医药工业和能源领域有着十分广泛的用途。随着甲醇制烯烃、甲醇制芳烃和甲醇制汽油等新兴产业逐步壮大，我国对甲醇的需求也日益增大。由于我国"富煤、贫油、少气"的资源禀赋条件，我国甲醇生产主要以煤为原料，煤制甲醇占比达到 70%以上。

净化后的合成气经压缩后在甲醇合成塔内反应生成甲醇，经精馏提纯制得精甲醇或满足后续工序要求的粗甲醇。本章主要介绍甲醇合成和甲醇精馏两个工段。

4.1 甲醇合成工段

4.1.1 甲醇合成工段的作用

分别来自低温甲醇洗和氢回收装置的新鲜原料气和循环气经合成气压缩机加压后进入甲醇合成塔，在一定的压力、温度及催化剂作用下反应生成甲醇，反应后的气体经冷却、冷凝、分离出粗甲醇产品，未反应的气体经循环气压缩机增压后返回合成塔继续参与反应；甲醇合成得到的粗甲醇浓度约95%，产生的反应热用于副产 2.0MPa 的饱和低压蒸汽。

4.1.2 甲醇合成的基本原理

4.1.2.1 甲醇合成反应热力学及动力学

甲醇合成反应是在催化剂上进行的复杂的、可逆的化学反应。主反应有：

$$CO+2H_2 \longrightarrow CH_3OH \qquad -102.5kJ/mol \qquad (4\text{-}1)$$

$$CO_2+3H_2 \longrightarrow CH_3OH+H_2O \qquad -59.6kJ/mol \qquad (4\text{-}2)$$

副反应有：

$$2CO+4H_2 \longrightarrow CH_3OCH_3+H_2O \qquad -200.2kJ/mol \qquad (4\text{-}3)$$

$$CO+3H_2 \longrightarrow CH_4+H_2O \qquad -115.6kJ/mol \qquad (4\text{-}4)$$

$$4CO+8H_2 \longrightarrow C_4H_9OH+3H_2O \qquad -49.62kJ/mol \qquad (4\text{-}5)$$

$$CO_2+H_2 \longrightarrow CO+H_2O \qquad +42.9kJ/mol \qquad (4\text{-}6)$$

$$nCO+2nH_2 \longrightarrow (CH_2)n+nH_2O \qquad (4-7)$$

由甲醇合成反应方程式可以看出,甲醇合成反应是可逆的气体体积缩小的放热反应。

从动力学角度,甲醇合成反应是一个气固非均相的催化反应,其机理相当复杂,一般认为,其复杂的过程可分为以下五个步骤:

① 扩散——气体扩散到催化剂的界面。

② 吸附——各种气体在催化剂的活性表面进行化学吸附。

③ 表面反应——化学吸附的反应物在活性表面上进行反应,生成反应产物。

④ 解吸——反应产物脱附。

⑤ 扩散——反应产物气体自催化剂界面扩散到气相中去。

以上五个过程,两个扩散过程进行得最快;吸附、解吸进行的速度比表面反应快得多,因此整个反应过程取决于第三个过程,即反应物分子在催化剂的活性表面的反应速度。

4.1.2.2 甲醇合成反应的影响因素

由前述的甲醇合成反应方程式可以看出,甲醇合成反应是可逆的放热缩体反应,温度、压力、空速、反应物的组成浓度和催化剂的性能对反应都有影响。

(1)温度

在反应压力、空速、反应物组成和催化剂一定的情况下,温度对 CO、CO_2 与 H_2 反应生成甲醇的速度和平衡有着相互矛盾的影响。反应温度升高,反应的速度将加快,但从热力学角度,CO 和 CO_2 生成甲醇的反应平衡常数会减小,反应转化率降低,并且温度越高,反应生成的杂质就越多。相反,降低反应温度,有利于提高反应物生成甲醇的转化率,但反应速度将下降。故采用合适的反应温度,有利于提高产量和降低生产成本,对甲醇合成反应至关重要。

反应温度也是全塔热平衡的主要标志,合成塔内温度稳定时,就是在此温度下合成甲醇的反应热与气体流动带走的热量达到平衡。要维持这一平衡,反应温度又必须要和压力、空速、原料气的组分等因素联系起来考虑。另外,催化剂随时间的使用,转化率逐渐下降,反应放出的热量逐渐减少,实际生产中,为了维持热量的平衡,一般是提高反应温度或改变空速,减少热量的带走,以提高转化率。另外还要注意最高温度不能超过催化剂的耐热温度,催化剂的前期使用温度要低一些,以防催化剂过早老化,所以工艺操作温度一般选在230~250℃左右。

(2)压力

甲醇合成反应是体积减小的反应。从化学平衡角度考虑,提高压力有利于提高平衡时甲醇含量,并能加快反应速度,增加装置生产能力。但是压力的提高对设备的材质、加工制作的要求也会提高,原料气压缩功耗也要增加,以及由于副产物的增加还会引起产品质量变差。所以工厂对压力的选择要综合考虑技术经济效果。

(3)空速

空速是指单位时间内通过单位体积的催化剂的流体体积量。一般来说,催化剂活性越高,对同样的生产负荷所需的接触时间就越短,空速越大。

若采用较低的空速,反应过程中气体混合物的组成与平衡组成较接近,催化剂的生产强度较低,但是单位甲醇产品所需的循环气体量较小,气体循环的动力消耗较少,预热未反应的气体到催化剂进口温度所需换热面积较小,并且离开反应器气体的温度较高,其热能利用价值较高；若采用较高的空速，催化剂的生产强度可以提高，但增大了所需的传热面积，出塔气体热能利用价值降低，增加了分离反应产物的费用。另外，空速过大，催化剂床层温度就难以维持，合成塔不能维持自热，这可能在不启用外加热的情况下使床层温度垮掉。

（4）气体组成

甲醇合成系统中惰性气体含量的高低影响到合成气中有效气体成分浓度的高低。惰性气体的存在，引起一氧化碳、二氧化碳、氢气分压的下降，随惰性气体含量增加，甲醇的时空收率下降。合成系统中惰性气体含量取决于补入工艺新鲜气中惰性气体的多少和从合成系统排放的惰性气体量。排放量过多，将导致有效气体的损失增加。

调节惰性气体的含量，可以改变催化剂床层温度的分布和系统总体压力，当转化率过高，而使合成塔出口温度过高时，提高惰性气体含量可以解决温度过高的问题。此外，在给定系统压力操作下，为了维持一定的产量，必须确定适当的惰气含量，从而选择合适的（弛放气）排放量。

从化学反应方程式来看，合成甲醇时，氢气与一氧化碳的化学当量比为2，这时可以得到甲醇最大的平衡浓度。而且，在其他条件一定的情况下可使甲醇合成的瞬间速度最大。由于合成气中还有小部分的二氧化碳，氢气与二氧化碳合成甲醇的比例为3。一般要求反应气体中氢气的含量要大于理论量，以提高反应速度。一氧化碳浓度高，时空收率高；氢气浓度高，时空收率高；但通常一氧化碳浓度增加同时伴有氢气浓度下降，所以组分之间的影响有相互作用，实际生产中氢碳比按以下关系确定：

$$（H_2-CO_2）/（CO+CO_2）=2.05\sim2.15$$

二氧化碳对时空收率的影响比较复杂，而且存在极值。完全没有二氧化碳的合成气，催化剂活性处于不稳定区，催化剂会在运转几十个小时后，很快失活。所以，二氧化碳是活性中心的保护剂，不能缺少。二氧化碳浓度略低于4%时，二氧化碳对时空收率的影响是正效应，促进一氧化碳合成甲醇，自身也会合成甲醇。但过高的二氧化碳存在时，会使时空收率下降。此外，过量的二氧化碳，也降低了一氧化碳和氢气的浓度，从而降低反应速度，影响反应平衡。

4.1.2.3 甲醇合成催化剂

目前应用于甲醇合成的催化剂主要分为两类，一种是以氧化锌为主的锌基催化剂；另一种是以氧化铜为主的铜基催化剂。

（1）锌铬催化剂

锌铬催化剂是德国 BASF 公司于 1923 年首先开发研制成功的，该催化剂中含有高达 10% 以上的 Cr_2O_3，其活性温度较高，约为 350~420℃，由于受平衡的限制，需在高压下操作，操作压力为 25~35MPa，因此被称为高压甲醇合成催化剂。锌铬催化剂的耐热性、抗毒性以及力学性能都较令人满意，并且使用寿命长（一般为 2~3 年）、适用范围广、操作容易控制，但是动力消耗大、设备复杂、产品质量差，随着低压催化剂的研制成功，目前锌铬催化剂逐步被淘汰。

（2）铜基催化剂

与锌铬基催化剂相比，铜基催化剂合成甲醇的操作温度和压力较低，适宜的操作温度为 220~300℃，压力为 4.6~10MPa，因此，铜基甲醇合成催化剂又被称为低压甲醇合成催化剂。铜基催化剂的特点是活性高，低温性能良好。由于操作温度低，对生成甲醇的平衡有利，催化剂选择性也好。但铜基催化剂对硫和氯的化合物敏感，易中毒，寿命一般为 1~2 年。

目前，甲醇合成主要以采用低压甲醇合成技术为主，所用催化剂普遍为 CuO-ZnO-Al$_2$O$_3$ 催化剂。表 4-1 为一些常用型号的铜基催化剂的特性对比。

表 4-1　国内外常用铜基催化剂的特性对比

催化剂型号	组分/%			操作条件	
	CuO	ZnO	Al$_2$O$_3$	压力/MPa	温度/℃
英国 ICI 51-3	60	30	10	7.8~11.8	190~270
德国 LG104	51	32	4	4.9	210~240
美国 C79-2	—	—	—	1.5~11.7	220~330
丹麦 LMK	40	10	—	9.8	220~270
中国 C302 系列	51	32	4	5.0~10.0	210~280
中国 XNC-98	>52	>20	>8	5.0~10.0	200~290

4.1.2.4　甲醇合成反应器

甲醇反应器在工业化装置上应用最多的是气相固定床反应器，主要有 ICI 低压冷激反应器、Lurgi 低压管壳式等温反应器、径向流反应器等。

（1）ICI 冷激型甲醇合成反应器

英国 ICI 公司研究开发了冷激型甲醇合成反应器，其结构简图见图 4-1。该反应器为绝热轴向流动反应器，催化剂分四段安装在反应器内，在各段催化剂床层之间通过菱形分布系统引入温度较低的冷激气，控制各床层的反应温度。该反应器结构简单，便于制造和安装，但是操作稳定性差。

（2）Lurgi 低压管壳式等温反应器

德国 Lurgi 公司研究开发了等温型甲醇合成反应器，在催化剂床层内设水冷管，通过管内流动的水移走反应热，使甲醇合成反应在近乎等温的条件下进行。其结构简图见图 4-2。

Lurgi 合成反应器类似于立式管壳式废热锅炉，合成气从内装催化剂的管内自上而下流动，管外为下进上出的沸腾水，甲醇合成反应在管内进行，反应放出的热量由管外沸水移走。

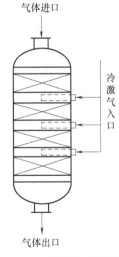

图 4-1　ICI 甲醇合成反应器

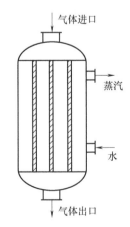

图 4-2　Lurgi 甲醇合成反应器

合成反应器壳程的锅炉水是自然循环的，可通过调节汽包压力调节沸腾水的温度，进而控制管内催化剂床层的温度。

（3）Topsφe甲醇合成反应器

Topsφe甲醇合成反应器是一种中间冷却的径向流反应器，可使用粒度小、活性高的催化剂，出口甲醇浓度高。由于气体径向流经催化剂床层，压降小（0.2~0.3MPa），可采用较高的空速。径向流动反应器轴向长度不受反应器压降的限制，但是需设置气体分布器和收集器，结构较为复杂，对设计和制造的要求较高。反应器结构简图见图4-3。

（4）管壳外冷-绝热复合式甲醇合成反应器

华东理工大学研究开发的管壳外冷-绝热复合式甲醇合成反应器设有二段催化剂床层，上段为绝热层，下段为水冷层，水冷层的结构与等温反应器相同，类似于管壳式换热器，管内装催化剂，管外走沸腾水，其结构见图4-4。反应气体由反应器上部进入，流经绝热层后进入水冷层，绝热层可使进口反应气体快速升温，达到最佳反应温度，然后进入水冷层。在装有催化剂的管内继续反应，反应热由水冷层的管外的沸腾水移走，水冷层催化剂床层的温度可通过改变沸腾水的压力调节，整个反应器内反应沿着最佳温度曲线进行。与Lurgi等温型甲醇合成反应器相比，该反应器催化剂装填量小，冷却段床层的温度分布更为均匀，有利于延长催化剂的寿命。该反应器是国内应用最广的甲醇合成反应器，已在多套装置上得到应用。

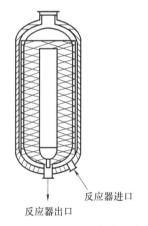
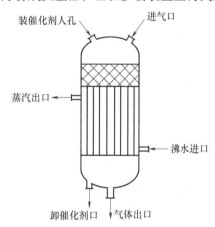

图4-3　Topsφe甲醇合成反应器　　　图4-4　管壳外冷-绝热复合式甲醇合成反应器

4.1.3　甲醇合成工艺的特点

甲醇合成工艺主要由两部分组成，即甲醇的合成与甲醇的分离，其基本流程方框图如图4-5所示。

新鲜气由压缩机压缩到合成所需压力，与从循环压缩机来的循环气混合，进入热交换器，

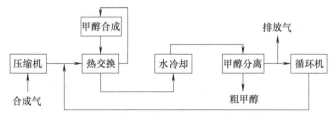

图4-5　甲醇合成单元工艺流程方框图

将混合气预热到催化剂活性温度，进入合成塔。经过反应后的高温气体进入热交换器与冷原料气换热后，进一步在水冷却器中冷却，然后在分离器中分离出液态粗甲醇，送往下游精馏工段提纯制备精甲醇。

为控制循环气中惰性气的含量，分离出甲醇和水后的气体需小部分放空，大部分进循环机增压后返回系统，重新利用未反应的气体。

合成反应器采用 MK-121 铜基催化剂，其主要物化特性如表 4-2。

表 4-2　MK-121 铜基催化剂的物理性能、化学组成及主要使用条件

项　　目		MK-121
外观		圆头柱状
尺寸（直径×高）/mm×mm		6×4
堆密度/（kg/L）		1.1~1.3
轴向抗碎强度/MPa		>22
径向抗碎压力/MPa		>2
磨损率		<5%
化学组成/%（质量分数）	CuO	>55
	ZnO	21~25
	Al_2O_3	8~10
	Fe	<0.008
	余量	石墨、金属氧化物、碳酸盐、水分
主要使用条件	压力/MPa	4~10
	温度/℃	200~290

该工艺的特点是：

① 合成压力低、能耗低、副产物少；

② 工艺成熟，反应温度控制简便精准；

③ 回收反应热副产蒸汽，热利用效率较高。

4.1.4　甲醇合成工艺流程说明

4.1.4.1　操作工艺流程

甲醇合成工艺流程图如图 4-6 所示。

来自净化单元的新鲜合成气（5.3MPa、30℃）与来自氢回收单元的富氢气汇合，送入压缩机入口分离器 S5101，分离后的气体进入合成气压缩机 K5101 的压缩段，经过增压后的气体（8.9MPa、98.8℃）通过保护床反应器（R5101）进一步脱除新鲜气中的硫化物等对合成催化剂有害的组分；来自甲醇高压分离器 S5101 的循环气（8.3MPa、40℃）送至压缩机循环段入口分离器 S5102，分离后的气体进入压缩机 K5101 循环段补压至 8.8MPa。联合压缩机由中压过热蒸汽透平驱动，透平乏气经表面冷凝器冷凝，冷凝液由冷凝液泵送至除盐水站。

保护床出口气体与循环段出口气体汇合后进入入塔气换热器 E5101 的壳程，被管程的出塔气加热后进入甲醇合成塔 R5101，在催化剂的作用下，合成气在塔内发生甲醇合成反应，并放出大量的反应热，反应热被壳程的锅炉给水吸收带走，反应床层的温度得以维持稳定。出合成塔 R5101 的气体，依次进入入塔气换热器 E5101 的管程、除盐水预热器 E5103 的管程和甲醇水冷器 E5104 的壳程，温度最终降到 40℃左右，然后进入甲醇分离器 S5102 进行气液分离。

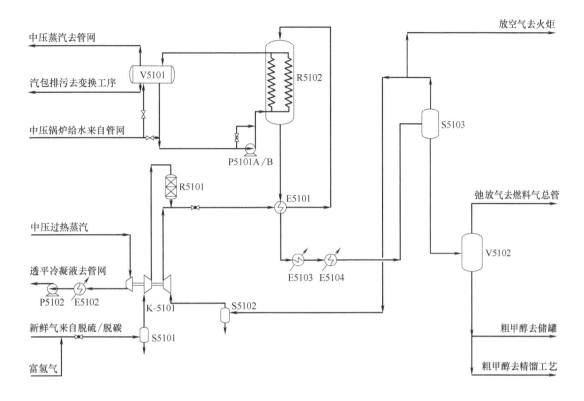

图 4-6　甲醇合成工艺流程简图

自甲醇分离器 S5102 出来的气体,绝大部分作为循环气去合成气压缩工序的循环气压缩段,一小部分作为弛放气去氢回收装置。

自甲醇分离器 S5102 出来的粗甲醇液体,经减压后去闪蒸槽 V5102,绝大部分溶解于粗甲醇中的气体被闪蒸出来去燃料气管网,闪蒸后的粗甲醇去甲醇精馏工序或去粗甲醇罐。

自界区来的锅炉给水,进入汽包 V5101,然后经过下降管进入合成塔壳程下端,再沿合成塔上行,并吸收管程物料放出的反应热,其温度不断上升,饱和后的锅炉水进入汽包,进行汽水分离,产生的蒸汽经压力控制后去蒸汽管网。

4.1.4.2　催化剂装填及升温还原

（1）催化剂装填

催化剂装填具体步骤如下:

① 在合成塔下封头和上封头装填惰性瓷球。

② 用塑料塞将气体分布器封闭;将热电偶插放到正确的位置。

③ 用吊车将催化剂桶分批吊运到合成塔上封头所处的平台,打开催化剂桶过筛。

④ 筛过的催化剂装入料斗,流入合成塔,按照管排顺序,均匀缓慢地控制催化剂的流出速度,并不断用木棰敲打上管板,严防架桥。

⑤ 催化剂装至距管口约 0.5~1cm 处,将多余的催化剂颗粒扫入相邻管中,直至所有管全部装至上管齐平后,将剩余催化剂平铺于上管板之上 620mm 处。

⑥ 铺上不锈钢网,并在不锈钢网上平铺一层 150mm 的 ϕ10 瓷球。

⑦ 装填工作全部结束后，用氮气进行吹扫，吹走催化剂装填过程中遗留的粉尘和碎片。吹扫合格后向合成系统充氮气并保持系统微正压。

催化剂装填时，应注意：

① 装填前后要将合成塔同合成回路的其他部分彻底隔离；人员在分析塔内的气体成分合格后，办理入塔进罐作业证方可进入。

② 操作人员戴长管防毒面具进入塔内，要有专人看护长管的气口。

③ 在合成塔上部作业要系好安全带。

④ 催化剂装填过程不得有架桥现象。

⑤ 催化剂运送过程，不得滚动催化剂桶。

⑥ 筛选、装填时不得踏在催化剂上，以免破碎。

⑦ 由于铜为重金属，要防止重金属中毒，减少皮肤直接和催化剂接触。

⑧ 上封头人孔内的操作人员必须用长管式呼吸器，不得用口罩式过滤器。

（2）催化剂升温还原

催化剂的升温是通过中压蒸汽给合成塔壳侧换热来实现，以每小时≤30℃±10℃的温升给催化剂升温，并用汽包压力控制催化剂床层温度，当合成塔出口温度达170℃时，准备配氢进行还原。具体操作步骤如下：

① 用开工喷嘴调节蒸汽量以 30℃/h 的速率将催化剂升温到 120℃恒温 5h，再以 10℃/h 的速率继续升温到 170℃。

② 向合成系统补充合格氢气，开始时量要小，及时分析合成塔进口 H_2 浓度。当 H_2 浓度在 0.2%时，以 5℃/h 的速率将温度升至 180℃。

③ 以热点温度为准，严格按照升温还原曲线（或还原进度表）进行升温；升温过程中稳定气包液位在 50%~70%。

④ 温度由 170℃升至 200℃，此阶段为主还原期，升温速度为 2℃/h。

⑤ 稳定入口 H_2 在 0.1%~0.5%，在 200℃时恒温 25h。

⑥ 当合成塔出口氢气突破并接近 0.1%时，可以 10℃/h 的速率升到 230℃，但不可超过 230℃。

⑦ 随氢气消耗的下降合成塔入口浓度可缓慢增加到 0.5%，维持此状态 2h，如连续的氢气分析消耗小于 0.1%且底部绝热层无温升，还原的总出水量与理论出水量相符，出水速度也无变化可认为还原结束。

升温还原过程中应严格遵守三低（低温出水、低温还原、还原后有一个低负荷生产期），三稳（提氢稳、提温稳、出水稳），三不准（不准同时提氢浓度和提温、不准水分带入塔内、不准持续高温出水），三控制（控制系统压力、控制补氢速度、控制小时出水量）原则。具体注意事项如下：

① 还原过程严格贯彻提温不提氢、提氢不提温的原则。严格控制入塔气中氢气浓度，控制出水速率，做到出水均匀。

② 对还原生成的水要严格计量，妥善处理。

③ 整个还原过程中，开工蒸汽要保持稳定，进、出口氢浓度的分析每小时一次，数据准确可靠。

④ 在升温还原过程中要严防催化剂床层超温，且最终还原温度要求控制不超过 230℃。

4.1.4.3 正常生产操作

（1）开车

① 确认前工序具备送净煤气条件，且 CO、CO_2、H_2 及总硫含量符合工艺要求。

② 合成准备导入新鲜气。

③ 将催化剂床层温度稳定在 220℃，通过缓慢打开酸性气脱除界区合成气出口手动阀的旁路阀导入新鲜气，以 0.1MPa/min 的升压速率导入，升压速率不能太快，防止造成催化剂受损。注意系统压力不得高于 4.0MPa。

④ 随着合成反应的进行，逐步关小喷射器的蒸汽量，当反应热能维持床层温度时，缓慢关闭蒸汽进出口阀，打开出合成汽包的蒸汽阀，控制汽包压力以恒定催化剂温度于既定指标。

⑤ 在粗甲醇排放过程中要不断地取样分析粗甲醇成分，采入粗甲醇槽。

⑥ 当甲醇闪蒸槽液位达到 40% 时，打开闪蒸槽出口阀及其前后切断阀。

⑦ 视情况调整合成工段负荷并适时投运氢回收单元。

（2）停车

① 先通知调度，关闭酸性出口净煤气界区阀，维持系统合成气继续循环，逐渐使系统的总碳含量下降到最低。

② 缓慢卸压不小于 1.6MPa，卸压速率小于 0.2MPa/min。

③ 停磷酸盐泵。

④ 按 30℃/h±10℃/h 的速率降温，当汽包流量指示为零时，关闭合成汽包上水阀和汽包压力控制阀。

⑤ 关闭分离器液位控制阀和闪蒸槽出口阀的前后切断阀及合成塔夹套和汽包的排污阀。

⑥ 当系统压力降至 1.6MPa 时，打开盲板前后阀门对系统进行氮气置换。

⑦ 当合成催化剂层温度降至 100℃，按正常停车程序停合成气压缩机，合成催化剂自然降温。

⑧ 关闭甲醇水冷器的循环水，冬季应将水排净。

⑨ 如果停车后需要更换催化剂，则需要进行催化剂钝化（即用空气缓慢地氧化，使单质铜转化为氧化铜），避免卸出催化剂时遇空气着火。

（3）岗位操作要点

① 控制汽包压力为 1.9~4.0MPa（催化剂使用初期，控制压力低，以后随催化剂使用要求逐渐升高），通过控制汽包的压力，控制合成塔热点温度，催化剂使用初期为 220℃、末期为255℃。要保持合成塔热点温度稳定，经车间主任同意后，方可提高 1℃。

② 控制汽包液位在 58%。

③ 通过调节磷酸盐泵打液量和控制排污量保持汽包中水的 pH 值为 10~12。

④ 合成塔每班间歇排污一次，结合分析控制总排污率。

⑤ 控制甲醇分离器的液位为 58%。

⑥ 控制合成系统压力<8.1MPa，调整合成气压缩机一段入口压力。

⑦ 控制闪蒸槽的压力为 0.3~0.5MPa。

4.1.4.4 异常现象及处理办法

甲醇合成岗位操作时的异常现象及处理方法见表 4-3。

表 4-3 甲醇合成岗位异常现象及处理方法

序号	异常现象	原因分析	处理方法
1	系统压力突然下降	新鲜气中断	适当减少循环气量、驰放气量,保持温度、压力不大幅度下降
			迅速手动控制其旁路并检修调节阀
2	闪蒸槽压力增加	闪蒸槽出口调节阀出现故障	a. 改为手动或打开调节阀旁路 b. 消除故障
		甲醇分离器液位过低,发生高低压窜气	提高甲醇分离器的液位。
3	甲醇分离器的液位过高或过低	液位调节系统出现故障	暂改为手动或用调节阀旁路调节并及时消除仪表故障
4	分离器之后循环气中甲醇含量超标	循环给水温度高	向调度及车间主任汇报协调水温、水量
		循环给水压力低	同上
		换热器结垢、结蜡	清洗换热器
		分离器的液位过高	通过分离器液位控制阀降低分离器的液位
5	汽包的液位示值急剧下降	液位计故障	维修液位计
		合成汽包上水调节阀开度小	开大调节阀,必要时通过旁路控制并维修或更换调节阀
		锅炉给水中断	向当班调度汇报协调供水并做好停车准备
6	合成塔进出口压差超过允许值	仪表误差	调校仪表
		合成塔负荷过大	将合成负荷调到正常值
		催化剂强度下降出现破碎、结块	精心维护并做好催化剂更换计划
7	催化剂床层温度下降	循环量太大	减少循环量
		新鲜气氢碳比失调	通知前工序调整气体成分
		前工序减负荷	调整生产负荷,使床层温度稳定
		循环气惰性组分含量高	增大弛放气的处理量。
		催化剂中毒或催化剂活性降低	减量生产或更换催化剂
		废锅压力下降	调整废锅压力
		温度显示不准	通知仪表人员校准
8	合成塔温度急剧上升	外送蒸汽调节阀失灵	改为手动或打开调节阀旁路,消除故障
		新鲜气量过大	减小新鲜气量
		循环气量突然减小	增大循环气量

4.1.5 主要设备

（1）甲醇合成塔

以华东理工大学管壳外冷-绝热复合式固定床催化反应器为例,甲醇合成塔结构类似于一个立式副产蒸汽的管壳式固定管板换热器,其内径为 $\phi3800mm$,管板与壳体之间直接焊接,无法兰连接。相关设计参数如表 4-4 所示。

上下封头采用半球封头,上封头合成气入口处设置气体分布器,在上管板的上部装填一层 626mm 高的绝热层催化剂。绝热层催化剂上部装填 $\phi10mm$ 耐火球。在下管板的下面与支撑件之间装填 $\phi10mm$ 和 $\phi25mm$ 耐火球。列管内装填催化剂,其管径为 $\phi44\times2mm$,长 700mm,共 4309 根,列管与管板的连接为胀管加强度焊。催化剂的装卸口分别设置在反应器的侧封头上。

反应器的壳程管体上端设有 6 根蒸汽出口管，下端有 6 根水进口管，为防止汽阻及加强换热管的固定，反应气的壳程设有支撑挡圈。壳程中装有 3MPa 的沸腾水，合成反应产生的热量由沸腾水吸收，沸腾水继而汽化为相同温度的压力为 3MPa 的中压蒸汽，管程中心处的温度始终和沸腾水温度相差 10℃左右。

表 4-4　甲醇合成塔相关工艺参数

技术参数	壳程	管程
设计压力/MPa	5.5	8.7
工作压力/MPa	3.9	7.9
设计温度/℃	270	275
工作温度/℃	220~250	225~255
工作介质	锅炉给水、蒸汽	合成气、催化剂

（2）联合压缩机及汽轮机

离心压缩机由一缸两段五级组成（一段四级，二段一级），压缩机与汽轮机由膜片联轴器连接，压缩机、汽轮机安装在同一钢底座上，整个机组采用联合油站供油润滑，压缩机的轴端密封采用干气密封，原动机采用冷凝式汽轮机。

离心式压缩机的工作原理与输送液体的离心泵类似，气体从中心流入叶轮，在高速旋转的叶轮的作用下，随叶轮作高速旋转并沿半径方向甩出来。叶轮在驱动机械作用下对气体做功。因此，气体在叶轮内的流动过程中，一方面由于受旋转离心力的作用增加了气体本身的压力，另一方面又得到了很大的速度能（动能）。气体离开叶轮后，这部分速度能在通过叶轮后的扩压器、回流器弯道的过程中转变为压力能，进一步使气体的压力得到提高。

中压蒸汽在汽轮机内主要进行两次能量的转化，使汽轮机对外做功。第一次能量转换是热能转化为动能：中压蒸汽经过喷嘴（静叶栅）后压力降低、产生高速汽流而实现的。第二次能量转换是动能转化为机械能：高速蒸汽的冲击力施加给动叶片使转子高速旋转，并传递力矩，输出机械功。

4.2　甲醇精馏工段

4.2.1　甲醇精馏工段的作用

合成工段生产的粗甲醇中含有水、二甲醚、烷烃、高级醇以及溶解气等杂质，需要经过精制才能作为精甲醇产品出售。本工段的任务就是通过精馏脱除粗甲醇中的二甲醚、甲酸甲酯、丙酮等轻组分和水分、高级烷烃、乙醇及其他高级醇等重组分，生产出符合 GB 338—2011 优等品标准的精甲醇，分别送中间罐区精甲醇贮槽，经分析合格后送往成品罐区进行灌装销售，同时副产杂醇油，废水经废水泵送往气化制浆工序。同时要求精甲醇收率不低于99%，废水中甲醇含量不高于 50μL/L。

4.2.2　甲醇精馏的基本原理

精馏是将由挥发度不同的组分组成的混合液，在精馏塔内通过同时而且多次进行部分汽化和部分冷凝，使其分离成几乎纯态组分的过程。

在精馏过程中，混合料液由塔的中部某适当位置连续加入，塔顶设有冷凝器，将塔顶蒸汽冷凝为液体，冷凝液的一部分返回塔顶，进行回流，其余作为塔顶产品连续排出，塔底部装有再沸器以加热液体产生蒸汽，蒸汽沿塔上升，与下降的液体在塔板或填料上进行充分的逆流接触并进行热量交换和物质传递，塔底连续排出部分液体作为塔底产品。

在加料位置以上，上升蒸汽中所含的重组分向液相传递，而回流液中的轻组分向汽相传递。如此反复进行，使上升蒸汽中轻组分的浓度逐渐升高。只要有足够的相际接触面和足够的液体回流量，到达塔顶的蒸汽将成为高纯度的轻组分。塔的上半部完成了上升蒸汽的精制，即除去了其中的重组分，因而称为精馏段。

在加料位置以下，下降液体中轻组分向汽相传递，上升蒸汽中的重组分向液相传递。这样只要两相接触面和上升蒸汽量足够，到达塔底的液体中所含的轻组分可降至很低。塔的下半部完成了从下降液体中提取轻组分，即重组分的提浓，因而称为提馏段。

一个完整的精馏塔应包括精馏段和提馏段，在精馏塔内可将一个双组分混合物连续地、高纯度地分离为轻组分和重组分。

粗甲醇精馏就是根据粗甲醇中各种组分的沸点和相对挥发度的不同，在精馏塔内的热质传递元件上，通过建立物料、热量和汽液相平衡，在汽液相之间连续不断地实现热质的传递：在液相由上向下流动的过程中，由于塔内温度由上到下连续升高，沸点低、易挥发的轻组分相对地从液相向气相中扩散传递，而气相在由下向上流动的过程中，由于温度连续降低，沸点高、挥发度较低的重组分则相对地向液相中凝集传递，同时热量从气相向液相传递。经过在精馏塔内反复多次连续地进行这种热质传递，最终实现轻组分在塔顶高浓度集聚、重组分在塔底高浓度集聚的分离过程。

甲醇精馏比较成熟的工艺有双塔精馏和三塔精馏工艺。

（1）双塔精馏工艺

双塔精馏工艺主要由预精馏塔和主精馏塔构成。粗甲醇首先进入预塔，在塔顶和回流槽加入相当于粗甲醇进料 20%～30%的水作为萃取剂，将粗甲醇中所含低沸点的非水溶性杂质脱除。脱除轻馏分的预后甲醇进入主精馏塔，在此实现甲醇和水、高沸点杂质的分离。为了保证粗甲醇中高级醇、酮从甲醇中彻底脱除，在主精馏塔的中下部设有侧线，采用管线形式，其主要杂质水从主塔底部排出（必须保证主塔塔底温度大于 104℃，同时主塔塔底残液的 pH 值在 7~9）。脱除杂质后在主塔上部或回流液中得到纯度为 99.9%的精甲醇。

（2）三塔精馏工艺

三塔精馏工艺包括预塔、加压塔和常压塔。预塔的主要作用是除去粗甲醇中溶解的气体（如 CO_2、CO、H_2 等）及低沸点组分（如二甲醚、甲酸甲酯），加压塔及常压塔的作用是除去水及高沸点杂质（如异丁基油），同时获得高纯度的优质甲醇产品。三塔精馏加回收塔工艺流程的主要特点是热能的合理利用。采用双效精馏方法将加压塔塔顶气相的冷凝潜热用作常压塔塔釜再沸器热源。在三塔双效流程中，预后甲醇入加压塔，此塔塔顶出汽不经塔顶冷凝器，而是直接入常压塔底部作为其再沸器的热源。因此加压塔和常压塔形成双效精馏。双效精馏与双效蒸发的原理相同，都是将前一效的顶部出汽作为后一效的加热蒸汽，可以节省后一效的外加热源，也省去了前一效的冷却水。为了保证常压塔底再沸器有必要的传热温差，双效的前一塔必须加压才能使其塔顶出汽具有较高的温度，因此三塔双效精馏也称为三塔加压双效精馏。

双塔精馏工艺投资省、建设周期短、装置简单易于操作和管理。虽然消耗高于三塔精馏工艺，但在 5 万吨/年生产规模以下的小装置时其技术经济指标较占优势，其节能降耗途径可以采用高效填料来达到降低蒸汽消耗的目的。5 万吨/年生产规模以上时，宜采用三塔精馏技术，虽然一次性投资较高，但是操作费用和能耗都相对较低。此外，三塔精馏生产的精甲醇产品质量较好，尤其是产品中乙醇含量较低，能满足甲醇羰基化合成醋酸、醋酐等对优质甲醇的要求，虽然一次性投资较高，但操作费用和能耗都相对较低。

4.2.3　甲醇精馏工艺的特点

本甲醇精馏装置采用的是三塔精馏工艺，预塔和加压塔以规整填料为塔内件，常压塔以规整填料和塔盘复合塔内件，精馏用汽为低压蒸汽，各塔再沸器蒸汽冷凝液用作粗甲醇预热器热源，以节约能量。另外为了减少甲醇的损失，增加了一个塔，以对污水中的甲醇进行回收处理，故称 3+1 塔工艺流程，其工艺流程方框图如图 4-7 所示。

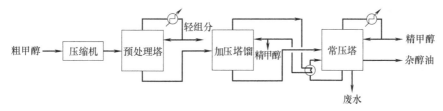

图 4-7　甲醇三塔精馏工艺流程方框图

此精馏工艺的特点是：
① 精甲醇产品的质量好，甲醇回收率高；
② 能耗低。比两塔工艺减少蒸汽消耗约 30%；
③ 操作的灵敏性比板式塔好，但其稳定性不如板式塔好；
④ 采取了萃取精馏和共沸精馏工艺，有效解决了微量难分离组分的脱除问题；
⑤ 分离效率高，操作弹性大，生产能力大。
典型的粗甲醇组成如表 4-5 所示。

表 4-5　典型的粗甲醇组成

组分名称	组成/%（质量分数）	组分名称	组成/%（质量分数）
甲醇	89.7634	氩	0.0156
水	8.1531	正庚烷	0.0080
二氧化碳	1.6577	正己烷	0.0080
乙醇	0.1200	异戊醇	0.0080
二甲醚	0.0800	异丁醇	0.0050
丙醇	0.0060	正戊烷	0.0040
甲酸甲酯	0.0400	异戊烷	0.0040
正丁醇	0.0350	其他	0.0622
氮气	0.0300		

精馏工段送出至甲醇罐区的甲醇产品满足中华人民共和国国家标准工业用甲醇（GB 338—2011）优等品（详见表 4-6）。

表 4-6　工业用甲醇的品级指标（GB 338—2011）

项目	要求	工业甲醇		
		优等品	一等品	合格品
色度/Hazen 单位（铂-钴色号）	≤	5		10
密度（20℃）/（g/cm³）		0.791~0.792	0.791~0.793	
沸程（0℃，101.3kPa，在 64.0~65.5℃范围内，包括 64.6±0.1℃）/℃	≤	0.8	1.0	1.5
高锰酸钾试验/min	≥	50	30	20
水混溶性试验		通过试验（1+3）澄清	通过试验（1+9）澄清	—
水分含量/%	≤	0.10	0.15	0.20
酸的质量分数（以 HCOOH 计）/% 或碱的质量分数度（以 NH₃ 计）/%	≤	0.0015 0.0002	0.0030 0.0008	0.0050 0.0015
羰基化合物的质量分数（以 CH₂O 计）/%	≤	0.002	0.005	0.010
蒸发残渣的质量分数/%	≤	0.001	0.003	0.005
硫酸洗涤试验/Hazen 单位（铂-钴色号）	≤	50		—
乙醇的质量分数/%	≤	供需双方协商	—	

4.2.4　甲醇精馏工艺流程说明

4.2.4.1　操作工艺流程

甲醇精馏工艺流程图如图 4-8 所示。

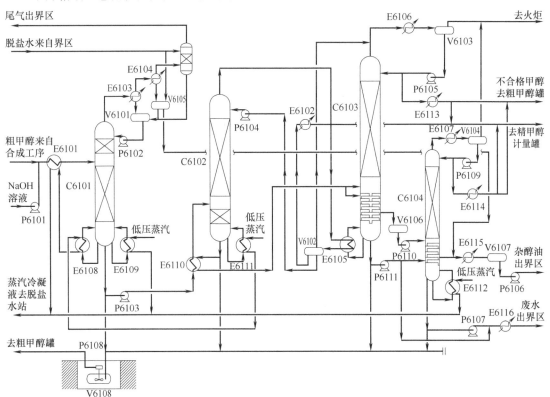

图 4-8　甲醇精馏工艺流程简图

（1）预精馏系统

来自甲醇合成装置的粗甲醇（40℃、0.4MPa），经泵进入粗甲醇预热器 E6101 的管程，被壳程的低压蒸汽冷凝液加热到 70℃左右，然后进入预精馏塔 C6101 的上部。

预精馏塔 C6101（简称预塔）顶部出来的甲醇、甲酸甲酯、二甲醚、水及不凝气体等，首先进入预塔一级冷凝器 E6103 的壳程，物料被管程的循环冷却水冷却到 67.5℃，冷却下来的液体进入预塔回流槽 V6101 中；从预塔一级冷凝器 E6103 出来的气体进入预塔二级冷凝器 E6104 的壳程，E6104 的物料被管程的循环冷却水冷却到 40℃左右，冷凝下来的液体进入萃取槽 V6105 中。为了有效脱除轻组分，萃取槽中加入脱盐水作为萃取剂，对进入 V6105 的杂醇油进行萃取分离。经工艺水萃取后，甲醇水溶液进入预塔回流槽 V6101 中，萃取出来的物料去杂醇油罐；二级冷凝器中出来的带有甲醇的不凝气，经尾气洗涤塔 C6105 洗涤后送出界区，洗涤液送至回流槽 T6101 作为回流液。

回流槽 T6101 中的甲醇溶液，经预塔回流泵送入预塔 C6101 的顶部作回流液。预塔塔釜的预后甲醇经液位控制后去加压塔进一步精馏。

低压蒸汽和加压塔来的低压蒸汽冷凝液，分别进入预塔 C6101 的再沸器 E6109 和 E6108，对管程的介质进行加热来为预塔精馏提供热量，然后蒸汽冷凝液去 E6101 加热粗甲醇。

为了防止粗甲醇中的酸性物质对管道和设备造成腐蚀，向粗甲醇中加入少量 5%左右的 NaOH 溶液，将粗甲醇的 pH 值控制在 7.5~8 左右。

（2）加压精馏系统

预精馏塔出来的预后甲醇，经加压精馏塔给料泵加压后，进入加压塔进料/釜液换热器 E6110 的管程，被壳程介质加热到沸点后，进入加压精馏塔 C6102 的下部，塔顶出来的甲醇蒸气进入冷凝器/再沸器 E6105 的管程，被壳程的介质冷凝后进入加压塔回流槽 V6102，回流槽中出来的冷凝液甲醇，部分经加压塔回流泵加压后进入加压塔顶作回流液，其余的甲醇液进入加压塔精甲醇冷却器 E6102 的壳程，被管程的循环冷却水冷却到 40℃后，去中间罐区的精甲醇计量罐（或粗甲醇贮罐）。出加压塔釜液去常压塔继续精馏。

低压蒸汽进入加压塔再沸器 E6111，为加压塔精馏提供热量，被冷凝后的低压蒸汽冷凝液，去 E6108 继续作加热介质用。

（3）常压精馏系统

加压塔釜液与加压塔的进料液在 E6110 中进行换热后，进入常压精馏塔 C6103 的下部，塔顶出来的甲醇蒸气进入常压塔冷凝器 E6106 的壳程，被管程的循环冷却水冷凝冷却后，进入常压塔回流槽 V6103 中，回流槽出来的液体经常压塔回流泵加压后，一部分进常压塔顶作回流液用，其余作精甲醇去中间罐区。塔中下部采出杂醇油，经回收塔进料泵加压后作为回收塔 C6104 的进料。常压塔底工艺水含甲醇<5%（质量分数）的废水，经工艺水泵 P6111 后送回收塔 C6104。

常压精馏塔精馏的热量来自于进入常压塔再沸器 E6105 的加压塔顶甲醇蒸气的冷凝热。

（4）回收塔系统

常压塔塔釜液和侧采缓冲罐液经各自进料泵升压后进入回收塔 C6104。回收塔塔顶出来的气相，进回收塔冷凝器 E6107 的壳程，被管程的循环冷却水冷却到 50℃左右，进入回流槽 V6104，回流槽出来的液体经回收塔回流泵加压后，部分进回收塔顶部作回流液，其余经冷却器冷却至 40℃后送入精甲醇中间槽。回收塔冷凝器 E6107 壳程和回流槽的不凝气可以一部分去排放槽，一部分去不凝气管网。

回收塔侧线采出的杂醇经杂醇冷却器 E6115 进入杂醇缓冲罐 V6107，缓冲罐出来的杂醇经杂醇输送泵送出界区。

低压蒸汽进入回收塔再沸器 E6112 的壳程，加热管程介质后为回收塔精馏提供热量。

回收塔底出来的釜液，含有微量的甲醇和有机物，经废水冷却器 E6116 中的循环冷却水冷却到 40℃左右后，送出界区去污水生化处理装置。

4.2.4.2　正常生产操作

（1）开车前准备工作

① 确认装置检查合格（如抽出隔离盲板法兰已复位、气密合格）。

② 确认仪表检查合格，联锁调校确认完毕。

③ 确认甲醇合成或中间罐区可连续提供粗甲醇。

④ 确认循环水、除盐水、低压蒸汽、氮气、仪表空气能正常供给。

⑤ 反复用氮气置换预精馏、加压精馏、常压精馏和回收系统，至气体成分的氧含量小于 1%。

⑥ 系统水联运，脱盐水为工艺介质，对系统进行清洗，同时进行仪表、调节阀及运转设备的测试。

⑦ 配碱槽中配置 5%的 NaOH 溶液。

（2）开车

① 开预精馏塔。给精馏工段各水冷器投用循环水，启动粗甲醇泵，给预塔釜建立 50%液位；预塔再沸器暖管后，缓慢打开预塔再沸器的蒸汽入口阀，控制预塔底温度从常温升至 76℃，维持塔釜液位在 50%左右；当预塔回流槽的液位指示为 80%时，打开预塔回流泵；稳定后再运行 30 min，分析预塔底甲醇液指标，可以向加压塔进料。

② 开加压塔和常压塔。开启加压塔进料泵向加压塔进料，当加压塔的液位指示为 20%时，对加压塔再沸器暖管，然后给加压塔升温并控制塔底温度为 134℃；当加压塔压力升高到 0.2 MPa 时，向常压塔进料；当加压塔回流槽的液位指示为 65%时，启动加压塔回流泵建立加压塔回流；当常压塔回流槽的液位指示为 56%时，启动常压塔回流泵建立常压塔回流。

③ 开回收塔。当常压塔液位正常且塔底温度达到 102℃时，启动回收塔进料泵向回收塔进料；回收塔再沸器暖管后，用蒸汽给回收塔升温并控制塔底温度为 95℃；根据回收塔及回收塔回流槽的压力状况，释放不凝气；建立回收塔回流，启动废水泵。

④ 向萃取槽加除盐水，调节预后甲醇含水量为 12%~15%。

⑤ 启动碱液泵，使入预塔粗甲醇的 pH 值为 7.5~8.5。

⑥ 打开粗甲醇贮罐的进料阀，调节加压塔回流槽液位和常压塔回流槽液位稳定。

⑦ 打开杂醇油贮罐的进料阀，调节回收塔回流槽的液位稳定。

⑧ 待加压精馏塔和常压精馏塔的回流和各段塔温都达到设计指标并稳定后，再运行 30min，准备引出精甲醇。

⑨ 取样分析精甲醇，如各项指标符合 AA 级标准，则打开精甲醇计量罐采出精甲醇。

⑩ 当精甲醇计量罐的液位指示达到 90%，精甲醇送往成品罐。

（3）停车

① 停止碱液泵。关闭粗甲醇预热器的蒸汽冷凝液入口阀。停止向预精馏塔进料。

② 减小向加压精馏塔进料，逐渐减小预精馏塔回流量，逐渐减少再沸器蒸汽用量，当预精馏塔和预精馏塔回流槽的液体降至最低时，停预精馏塔回流泵和加压精馏塔进料泵。向预

精馏系统充氮气。

③ 随着加压精馏塔进料减少，逐渐减少再沸器蒸汽用量，减小由加压精馏塔向常压精馏塔的进料，减小加压精馏塔的采出和回流液。当加压精馏塔回流槽液位降至最低时，停加压精馏塔回流泵，停止加压精馏塔的采出。向加压精馏系统充氮气。

④ 随着常压精馏塔进料的减少，减小由常压精馏塔向回收塔的进料，减小常压精馏塔的采出和回流液。当常压精馏塔回流槽的液位降至最低时，停常压精馏塔回流泵，停止常压精馏塔的采出。当常压精馏塔釜液位降至最低时，停回收塔进料泵。向常压精馏系统充氮气。

⑤ 随着回收塔进料的减少，减小回收塔塔底残液的排放，减小回收塔的采出和回流液。逐渐减少再沸器蒸汽用量，当回收塔回流槽液位降至最低时，停止回收塔的采出，停回收塔回流泵。向回收系统充氮气。

⑥ 关闭各冷凝器的循环上水。将各塔、槽、管线的液体分别排入地下槽，必要时启动地下槽泵将地下槽内的液体打入粗甲醇贮罐或外卖。

⑦ 如不检修，用氮气维持系统正压力。

⑧ 如需检修，液体管线和设备应先用水冲洗至排出水中不含甲醇为止；气体管线和设备应用氮气置换至可燃物含量小于 0.1%，然后再用装置空气置换至氧含量达到 20% 后，将精馏系统与中间罐区及合成入精馏界区有关阀门加盲板隔离，交付检修。

（4）岗位操作要点

① 工艺调节须缓慢逐步进行

精馏正常操作主要是维持系统的物料平衡、热量平衡和汽液平衡。物料平衡掌握得好，汽液接触好，传质效率高。塔的温度和压力是控制热量平衡的基础，三者是互为影响的。因此，一切工艺调节都必须缓慢地逐步调节，在进行下一步调节之前，必须待上一步调节显现效果后才能进行，否则会使工况紊乱，调节困难，达不到预期效果。

② 负荷的调整

在加减负荷的过程中，进料的增减幅度要小，不能太大，以免引起工况波动剧烈。在进料增减的同时，塔釜再沸器的蒸汽量、塔顶回流量及系统补水量要配合同步调整。

预精馏塔进料量时，应先加蒸汽量后加给料量；减少进料量时，应先减进料量后减蒸汽量，以保证轻组分脱除干净。

加压精馏塔和常压精馏塔加进料量时，应先加进料量再加回流量,后加蒸汽量；减料量时，应先减蒸汽量再减进料量，后减回流量。这样才能保证三塔塔顶产品质量。

随时注意合成工况及粗甲醇贮罐的库存，有预见性地进行工况调节，控制好入料量是保证产品质量的前提，是稳定精馏系统操作的基础。

③ 注意加压精馏塔和常压精馏塔的相互关联

由于本工段中加压塔再沸器和冷凝再沸器的特殊性，在操作过程中要注意加压精馏塔和常压精馏塔的相互关联。加压精馏塔热负荷对常压精馏塔热负荷的影响，具体表现在加压精馏塔塔顶温度影响常压塔的塔釜温度，加压塔的塔釜温度影响常压塔的进料温度，加压塔的进料量影响常压塔的进料温度。

④ 温度的调节

蒸汽加入量增大，塔温上升，重组分上移，水和乙醇共沸物上移，将影响精甲醇的产品质量，同时蒸汽加入量过大，上升汽速度增快，还有可能造成液泛。

蒸汽加入量减少，塔温会下降，轻组分下移，对预精馏塔来说轻组分有可能被带到后面几个产品塔，造成产品的 $KMnO_4$ 值和水溶性试验不合格。

⑤ 回流量的调节

当回流量不足，塔温上升，重组分上移，影响精甲醇的产品质量，这时就应减少采出，增加回流。尤其是在产品质量不合格时应增大回流量。但是回流量过大会增加能耗。

⑥ 塔釜液位调节

塔釜液位给定太低，造成釜液蒸发过大，釜温升高，釜液停留时间较短，影响换热效果。

塔釜液位给定太高，液位超过再沸器回流口，液相阻力增大，不仅会影响甲醇汽液的热循环，还容易造成液泛，导致传质、传热效果差。故各塔液位应保持在 60%~80%。

⑦ 回流槽液位

开车初期，为了使生产出的不合格甲醇回流液尽快置换，回流槽液位可给定 10%~20%，分析产品合格后，液位再给定 30%~60%。

正常生产时，回流槽应有足够的合格甲醇以供回流及调节工况，回流槽给定 30%~60%，投自动。

4.2.4.3 异常现象及处理办法

甲醇精馏岗位操作时的异常现象及处理方法见表 4-7。

表 4-7　甲醇精馏岗位异常现象及处理方法

序号	异常现象	原因分析	处理方法
1	精馏塔塔釜液位过低	1. 入料量小 2. 蒸汽量大 3. 塔顶或塔底采出量大 4. 液位计失灵	1. 增加入料量 2. 减少蒸汽量 3. 减少采出量 4. 检修液位计
2	精馏塔塔顶温度偏高	1. 再沸器蒸汽量大 2. 回流量小 3. 回流液温度高	1. 减小蒸汽量 2. 加大回流量 3. 加大塔顶空冷器风量或冷凝器循环水流量
3	预精馏塔塔顶压力偏高	1. 再沸器蒸汽加入量大 2. 回流比小，采出大 3. 塔顶冷却效果差，回流液温度高 4. 放空阀开度小	1. 减小蒸汽量 2. 加大回流比，减小采出 3. 提高冷却效果，降低回流温度 4. 适当开大放空阀
4	加压塔塔底部温度低	1. 再沸器蒸汽加入量少 2. 精甲采出少，回流量大，轻组分压入塔釜 3. 加压塔负荷过重	1. 加大再沸器加热蒸汽量 2. 调节回流比 3. 减少加压塔入料量
5	常压精馏塔底部温度降低	1. 加压塔再沸器的负荷太低 2. 精甲醇的采出太少	1. 加大再沸器的负荷 2. 增大精甲醇的采出
6	精甲醇产品水分不合格	1. 回流比小，重组分上移 2. 精馏塔顶冷凝冷却器漏水 3. 精馏塔内件损坏，分离效率降低 4. 塔釜温度偏高	1. 加大回流比，控制好温度指标 2. 停车堵漏 3. 加大回流比，适时停车检修 4. 调节塔釜温度至正常
7	精甲醇初馏点不合格	1. 预塔塔底温度偏低 2. 预塔回流温度低 3. 低压塔轻组分采出少	1. 提高预塔底部温度 2. 提高回流温度 3. 增大低压塔轻组分采出
8	精馏塔液泛	1. 入料量大 2. 精甲醇采出量小 3. 加热蒸汽量大	1. 减少入料量 2. 加大精甲醇采出量 3. 减少加热蒸汽量
9	精甲醇水溶性不合格	1. 预塔萃取水加入量小 2. 预塔放空温度低 3. 产品采出塔回流量小，重组分上移	1. 加大萃取水量 2. 提高放空温度 3. 加大回流量

序号	异常现象	原因分析	处理方法
10	精甲醇产品高锰酸钾值不合格	1. 预塔处理不当，轻组分带入产品 2. 加压塔或常压塔回流比小，重组分带入产品 3. 甲醇油采出量少	1. 控制好预塔各工艺指标 2. 加大回流比，控制好塔顶温度 3. 加大甲醇油采出量
11	精甲醇产品酸值不合格	1. 预塔加碱量过小或过大 2. 加压塔或常压塔回流比小，重组分上移 3. 塔釜温度偏高，重组分上移	1. 严格控制预塔釜 pH 在指标范围 2. 加大回流比，控制好塔顶温度 3. 调节塔釜温度至正常
12	精甲醇产品乙醇含量高	1. 加压塔或常压塔回流比小，乙醇上移 2. 常压塔及回收塔侧线采出量少 3. 塔釜温度偏高，乙醇上移 4. 粗甲醇乙醇含量偏高，超过设计值	1. 加大回流比，控制好塔顶温度 2. 加大侧线采出量 3. 调节塔釜温度至正常 4. 合成调节气体组分或更换催化剂
13	再沸器出现水击	再沸器中的冷凝液位过高	开大冷凝液的排放阀
14	冷凝液管线出现水击	蒸汽进入冷凝液管线	查出蒸汽进入冷凝液管线的原因进行处理
15	蒸汽管线出现水击	蒸汽管线出现冷凝液	排出蒸汽管线的冷凝液

4.2.5 主要设备

预塔和加压塔以规整填料为塔内件，常压塔和回收塔以规整填料和塔盘为复合塔内件。

采用槽式液体分布器和槽盘式液体分布器可以较好地解决抗堵、防夹带等问题，压降小、负荷弹性大。加压精馏塔结构示意图如图 4-9 所示。

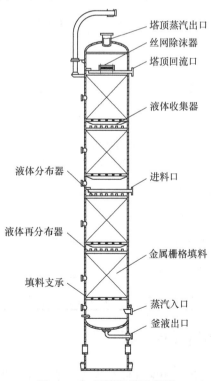

图 4-9　加压精馏塔示意图

4.3 安全及三废处理

4.3.1 物质的危险性及安全措施

合成气制甲醇生产过程中主要危险危害因素有合成气、NaOH、CH_3OH、二甲醚等。为了防止毒物泄露，关键应提高各类阀门、泵、法兰的密封性，降低车间各设备、管线的泄漏率。应加强车间的通风，定期进行周围环境有毒物质的检测；取样分析的样品应妥善放置和处理。CO、H_2、甲醇等易燃易爆、有毒有害物质的特性及安全措施见第三章3.4节。

二甲醚的特性及安全措施见表4.8。

表 4.8 二甲醚的性质、危害和安全措施

物质名称	二甲醚	化学式	C_2H_6O	标况下状态	气体
密度/（g/cm^3）	1.25	颜色	无色	气味	轻微醚香味
闪点/℃	<-85.9	引燃温度/℃	350	爆炸极限（体积分数）/%	3.4~27
毒性	低毒	易燃易爆性	易燃易爆	允许浓度/（mg/kg）	400

危险特性

　　与空气混合能形成爆炸性混合物，接触热、火星、火焰或氧化剂易燃烧爆炸。接触空气或在光照条件下可生成具有潜在爆炸危险性的过氧化物，密度比空气大，能在较低处扩散到相当远的地方，遇火源会着火回燃。若遇高热，容器内压增大，有开裂和爆炸的危险。

健康危害

　　侵入途径：吸入。

　　对中枢神经系统有抑制作用，麻醉作用弱。吸入后可引起麻醉、窒息感。对皮肤有刺激性，长期接触会皮肤发红、水肿、生疮。

防护措施

　　呼吸系统防护：一般不需要特殊防护，高浓度接触时可佩戴自吸过滤式防毒面具（半面罩）。

　　眼睛防护：一般不需要特殊防护，但建议特殊情况下，戴化学安全防护眼镜。

　　身体防护：穿防静电工作服。

　　手防护：戴一般作业防护手套。

　　其他：工作现场严禁吸烟。进入罐、限制性空间或其他高浓度区作业，须有人监护。

操作处理方法

　　在二甲醚浓度较高的场合工作，需防止有明火与静电产生，工作者必须戴隔离式防毒面具。

泄漏处理

　　迅速撤离泄漏污染区人员至上风处，并进行隔离，严格限制出入。切断火源。

　　建议应急处理人员戴自给正压式呼吸器，穿消防防护服。尽可能切断泄漏源。用工业覆盖层或吸附/吸收剂盖住泄漏点附近的下水道等地方，防止气体进入。

　　合理通风，加速扩散。喷雾状水稀释、溶解。构筑围堤或挖坑收容产生的大量废水。漏气容器要妥善处理，修复、检验后再用。

灭火措施

　　灭火方法：切断气源。若不能立即切断气源，则不允许熄灭正在燃烧的气体。喷水冷却容器，可能的话将容器从火场移至空旷处。

　　灭火剂：雾状水、抗溶性泡沫、干粉、二氧化碳、砂土。

急救措施

　　吸入：迅速脱离现场至空气新鲜处。保持呼吸道通畅。如呼吸困难，给输氧。如呼吸停止，立即进行人工呼吸。就医。

4.3.2 装置主要污染物情况及控制

甲醇合成工段主要的废气污染源为开停车废气、驰放气以及甲醇合成闪蒸气。开停车废气送入火炬系统燃烧，以减少污染物排放，并做到达标排放。驰放气和闪蒸气中含 H_2、CO、

CH₄和甲醇等，为了利用可燃工艺废气的热值，送往燃料气总管。

甲醇合成工段废水主要为汽包排污水，送到污水处理工段进行处理，达标后排放。

甲醇合成工段废渣主要是合成塔卸出的废催化剂，含有重金属，由制造厂回收处理。

甲醇精馏工序所排出的废气主要是预塔排出的不凝气，这股物料由于量比较小，且主要成分是二氧化碳气体，故将其送到锅炉焚烧或现场就地放空。甲醇精馏工序所排出的废水主要是回收塔底部排出的、含有微量甲醇的废水，为了防止其引起环境污染，这股物料被送到了污水生化处理装置进一步进行处理。

思考题

1. 甲醇合成对原料气有哪些要求？
2. 甲醇合成工段的主要生产工艺参数有哪些？
3. 甲醇合成反应器的结构和工作原理是什么？
4. 分析甲醇合成塔催化剂温度升高的原因。
5. 甲醇合成塔操作压力稳定主要取决于哪个因素？如何控制？
6. 甲醇精馏工段在粗甲醇中加碱液的目的是什么？
7. 甲醇精馏工段的主要生产工艺参数有哪些？
8. 甲醇合成和甲醇精馏工段存在哪些有待改进的技术问题？

参考文献

1. 肖珍平. 大型煤制甲醇工艺技术研究. 华东理工大学, 博士学位论文, 2012.12
2. 田小庆, 焦金涛, 丁彦培, 等. 甲醇合成 MK-121 催化剂的运行探讨. 氮肥与合成气, 2008, 46（11）: 28-31
3. 张悦. 甲醇四塔精馏流程模拟及塔器选型分析. 华东理工大学, 硕士学位论文, 2017.4

第五章

PX 装置生产对二甲苯

5.1 概述

C$_8$芳烃产品可分为混二甲苯、对二甲苯（PX）、邻二甲苯（OX）、间二甲苯（MX）和乙苯（EB）五种。其中，混二甲苯是各种二甲苯同分异构体的混合物，主要用作油漆、涂料溶剂，因环保要求，近年来用量已逐年减少；少量用于汽油添加剂及染料、农药等行业。对二甲苯主要用于生产对苯二甲酸和对苯二甲酸二甲酯，是生产聚酯纤维（PET）的基本原料。在农药、塑料等化工生产领域也有着广泛的应用。邻二甲苯主要用于生产苯酐和增塑剂；间二甲苯是生产异苯二酸的原料；乙苯主要用于生产苯乙烯单体。对二甲苯和邻二甲苯是最主要的二甲苯产品，需要量约占工业上所需 C$_8$芳烃的 95%，目前都进入了大规模工业化生产，未来将获得高速发展。

5.1.1 C$_8$芳烃的主要生产方法

5.1.1.1 催化重整

催化重整是从石油生产芳烃和高辛烷值汽油组分的主要过程。从炼油厂来的直馏石脑油中，烷烃占 45%~60%，环烷烃占 30%~45%，芳烃含量不到 10%。催化重整即是以此为原料，在一定的操作条件和催化剂的作用下，烃分子重新排列，使环烷烃和烷烃转化为芳烃和异构烷烃的过程。通过催化重整，可以产生部分 C$_8$芳烃产品，及一定量可转化为二甲苯的甲苯和 C$_9$芳烃产品。

5.1.1.2 乙烯裂解

乙烯生产装置中，有许多采用轻石脑油为裂解原料，该种生产方法会副产较大量的加氢裂解汽油。这种加氢裂解汽油中富含苯、甲苯和二甲苯。一般采用环丁砜抽提装置提取其中的苯和甲苯产品，混合二甲苯则送入二甲苯生产装置作为原料。

目前，二甲苯生产装置加工的外购混二甲苯主要属于这种来料。

5.1.1.3 芳烃歧化和烷基转移

重整混合芳烃中约含有 50%的甲苯和 C$_9$芳烃，为了充分利用这一资源，增产需求量大的二甲苯和苯，需要采用歧化和烷基转移技术。甲苯歧化工艺就是选择性地将甲苯转化成苯和二甲苯；烷基转移工艺则是将甲苯和 C$_9$芳烃的混合物转化成二甲苯。

一般采用美国 UOP 公司开发的 "TATORAY" 工艺技术专利。将来自芳烃抽提单元的甲苯和来自二甲苯分馏单元的 C₉ 芳烃通过歧化和烷基转移反应，得到苯、二甲苯及重芳烃。分离出的二甲苯去吸附分离单元，分离出没有反应的甲苯和 C₉ 芳烃及少量 C₁₀ 芳烃返回到反应部分继续作为反应进料，转化为苯和二甲苯，部分重芳烃送出界外。

5.1.1.4 二甲苯异构化

从催化重整和歧化获得的 C₈ 芳烃，对二甲苯含量仅为 1/4 左右，且乙苯所占比例较大，为了最大限度地生产对二甲苯，需将其他的 C₈ 芳烃异构化反应生成对二甲苯。

异构化工艺以最大限度地从 C₈ 芳烃异构化混合物中回收特殊的二甲苯异构物。所谓的"混合二甲苯"是指含有对二甲苯、邻二甲苯、间二甲苯以及一些乙苯平衡混合物的 C₈ 芳烃混合物。该异构化工艺最常用于对二甲苯的回收，也可以用来最大限度地回收邻二甲苯或间二甲苯。在对二甲苯回收的情况下，混合二甲苯进料加入到对二甲苯装置，对二甲苯异构物优先分离，单程纯度为 99.9%（质量分数，下同），回收率为 97%。然后把来自对二甲苯吸附分离装置的提余液（对二甲苯几乎全耗尽）送入异构化装置，重新确定二甲苯异构化平衡分配。实际上，从剩余的邻二甲苯和间二甲苯中产生了附加的对二甲苯，然后，把来自异构化装置的流出物重新循环回到对二甲苯吸附分离装置以回收附加的对二甲苯，这样邻位的间位的异构物被循环到消除。典型的工艺有 UOP 公司的 Isomer 工艺等。

C₈ 芳烃异构化的方法很多，有临氢贵金属催化异构、临氢非贵金属催化异构、不临氢黏土类催化异构、不临氢络合物法异构等多种方法。经过多年的生产实践后，目前已基本形成了两大流派：一个是贵金属较多的 Pt-Al₂O₃-H 型丝光沸石催化异构，另一个是含贵金属较少的 ZSM-5 分子筛催化异构。前者可使 C₈ 芳烃中的乙基苯转化成对二甲苯，后者则将乙基苯脱掉乙基生成苯。两者各有各的优点，可根据对不同产品的需求情况进行选择使用。

目前国内二甲苯异构化装置主要使用中国石科院研制、抚顺催化剂厂生产的 SKI-400 型异构化催化剂（相当于美国 UOP 开发的 I-9 型催化剂）。其乙苯转化率大于 25%，二甲苯中对二甲苯质量分数在 22% 以上。

5.1.2 二甲苯产品的分离

石油馏分经重整、甲苯歧化等工序后，可获得 C₈ 芳烃。C₈ 芳烃各异构体之间的分离特性数据见表 5-1。

表 5-1 C₈ 芳烃四种异构体的物性情况

项目	单位	邻二甲苯	间二甲苯	对二甲苯	乙苯
20℃密度	kg/m³	874.5	864.1	861.6	866.9
冰点	℃	−25.173	−47.872	13.263	−94.975
沸点	℃	144.41	139.104	138.355	136.86
汽比热	cal/kg	82900	82000	81200	81000
熔解热	kcal/kg	3260	2765	4090	2193

由表 5-1 可以看出，邻二甲苯沸点最高，比其他二甲苯异构体的沸点高 5℃ 以上，可以采用精馏的分离方法分离出邻二甲苯。与其他 C₈ 芳烃分离时，需理论塔盘 100~150 块，回流比为 8~10。邻二甲苯产品生产目前仍是采用精馏的方法。而 EB、MX 和 PX 之间的沸点差很小，

难以用一般的精馏方法把它们分开。

目前分离混合二甲苯 4 种同分异构体的工业方法有深冷结晶法、络合分离法、吸附分离法，其次还有共晶、磺化等方法，其中吸附分离法为主流生产方法。吸附分离法是用像分子筛一类的吸附剂来脱除混合物中不能被吸附的物质的一种方法，相比其他方法，分子筛吸附分离工艺具有流程简单、对原料和设备要求低、投资少、产品纯度高、工艺操作简单、工艺技术成熟等特点。

5.2 PX 装置生产工艺的基本原理

5.2.1 概况

芳烃联合装置是一套以重整油中 $C_7 \sim C_9$ 芳烃为原料，最大限度地生产高纯度的对二甲苯（PX），同时副产苯和甲苯等的联合装置（参见图 5-1），包括芳烃抽提装置、歧化和烷基转移装置和对二甲苯装置，是化纤工业的核心原料装置之一。以下结合实习单位扬子石化芳烃厂情况，只介绍对二甲苯和邻二甲苯生产的对二甲苯装置车间生产情况，包括吸附分离单元、异构化单元和二甲苯分馏单元等内容。

扬子石化对二甲苯装置分别由吸附分离装置、异构化装置、二甲苯分离装置和邻二甲苯装置等四套单元装置组成，其单元号分别是 600 单元、700 单元、800 单元和 3600 单元。本装置采用美国环球油品公司（UOP）开发的工艺技术，以 300 单元重整 C_8+芳烃、500 单元歧化 C_8+芳烃及外供混合 C_8 芳烃为原料，该原料进入 800 单元，经 800 单元进行分离，分离出来的混合 C_8 芳烃进 600 单元，进行吸附分离，生产出高纯度的 PX，贫 PX 的混合 C_8 芳烃进 700 单元进行异构化反应转化成接近平衡浓度的混合 C_8 芳烃，然后再进入 800 单元、600 单元。

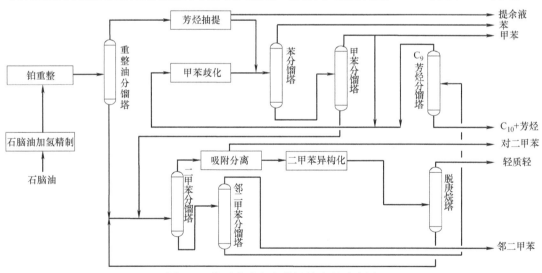

图 5-1 从石脑油生产芳烃的流程示意图

5.2.2 工艺原理

5.2.2.1 吸附分离（600#）单元

吸附分离单元是以经过白土处理且脱去 C_9+芳烃的混合 C_8 芳烃为原料，利用吸附剂优先吸附对二甲苯的特性，通过吸附分离过程，制备高纯度的 PX。本装置采用美国环球油品公司（UOP）开发的吸附分离工艺，称 Parex 工艺，该工艺由高选择性的吸附剂、解吸剂和模拟移动床技术组成。采用 ADS-7 吸附剂，对二乙苯或甲苯作为解吸剂。对二乙苯或甲苯与原料互溶且沸点差大，易于分离和重复利用。

（1）工艺原理

① 选择性吸附

吸附剂是具有某种特性的固体，当此固体浸入液体混合物时，孔中就充满液体，在固-液平衡时，孔内液体之组成与围绕粒子周围的液体成分不同。对吸附剂亲和力强的组分在孔内液体中的浓度大于在周围液体中浓度，即吸附剂对该组分起了浓缩作用。

表面亲和力差异的参数称为选择性系数 β。

在固液系统中，平衡常数 k_i 是某组分 i 在固相中的浓度 z_i 和在液相中的浓度 x_i 的比值，即 $k_i=z_i/x_i$。

在固液系统中，选择性系数（浓缩系数）β 值则为各组分平衡常数 k_i 之比值，即

$$k_a = \frac{z_a}{x_a}$$

$$k_b = \frac{z_b}{x_b}$$

$$\beta = \frac{k_a}{k_b} = \frac{x_b \times z_b}{x_a \times z_b}$$

通过 β 关系式我们则可以看到：

若 $\beta=1$ 时，吸附剂对组分 A 和 B 选择吸附能力相等。$\beta \gg 1$ 时，吸附剂对组分 A 的吸附能力远远大于 B。$\beta \ll 1$ 时，吸附剂优先吸附 B。

Parex 法采用的 ADS-7 吸附剂其选择性系数为：

$\beta_{对/间}=3.73$，$\beta_{对/邻}=3.45$，$\beta_{对/乙苯}=2.53$。

因此，经过一次吸附后，吸附相中的对二甲苯浓度就比进料中的对二甲苯浓度提高了。经过反复多次的吸附过程就可得到对二甲苯浓度很高的吸附相，最后得到纯的对二甲苯聚集在吸附相中。

② 吸附分离过程：移动床模型

图 5-2 所示为移动床模型，假设进料 F 是二元混合物 A 和 B，而且 A 相对 B 选择性吸附，解吸剂为 D，则根据进料、解析剂、抽出液、抽余液四股进出料口的位置，可将移动床分成四个区，即 I 区、II 区、III 区和 IV 区。固体吸附剂由下向上移动，液体由上向下流动。

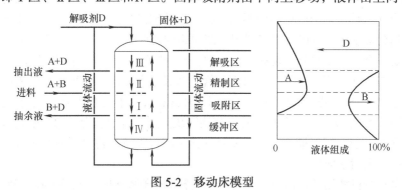

图 5-2　移动床模型

Ⅰ区为吸附区，位于原料进口和抽余液出口之间，该区的主要作用是进入该区的吸附剂从进料中吸附 A。

进入Ⅰ区底部的固相是从Ⅳ区提升上来的吸附剂，它的微孔中只携带 B+D，进入本区顶部的液体是 A+B+D，向下流动，逆流接触时，组分 A 从液流转移至固体微孔并占据这些微孔，同时组分 D+B 从微孔转移到液流中。结果是吸附剂（含 A、B、D）从Ⅰ区升至Ⅱ区，液流只含 B 和 D 组成抽余液，一部分抽出，一部分循环至Ⅳ区。

Ⅱ区为精馏区，位于抽出液出口与原料进口之间，本区的主要功能是从吸附剂微孔中去掉 B。

进入Ⅱ区的两相是Ⅰ区来的微孔中带 A+B+D 的固相，与Ⅲ区流下的含 A+D 的液流，当固相与液流逆流接触时，微孔中的 B 逐步被 A 和 D 从微孔置换至液流，因此固体到达Ⅱ区顶部时，微孔中只含 A+D。

Ⅲ区为解吸区，位于解吸剂进口和抽出液出口之间，其主要功能是从微孔中解吸 A。

进入本区底部的固相微孔中携带 A+D，而进入本区顶部的液体由纯 D 组成，两者接触时，微孔中 A 被 D 置换，离开本区的微孔中只带 D；A 从固体微孔中解吸出来进入液流，当流至本区底部时，由 A+D 组成的抽出液部分作为目的产物被提出，其余部分继续向下流至Ⅱ区。

Ⅳ区为缓冲区，位于抽余液出和解吸剂进之间，它的功能是在吸附区与解吸区之间起缓冲隔离作用。

进入Ⅳ区的两相组分是：经Ⅲ区处理过的只含 D 的固相和从Ⅰ区流下的含 B+D 的料液。两相逆流接触，含 B、D 的液流进入固体微孔中，其中少量的 B 进入微孔中，而原微孔中的 D 则被置换出来。在这一区域中要控制好液流流速，使 B 不能进入Ⅲ区，以便把Ⅲ区和Ⅰ区隔离开，起到缓冲作用。

结果从Ⅳ区出去的两相组分分别是：含少量 B 及大量 D 的固相从Ⅳ区升至Ⅰ区，去处理原料，只含 D 的液流用泵送至Ⅲ区作解吸剂。

综上所述，通过移动床的四个区，可以连续地处理含 A、B 的混合物，从抽出液 E 中得 A+D 液流，从抽余液 R 中得到 B+D 液流，只要把 E 和 R 分别送入分馏装置就可得到纯的 A、B，D 可循环使用。在实际生产中，由于吸附剂在移动过程中极易磨损，难以实现移动床的过程。因此希望能够找到一种吸附剂不移动，而又能起到移动床作用的工艺。

③ 模拟移动床

模拟移动床就是以固定床的形式保持吸附剂不动，而通过改变各区的位置来实现移动床的操作。模拟移动床技术是 Parex 工艺的核心，其吸附塔由 24 个填满分子筛吸附剂的床层组成，通过一个油压系统推动的旋转阀不断切换各股物料进出床层的位置，它相当于改变各区的位置，而达到移动床的效果，来实现固、液两相的模拟移动。

旋转阀是一个多通路的分配装置，主要由定子、转子和液压驱动机构三部分组成。其定子外围有均匀分布的 24 个孔，通过 24 根床层管线与吸附室相连，中间有 7 个槽道与 7 股进出物料管线相连。转子外圈也有 24 个孔与定子上的孔相对，其中只有 7 个孔（按规定距离隔开）是开口的，其余全部盲死，该 7 个孔又通过跨接管线分别与转子和定子同心槽相对的孔连接，这样物料可通过外管→同心槽→转子上相对的孔→跨接管线→转子圆周上开口的孔→定子圆周上相对的孔→吸附室床层。

液压驱动执行机构则通过油压泵驱使转子旋转，转子每次转 15°，则与之相对的床层位置改变一层。

为保证旋转阀转子与定子间的良好密封，其间有一四氟乙烯密封垫片，转子放在旋转阀的密封穹顶上，用一股解吸剂作密封油，维持密封压力比吸附塔平均压力高 0.2~0.6MPa。

通过对旋转阀移动（又称步进）进行有效的控制，就可周期性地定向移动物料进出吸附室的进出口，实现床层的模拟移动。其工作原理示意如图 5-3 所示。

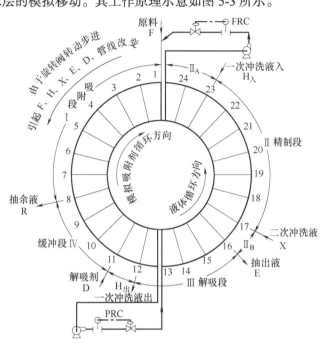

图 5-3　模拟移动床圆环形操作示意图

④ 吸附系统的主要构成

Parex 模拟移动床采用 2 个串接的吸附塔，各由 12 个床层组成。两塔串联共 24 个床层，两塔之间由循环管线和两台循环泵把它们联系起来以组成一个循环，见图 5-4。

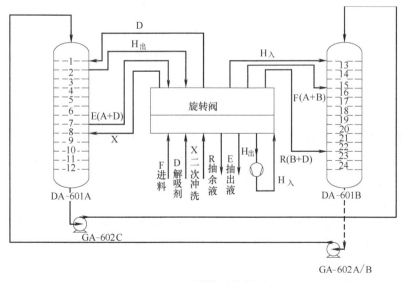

图 5-4　吸附塔系统简图

从第 24 床层~第 1 床层之间的循环称为泵送循环，其流量的大小由流量调节阀控制，因各个区域的区域流量不同，该流量调节阀的设定值一般由数控系统计算给出。第 12 床层~第 13 床层之间的循环称压送循环，其循环流量由 A 塔塔底压力调节控制。

由此可见，泵送循环和压送循环一方面为液相循环提供了动力，另一方面也起到了控制区域流量和平衡塔压的作用。

7 股进出物料中除进料、解吸剂、抽出液和抽余液以外，另 3 股为一次冲洗进、一次冲洗出及二次冲洗，其作用如下。

一次冲洗：从解吸剂进口的下一床层抽出，进入原料进口的上一床层。因床层管线中残留着抽出液，一次冲洗出可将它们带出，送至一次冲洗进，进入进料口的上一床层，再由吸附剂吸附，这样可避免对二甲苯的损失，提高收率。

二次冲洗：位于抽出液出口的下一床层，目的是进一步冲洗床层管线，避免管线内残留液污染抽出液产品。

对每一个床层来说，在一循环周期内顺次经历了吸附→提纯→解吸→缓冲四个不同的作用阶段。

对全塔 24 个床层来说，在一循环周期内，各作用区（吸附区、精制区、解吸区、缓冲区）的位置，沿吸附塔的 24 床层顺次移动，形成一个循环。但在任一瞬时总是有 7 个床层在吸附区，8 个床层在精制区，6 个床层在解吸区，3 个床层在缓冲区。

这样在模拟移动床中，虽然吸附床固定不动，但 7 种物料进料点和出料点沿床层顺序变化。在模拟移动床中吸附分离的全过程"吸附-精制-解吸-缓冲"是连续进行的，因此，模拟移动床是以固定床的形式达到移动床的效果，实现了吸附分离操作过程之连续化。

（2）影响吸附性能的工艺参数

① 吸附系统操作温度和压力

首先说明：温度压力是设计值，一般不是调节变量。

吸附分离是在恒温恒压下运转的物理过程，从热力学角度来看，吸附是放热过程，温度宜低。解吸是吸热过程，温度宜高。从动力学角度看，高温有利于吸附分离的传质速度，然而吸附剂的选择性下降。由于吸附热及解吸热均较小，故可把吸附及解吸放在一个吸附室内相同的条件下进行，177℃是经实验确定的对吸附和解吸都合适的条件。

压力的选择除了考虑吸附、解吸的速率平衡外，还应考虑维持液相操作、防止物料汽化及操作费用和设备传质等因素。因床层存在压降，吸附塔内各处的压力有差别，选择吸附塔底部压力为 0.88MPa，是经过实践证明较为理想的参数。

② 进料流量和组成

进料流量取决于装置设计规定范围、原料的供给量及产量的要求，进料的组成取决于异构化单元的操作和新鲜进料的品质，可通过对进料进行取样分析来确定进料组成，确定进料中的芳烃含量。因为我们把吸附剂选择性孔循环速率建立在芳烃进料流量的基础上，所以主要考虑芳烃进料流量 Fa，Fa 为进料流量与进料中芳烃含量的乘积。

③ 吸附剂比容量 A/Fa

A 是吸附剂选择性孔循环速率，Fa 为进料中 C_8 芳烃的流量，A/Fa 为选择性孔循环速率与进料中 C_8 芳烃的流量的比率，即表示单位 C_8 芳烃进料量所对应的吸附剂选择性孔的有效体积流率。

直观地说，如果单位进料有较多的吸附剂选择性孔时，那么可获得较高的收率，但随着吸附剂选择性孔的增加，当所有的芳烃进料都被选择性吸附后，多余的选择性孔将不起作用。因此，A/Fa 设定过低，将降低对二甲苯的收率；设定过高，将增加公用工程费用。A/Fa 设定可在操作中优化：当 PX 产品纯度保持恒定，增加 A/Fa 设定值，PX 收率将增加到某一最高限；继续增加 A/Fa，PX 收率将不再增加，则此时的 A/Fa 是性能和经济上的最佳值。目前装置的 A/Fa 一般设定为 0.8 左右。

④ 循环时间 θ

循环时间 θ，是原料步进通过所有 24 个床层所需要的时间，它是利用给定的 A/Fa 和 F 的值计算得来的变量。在吸附分离系统中，循环时间 θ、A/Fa、和 F（进料流量）是相关变量，设定任何两个，第三个变量就可以计算出来。

循环时间 θ 有一些操作限在设计时必须被满足。在正常情况下，吸附分离装置步进时间必须不低于 30min，因为当循环时间变得太短时，液相和吸附相之间分子交换变为由扩散速率控制。这意味着如果想使吸附塔的进料量达到最大，并有足够的分离能力，将找到可能的最小 A/Fa，然后提高进料量 F 直至循环时间达到 30min，进一步增加进料会使对二甲苯收率下降到不能接受的水平，见图 5-5。

⑤ Ⅱ区回流比 L_2/A

区域净流量 L_i 与选择性孔循环速率 A 之比称为区域回流比。相应地，L_2/A 称为Ⅱ区回流比。Ⅱ区为精制区，故Ⅱ区回流比是控制对二甲苯产品纯度的关键参数，如果 L_2/A 设定太低，杂质将不能被完全解吸，随吸附剂通过Ⅱ区进入Ⅲ区，从而降低对二甲苯纯度；如果太高，可获得高纯度，但产品收率会下降。一般地，L_2/A 控制在 0.6~0.8 之间。

图 5-6 是 L_2/A 与纯度和收率之间的关系。

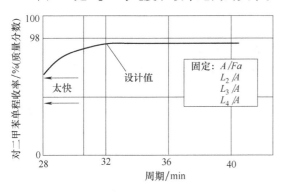

图 5-5　PX 收率与循环时间的对应关系

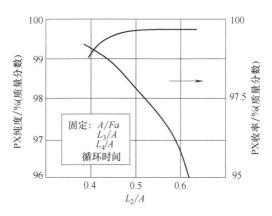

图 5-6　不同的Ⅱ区回流比 L_2/A 对产品纯度和收率的影响

从图 5-6 可以看出，PX 纯度、收率与 L_2/A 回流比的对应关系，在高纯度（>99.5%）时，稍微提高 L_2/A（如提高 0.02），对纯度只能有稍有影响，但收率的变化却很显著。相反如果 L_2/A 减少太多，纯度出现急剧的拐点，而收率仅有微小的变化，趋于稳定。为使产品达到质量标准必须要严格控制Ⅱ区的回流比 L_2/A。工艺上选择 L_2/A 的原则是在保证产品纯度的情况下，使 L_2/A 尽可能地低，L_2/A 改变每次不超过 0.02。

⑥ Ⅲ区回流比 L_3/A

Ⅲ区是解吸区，尽管对产品纯度亦有轻微影响，但更主要的是影响产品收率。如图 5-7 所示：

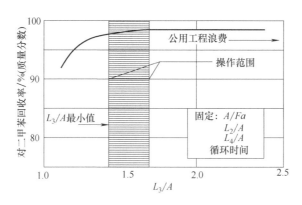

图 5-7 L_3/A 对 PX 收率的影响

L_3/A 有一个适当的操作范围，如上图所示，如果 L_3/A 比规定的操作范围高，可以看到收率只有少量的增加或不增加，而需要的解吸剂循环量增多，造成公用工程消耗较大。有时解吸剂中的对二乙基苯的纯度偏低，只能提高 L_3/A 来弥补，这明显也增大了公用工程消耗。如果运转中 L_3/A 太低，则造成解吸不完全，未被解吸下来的 PX 被吸附剂带到Ⅱ区和Ⅳ区而至Ⅰ区，在Ⅰ区中和进料中的 PX 争夺吸附剂的选择性微孔位置，导致抽余液中 PX 浓度较高，收率下降。通过泵送循环流量的测量和优化，一旦找到了操作范围，L_3/A 是很少改变的。目前Ⅲ区的回流比 L_3/A 一般控制在 1.3~1.5 之间，通常 L_3/A 通过优化操作确定操作范围后，L_3/A 不像 L_2/A 那样敏感，而需要经常调节，很少改变。

⑦ Ⅳ回流比 L_4/A

由于Ⅳ区的作用是缓冲Ⅰ区和Ⅲ区，若控制不好，抽余液中的物质就会通过Ⅳ区进入Ⅲ区，并向下流经Ⅲ区随抽出液一同排出，污染抽出液。

其回流比数据是根据吸附抽余液组分的吸附能力确定的。如果吸附剂尚能吸附少量抽余液，则Ⅳ区回流比可定为稍大于零的正值，如吸附剂完全不能吸附提余液，则Ⅳ区回流比必须为一负值。由于吸附剂对饱和物没有吸附性，因此，饱和物最容易穿透Ⅳ区，Ⅳ区的回流比必须为一负值，这样使 B 组分被截留在Ⅳ区，不致污染抽出液。如果控制得不好，抽余液中的某些物质将穿透Ⅳ区进入Ⅰ区，并向下经过Ⅰ区底部的抽出液一起抽出，进而污染 PX。图 5-8 说明Ⅳ区回流比对抽出液杂质的影响。

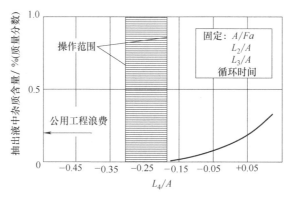

图 5-8 来自Ⅳ区的抽出液产品中杂质与 L_4/A 的对应关系

由图可见，$L_4/A<-0.15$ 时，很小或者没有抽余液穿透Ⅳ区，但当 L_4/A 过低时，L_4 减少，为了使 L_3 保持不变，解吸剂量必然增加，这样公用工程消耗会增加；当 L_4/A 增加至 -0.15 以上时，就有少量的杂质突破Ⅳ区。工业上选择 L_4/A 的原则是在保证吸附组分不穿透Ⅳ区的情况下，使 L_4/A 尽可能地大，而且一旦通过优化操作找到了 L_4/A 的适当范围，很少予以改变。目前 L_4/A 一般控制在 $-0.4\sim-0.3$ 之间。

⑧ 毒物的影响

对于 PX 的吸附分离来说，毒物主要包括水、烯烃和其他的杂质。

a. 水

进料和解吸剂中过量的水会导致工况的恶化，如收率下降等。会导致吸附剂永久性损坏，即发生水热粉化。在正常运行过程中，应保证好水的平衡，确保水回收率在 80%~90% 之间，如果达不到，要立即调查，如换热器泄漏以及不正确的注水量，分析错误等原因，保证水含量分析的准确性非常关键。

b. 烯烃

烯烃能在吸附剂上聚合，占据、堵塞吸附剂的选择中心，影响吸附分离的收率，并形成大分子物，难以除去。正确的安全措施是将原料在上游进行白土处理以除去其中的烯烃。

c. 氧气和羰基化合物

这部分毒物是由于接触空气后形成的，如贮罐中的物料，因接触空气后氧化形成部分羰基化合物，并溶有部分氧气。能被吸附剂强烈吸附，减少了吸附剂中的选择性中心数量。

d. 氯化物

这种毒物一般来自上游单元的不正常操作以及供应水中的腐蚀产物，会影响吸附剂的性能，破坏吸附剂的结构。

e. 苯

苯这种毒物一般来自上游单元的不正常操作，易被吸附在吸附剂上，占据吸附中心，不易解吸，对吸附剂的性能和产品纯度有明显影响。

f. C_9+芳烃

C_9+芳烃一般来自上游单元的不正常操作，这种毒物在解吸剂中会逐渐积累，增加了解吸剂的循环量和公用工程的消耗；如果 C_9 芳烃含量过高，将会影响吸附剂容量和 PX 的纯度，可能会引起产品不合格；而 C_{10}+芳烃容易在吸附剂上进行聚合。

g. 其他毒物

除了上述几种毒物以外，还有如抗腐剂、氮类毒物如胺等。反应进料污染物及限制情况见表 5-2 所示。

表 5-2　反应进料污染物

污染物	影　响	限制指标
水	水产生的蒸汽在高温下可使催化剂中的分子筛发生脱铝，改变其酸性性质，同时还可能造成设备腐蚀，属不可逆中毒。	最大 6×10^{-5}
有机氯化物	氯化物的存在增强了催化剂的酸性功能，导致更多的裂化反应发生，相应地使异构化二甲苯损失增大。同时氯化物分解生成氯化氢，有氨存在生成氯化铵，堵塞管线。氯化物在水的存在下还会造成有关设备的腐蚀。属可逆中毒。切断来源后进行置换即可清除。	最大 1×10^{-6}
总氮	氮化物一般呈碱性，对催化剂的酸性中心有副作用，降低催化剂的酸性活性。同时氮又能与原料中的氯反应生成氯化铵，沉积于容器与管线中，致使换热效率下降，操作紊乱。属不可逆中毒。	最大 1×10^{-6}

污染物	影　　响	限制指标
总硫	硫污染增强催化剂酸性，使得裂解性能增强，氢耗增加，选择性下降，加速积碳。同时硫污染导致金属铂活性的削弱，使催化剂的金属和酸性功能失衡。属可逆中毒。切断来源后进行置换即可清除。	最大 1×10^{-6}
铅	影响催化剂铂的金属功能和沸石的酸性功能，中毒后催化剂的活性和选择性有所下降。属不可逆中毒。	最大 10×10^{-9}
铜	影响同铅	最大 5×10^{-9}
砷	影响同铅	最大 1×10^{-9}

5.2.2.2　异构化单元（700#）

异构化单元是以含贫 PX 的 C_8 芳烃为原料，在临氢、催化剂作用下，转化成对二甲苯浓度接近平衡浓度的 C_8 芳烃混合物，提高对二甲苯产量。本装置采用 UOP 的 ISOMAR 工艺，采用北京石科院研制的 SKI-400 型异构化催化剂取代 UOP 的 I5 催化剂。产物经脱庚烷塔除去反应生成的轻馏分，再经白土处理，去掉反应生成的不饱和烃，然后送往二甲苯分馏装置，除去 C_9+芳烃后送往吸附分离装置。

（1）化学反应原理

SKI-400 异构化催化剂既具有酸性功能，又具有金属功能。反应过程中催化剂的酸性中心主要使邻、间二甲苯向平衡 PX 浓度转化，金属活性中心的主要作用有：乙苯加氢，通过环烷桥异构成二甲苯；将非芳烃裂解成低分子化合物，将 C_9+环烷转化为芳烃以便与 C_8 芳烃分离；减少催化剂表面积碳。

① 主反应

a. 混合二甲苯异构化经五元环向不同方向转化

b. 异构化过程（乙苯通过环烷桥向二甲苯转化）

② 副反应

a. 歧化反应

b. 加氢脱烷基反应

c. 加氢开环裂解反应

d. 链烷烃加氢裂解

$$RH + H_2 \longrightarrow 轻质烃$$

③ C_8 环损失

异构化装置的环损失是一个至关重要的问题，直接影响对二甲苯产量和经济效益。造成环损失的原因主要有三个方面：

a. 反应器内的副反应，C_8 环烷烃开环裂解成脂肪烃和其他轻组分，其次是加氢脱烷基和歧化。

b. 在脱庚烷塔内，C_8 环烷烃随着甲苯一起在塔顶被蒸出，导致 C_8 环烷烃损失。

c. 白土处理塔内，C_8 芳烃与某些烯烃生成高级烷基苯或发生烷基转移。

（2）影响异构化的工艺参数

① 反应温度

反应温度直接影响着反应速度和化学平衡，当进料量一定时，提高反应温度能增加反应苛刻度，能较早达到二甲苯的平衡浓度并增加 C_8 环损失，反应温度对乙苯转化率也有影响。在实际操作中，由于催化剂的初期活性较高，在初期操作中采取较低温度，随着催化剂的活性逐步降低，逐步提高操作温度，直至规定值。

② 反应压力

反应压力直接影响反应物浓度，提高压力，有利于反应向体积缩小的方向进行，有利于乙苯加氢生成 C_8 环烷，但不利于 C_8 环烷向二甲苯的转化。提高反应温度，必须相应提高氢分压。如果在提高反应温度时，不提高氢分压，会导致 C_8 环烷浓度降低，而引起乙苯通过"环烷桥"转化为二甲苯的转化率降低。对异构化反应来说高压力有一限制，存在一操作点，在该点上 C_8 环烷和未转化的乙苯的总量有一个最小值，过了该点 C_8 环烷浓度的升高比乙苯转化率下降速度快。反应压力过高，由于环烷的裂解导致环损失增加、脱庚烷塔中C_8环损失太大和精馏装置共用工程消耗大。

③ 氢烃比（H_2/HC）

氢烃比是指氢与C_6+烃的摩尔比，与反应压力和氢气纯度一起决定了氢分压。提高H_2/HC有利于乙苯的异构化，有利于除去饱和烃及延长催化剂的使用寿命，而且提高氢烃摩尔比，可减缓反应压力的提升速率，同样达到提高乙苯转化率的目的。但H_2/HC过高会抑制C_8环烷脱氢异构为二甲苯的反应，会使其他加氢副反应加剧，造成产品收率下降，同时也会造成循环氢量过大，装置能耗增加。当H_2/HC低于一定值时，催化剂的选择性会降低，在给定的二甲苯接近平衡程度（反应苛刻度）条件下，降低H_2/HC会使C_8芳烃环损失增加，而且，当H_2/HC低于一定值时，催化剂的使用周期会缩短。

④ 空速（LHSV）

空间速度（空速）并非通常语言意义上的变量，因为在反应器内部结构设定之后，催化剂的装填量难以改变。空间速度由生产要求和催化剂装填量确定。

$$LHSV = \frac{去反应器的料浆速率（m^3/h）}{反应器催化剂总量（m^3）}$$

在一定的反应温度下，降低空速（LHSV），表明反应器中进料和催化剂接触时间增长，会引起反应苛刻度升高，会导致乙苯转化率增加，过早达到二甲苯平衡，同时引起C_8芳烃环损失增加。因此，为了保持二甲苯平衡程度不变，则必须降低反应温度。另外，空速不是独立的操作变量，而是取决于对二甲苯和邻二甲苯的产量。增加空速，则表明反应器中进料和催化剂接触时间减少，乙苯转化的有一部分甚至还停留在中间产物阶段，来不及达到化学平衡，这样会导致乙苯转化率降低。因此，必须提高反应温度来维持反应苛刻度或反应达到平衡的浓度。另外空速过高，可能会出现催化剂流化。

5.2.2.3　二甲苯分馏单元（800#/3600#）

二甲苯分馏单元是通过一系列精馏分离过程，分离二甲苯中的C_8芳烃、C_9芳烃和C_{10}以上芳烃。装置采用UOP公司工艺流程。

（1）精馏原理

本单元通过精馏的方法完成指定分离任务。精馏是分离液体混合物的一种方法。由于混

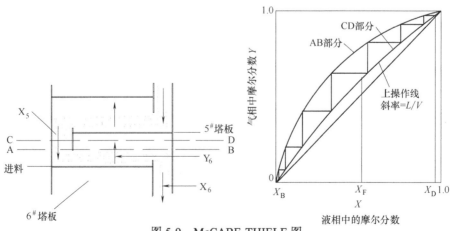

图5-9　McCABE-THIELE图

X_B—塔底产品；X_F—进料；X_D—塔顶产品

合物中各组分的沸点不同，在受热时，低沸点的组分优先汽化，冷凝时高沸点的组分优先被冷凝。这样混合物在精馏塔的塔盘上进行多次汽化和冷凝，进行传质和传热，最后在塔顶得到高纯度的低沸点物，在塔底得到高纯度的高沸点物，从而达到分离的目的（见图 5-9）。

（2）影响精馏效果的因素

① 回流和液泛　在分馏中热量的输入和回流是最重要的参数。回流直接与热量输入有关，在塔的上部（精馏段）操作线斜率是 L/V，如果进入塔热量减少，那么 L/V 比值减少，如果其他参数恒定，这操作线将接近平衡曲线。由于塔的设计已定塔板数是不变的，因此当回流减少时，每块塔板可精馏量下降（精馏发生在进料板以上），所以塔顶纯度下降。同样的道理，在提馏段（进料塔板以下）降低了塔底物纯度。相反，如果输入热量和回流增加，L/V 将增加，则塔顶、塔底产品质量将提高。

虽然增加塔的回流和热量输入能增加产品质量，但有极限，即由塔的液泛所决定。所谓达到液泛条件是指气相通过塔盘的压力降大于降液管内的液压头。当一个分馏塔液泛时，一些气相将穿过降液管，在这种条件下，正常的组分分离将停止而且产品纯度将受影响。那时必须降低回流比和热量的输入，以恢复塔的正常操作。

② 原料温度　进入分馏塔的原料温度一般接近泡点温度，如果进料温度低于泡点温度，那么对精馏段有利，提馏段受到影响，这将导致塔顶高纯度而塔底低纯度的结果。相反，如果进料部分气化，则提馏段有利，精馏段受到影响。当然此时是在假设其他参数保持恒定下的讨论。

③ 压力　在分馏中，塔的压力不是一个操作参数，在正常操作下，保持操作压力不变。如果塔压增加，则平衡将改变，塔进行分馏时必须附加更多的热量，塔的压力是由塔顶压力控制系统控制，一旦达到需要压力，它将不再变化。

5.3　催化剂与化学品

二甲苯装置使用的催化剂与化学品主要有：二甲苯异构化催化剂，用于选择性吸附分离的吸附剂和解析剂，用于去除不饱和烃的白土等。

5.3.1　异构化催化剂

5.3.1.1　异构化催化剂分类

迄今为止，世界上已有近百套二甲苯异构化装置投入工业生产，其工艺大同小异，催化剂也各有特点。

二甲苯异构化催化剂就其组成与反应性能，大致可归类为 $SiO_2\text{-}Al_2O_3$ 无定型催化剂、贵金属双功能催化剂和分子筛型催化剂三大类。

（1）$SiO_2\text{-}Al_2O_3$ 无定型催化剂

$SiO_2\text{-}Al_2O_3$ 无定型催化剂是最早使用的异构化催化剂，无加氢脱氢功能，转化乙苯的能力低，转化乙苯要通过歧化、脱烷基等反应生成重芳烃和苯除去，保证乙苯在循环料液中不产生积累。此催化剂采用固定床反应器，不临氢，液空速一般在 $0.5\text{~}1.0h^{-1}$，副反应主要是歧化。当产物中的对二甲苯接近平衡浓度时，二甲苯和乙苯的损失分别达到 5%~10% 和 10%~15%。

$SiO_2\text{-}Al_2O_3$ 无定型催化剂积碳较快，3~30 天就需再生，因此一般采用 2~3 台反应器切换使用。该类催化剂耐温性好，虽再生频繁，但寿命仍较长。采用此种催化剂的工艺有日本丸善和英国 ICI 公司等。

（2）贵金属双功能催化剂

此类催化剂有 Pt-SiO$_2$-Al$_2$O$_3$ 型、Pt-Al$_2$O$_3$-卤素型和 Pt-Al$_2$O$_3$ 丝光沸石等类型。这类催化剂既能提供酸性功能又具有加氢功能，酸性组元提供异构化活性中心，加氢组元提供加氢活性中心。因此该催化剂不仅能使二甲苯异构化，同时能将乙苯转化为二甲苯，有利于提高目的产物对二甲苯、邻二甲苯或间二甲苯收率。由于双功能催化剂能有效地将乙苯转化为二甲苯，最大限度地提供目的产物，对于二甲苯资源短缺的工厂，不失为一个有效增产对、邻二甲苯的好方法。目前，二甲苯异构化装置中使用的催化剂多为双功能催化剂。

此类催化剂中具有代表性的有 Isomar 和 SKI 工艺，其中，Isomar 工艺为 UOP 公司开发，SKI 催化剂为中国石科院开发研制。

根据乙苯转化途径的不同，贵金属双功能催化剂又可分为两类：乙苯转化为二甲苯型异构化催化剂和乙苯脱烷基转化为苯型异构化催化剂。目前，我国二甲苯异构化装置中广泛采用的 SKI300、SKI400 催化剂属于乙苯转化为二甲苯型；而 SKI100 型则为乙苯脱烷基型催化剂。

（3）分子筛异构化催化剂

随着分子筛合成及改性的技术进步，二甲苯异构化催化剂的研究开发正不断深入，近年来又开发了分子筛型催化剂。由于结晶沸石活性高、选择性好，操作条件相对温和，催化剂结焦速度慢、运转时间长、再生性能好。

早前，扬子石化芳烃装置从美国 Zeolyst 国际公司引进的 Oparis 催化剂，使用分子筛载体和贵金属铂，铂含量为 0.27%~0.33%（质量分数）。其专有的分子筛提供异构化活性，铂提供乙苯转化为二甲苯所需的加氢脱氢功能，同时提高稳定性，抗结焦。提供的资料表明，该催化剂具有 55% 的乙苯转化率，第一运转周期 3 年，再生运转寿命达 6 年。

5.3.1.2 国产异构化催化剂的性能介绍

在二甲苯化装置中，异构化成为其中唯一的化学过程，它的作用是把从吸附单元送来的贫 PX 抽余液，经 C$_8$ 芳烃异构化反应变成富含 PX 的产物，该产物油经分馏后送回吸附单元，从而达到不断提取并完成生产 PX 产品的目的。因此，异构化过程实际上是一个将远离平衡的二甲苯混合物向接近热力学平衡方向转化的过程。在这个过程中，异构化催化剂还要完成对乙苯的转化，以免乙苯积累，对 PX 产品的收率和纯度产生不利影响。这对异构化催化剂提出了非常苛刻的要求，在此工况条件下，一者催化剂必须具有更高的乙苯转化率，保证反应进料中乙苯不致发生积累；二者在高乙苯转化率情况下还要保证低损失、高产率。目前，国内大部分装置采用石油化工科学研究院（RIPP）研发的 SKI-400 型 C$_8$ 芳烃异构化催化剂。

（1）物化指标

SKI-400 型 C$_8$ 芳烃异构化催化剂是 RIPP 研制成功的以氧化铝、沸石为载体的铂基双功能催化剂，沸石为异构化提供了酸性功能，贵金属提供加氢功能。SKI-400 型 C$_8$ 芳烃异构化催化剂操作简单，活性稳定性好，并具有良好的再生性能。在正常运转及再生过程中不需注水、注氯。RIPP 的 SKI 系列异构化催化剂于 1982 年首次工业应用以来共在 7 个石化基地 12 次实施工业应用，成功替代了国外催化剂，为用户创造了巨大的经济利益，由此也产生了很好的社会效益。催化剂的组成及物化性质见表 5-3。

表 5-3   催化剂的物理化学性质

项　　目	实测值
担体组成	氧化铝和沸石
铂含量/%（质量分数）	0.36~0.40
颗粒度/mm	$\phi 1.6 \times 2{\sim}8$，其中 3~6 的占 73%
堆比/（kg/m³）	690
压碎强度/（N/cm）	92
粉化度/%（质量分数）	0.36

（2）工艺条件

氢烃摩尔比 4.0~6.0，氢纯度大于 70%，反应压力 0.65~1.50MPa，正常使用反应温度 350~410℃，最高使用温度 420℃。

（3）工业保证值

乙苯转化率大于 25%，C_8 芳烃收率大于 96.3%，催化剂第一运转周期 2 年，反应产物中 PX 占所有二甲苯的质量分数大于 22.0%。

5.3.2　二甲苯吸附剂

早在 1756 年，瑞典矿物学家 Cronstedt 发现有一类天然硅铝酸盐矿物在灼烧时会产生沸腾现象，就称之为沸石，意为沸腾的石头。1840 年前后，人们注意到沸石晶体具有可逆的吸脱水作用。随后，科学家们又发现脱水菱沸石不仅能吸附水，还能吸附氨、甲醇、乙醇和甲酸等化合物。

1932 年，首次出现了"分子筛"这个专用名词，用来表示能在分子水平上筛分物质的多孔材料。虽然分子筛包含的内容比沸石更广泛（因为具有分子筛作用的材料不仅仅是沸石，还有碳、玻璃、磷铝酸盐等多孔材料），但沸石是其中最杰出的代表，所以，"沸石""分子筛"两个名词常常被混用。文章中出现的"沸石""分子筛""沸石分子筛"等通常指的是同一种物质。

天然沸石杂质较多，性能不够理想，所以人们通过人工合成的方法获得各种沸石，并通过正离子交换等方法对沸石分子筛进行改性，最终获得自己需要的具有特定功能的分子筛。

沸石分子筛的分子结构通式为：$Me_{x/n}\left[(AlO_2)_x \cdot (SiO_2)_y\right] \cdot mH_2O$，其中 n 为金属离子 Me 的化合价；Me 为正 1~3 价的金属阳离子；x/n 为可交换的金属阳离子 Me 的数目；m 为结晶水分子数。

随着分子筛合成和改性技术的发展，二甲苯分离吸附剂也应运而生。对于分离对二甲苯的吸附剂必须具有如下特征：一是对二甲苯具有较高的吸附容量；吸附剂的吸附容量主要取决于所用沸石的相对结晶度和黏结剂无效组分所占的比例；沸石的相对结晶度越高，黏结剂无效组分越少，吸附容量越大。二是吸附剂应具有较高的吸附选择性，即分离 C_8 芳烃各异构体组分的能力。选择性用 β 值表示，$\beta=1$ 时无选择性。吸附剂选择性的高低主要取决于吸附剂本身的电化学性质，而调变电化学性质的主要手段是交换阳离子的种类和程度、吸附剂的水含量，当然也包括沸石硅铝比的变化。三是吸附剂对 C_8 芳烃各异构体的吸附-脱附有较快的传质速率。影响传质速率的因素包括：吸附剂的颗粒尺寸、电化学性质、沸石晶粒大小和吸附剂的孔分布等。

1969 年，美国 UOP 公司率先采用八面沸石型分子筛作为吸附剂，成功开发 Parex 工艺。这种分子筛吸附剂对混合二甲苯中四种同分异构体具有不同的选择性，优先吸附对二甲苯。利用吸附剂的这种特性，再辅之以使液体和固体逆流接触的模拟移动床技术，采用解吸剂将吸附在吸附剂上的对二甲苯解吸下来，再经过精馏得到高纯度的对二甲苯产品。

UOP 公司开发的 ADS 系列吸附剂，为含有 K、Ba 阳离子的 X 型分子筛，预期使用寿命在 10 年以上。ADS-7 型吸附剂是 UOP 于 1980 年研制的第二代吸附剂，在世界广泛应用。1990 年代开发的 ADS-27 型吸附剂比 ADS-7 具有更高的选择性和更长的使用寿命，其主要物性指标见表 5-4。

表 5-4　ADS-27 分子筛主要物性指标

项　目	单　位	规格性能	备注
型号	—	ADS-27	
外观	—	颗粒状	
堆密度	kg/m³	761~857	
BaO	%（质量分数）	≥30	不挥发
磨损率	%	≤15	
16×50 目		≥90	美国标准筛分
LOI 灼烧损失	%（质量分数）	≤7.0	900℃
组成	—	二氧化硅/氧化铝	

5.3.3　解吸剂

在 C_8 芳烃吸附分离过程中，被吸附的组分被吸附剂吸附后，需要用解吸剂把它们从吸附剂上解吸出来，达到分离被吸附组分，再进入下一步吸附过程的目的。

解吸剂需具有如下性质：

① 吸附剂对解吸剂的吸附能力和对二甲苯相近或稍微弱一些（即 $\beta_{PX/解吸剂} \approx 1$ 或稍大于 1），只有这样才有利于两者在吸附剂上进行吸附交换。

当吸附剂外液相中对二甲苯浓度大于吸附剂内对二甲苯浓度时，对二甲苯就能将吸附剂内的解吸剂解吸下来；当吸附剂外液相中解吸剂浓度大于吸附剂内解吸剂浓度时，解吸剂就能将吸附剂内的对二甲苯解吸下来。

若解吸剂被吸附的能力很强，那么吸附了解吸剂的吸附剂与新鲜原料接触时，就无法再吸附原料中的对二甲苯，这样吸附分离过程也就无法进行。同样，解吸剂被吸附能力很弱，也就无法解吸被吸附的对二甲苯。

② 解吸剂和 C_8 芳烃（即被解吸物质）和原料中其他物质之间的沸点差要大，便于用精馏方法分离。

③ 解吸剂纯度要高，如果带有杂质可能会影响吸附剂的吸附性能，使吸附剂劣化，同时影响产品的纯度。

④ 解吸剂必须具有高的热稳定性和化学稳定性。

符合条件的物质有甲苯、对二乙基苯等，但是，若采用甲苯作为解吸剂，由于与吸附分离装置经常联合应用的异构化工艺，在其反应过程中会产生与甲苯沸点相近的环烷烃产物，使后续精馏过程甲苯的回收、提纯发生困难；其次是甲苯沸点较低，在精馏中是塔顶产品，而甲苯作为解吸剂比抽出和抽余产品的数量更大，将大量的物料作为塔顶产品，显然能耗较大。而对二乙基苯是 C_{10} 组分，沸点比 C_8 芳烃高很多，易于精馏分离，且作为塔底产品又不会受到轻组分污染。因此，目前 PX 吸附分离装置采用的解吸剂多为纯度大于 95%的对二乙基苯（PDEB）。

对二乙基苯，英文名是 *p*-diethylbenzene，即 PDEB，分子式是 $C_{10}H_{14}$，分子量 194.22。它是一种无色透明的液体，冰点为–43.30℃，沸点是 183.9℃。具有特殊的臭味，有毒，不溶于水，可溶于有机溶剂。国内生产 PDEB 主要是通过乙苯与乙烯在催化剂作用下加成获得。反应生成的产物中基本上是 PDEB，含很少量的间二乙苯（MDEB）、邻二乙苯（ODEB）等杂质。将反应产物通过脱苯塔、脱乙苯塔、PDEB 蒸馏塔、脱 MDEB 塔和脱 C_{11} 塔后，最后通过白土处理以除去其中的羰基等杂质后即可得到纯度大于 99%的 PDEB。

解吸剂因为它的特殊性能要求，它在使用及运输过程中要妥善保护：

① 为了防止解吸剂在运转过程中受热氧化产生极性化合物或是高沸物，系统要使用氮气密封。

② 工艺上采用再蒸馏塔，对少量解吸剂进行连续再生，保证循环解吸剂的纯度。

5.3.4 白土

烯烃会使 Parex 装置吸附剂永久性中毒，不能存在于 Parex 装置进料中，以确保吸附剂有一个较长的使用寿命。这要让二甲苯塔原料流通过酸性活性白土床层来实现。

白土处理目的之一是吸收烯烃类物质，另一作用是通过酸性催化剂作用，使烯烃类物质聚合和烷基化变成高沸物并在下一步的分馏中除去。白土处理中最主要的参数是温度。白土的吸附容量随着温度的增加而减小，而催化活性增加。但过高的温度是不利的，因为需要更高的压力来维持芳烃的液态。实际中较为适宜的温度为 150~200℃。白土的更换通过测定溴指数确定，一旦溴指数上升到 20 mg/100g 以上，白土就被视为作废，需切换更新。

用于重整油和异构化反应产物白土处理的为 NC-01A 型白土，用来处理物料中的烯烃，及吸附其中的胶质与重组分，预期的使用寿命为 0.5~1 年。其性能指标如表 5-5 所示。

表 5-5 NC-01A 型白土的性能指标

项目	单位	指标值
水分	%	≤5.0
颗粒度，900~300μm	%	≥85.0
颗粒度，300μm	%	7.0
堆密度	g/L	650~900
颗粒强度	N/颗	0.5
比表面	m²/g	170
游离酸（以 H_2SO_4 计算）	%	≤0.2
溴指数	MgBr/100g	≤5.0

扬子石化新建芳烃改造装置中采用了高效颗粒白土，处理能力有所提高，预期使用寿命为 2 年。具体规格见表 5-6 所示。

表 5-6 高效颗粒白土规格

项 目	单 位	规格性能
外观	—	浅灰色不规则颗粒
堆密度	kg/m³	780~900

项 目	单 位	规格性能
耐压强度	N/粒	>6
水分	%（质量分数）	<7
游离酸（以 H_2SO_4 计）	%	<0.2
比表面积	m^2/g	>150
脱烯烃初活性	mgBr/100g	≤5
粒度	目	20~60 不小于 90%

5.4 工艺流程说明

5.4.1 吸附分离（600#）单元工艺流程

通过吸附分离系统过程，进料中的对二甲苯被解吸下来与解吸剂形成抽出液；进料中的其他组分与解吸剂形成抽余液；送入后续的精馏系统分离。Parex 工艺过程总示意如图 5-10 所示。

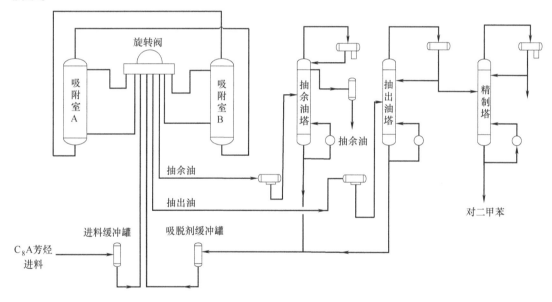

图 5-10　Parex 工艺过程总示意图

来自二甲苯塔 DA-801/804 塔顶的混合 C_8 芳烃进入进料缓冲罐 FA-601，FA-601 物料经原料泵（GA-601A/B/C，有一台备用）送出，分别送向吸附分离的两个系列，由于两吸附系列是完全相同的并联，现以第一系列为例说明。

如图 5-11 所示，GA-601 出口原料经过加热器 EA-601-1 将原料从 160℃加热到 177℃，加热量由原料出口温度控制器 TRC-6801 与蒸汽凝水 FRC-6801 串级控制。加热后的原料 F 经过孔板流量计 FR-6802 后去原料过滤器 FD-601-1A/B（既可串并联、又可单独使用）过滤，过滤后的物料再经过透平流量计 FRC-6803 控制后进入旋转阀，然后再进入吸附塔。从抽余液塔 DA-603A/B 底部和抽出液塔 DA-604 底部排出的循环解吸剂，与各自的进料在换热器换热后，进入解吸剂缓冲罐 FA-609，经解吸剂泵 GA-610A/B/C（两台运转、一台备用）加压，经成品

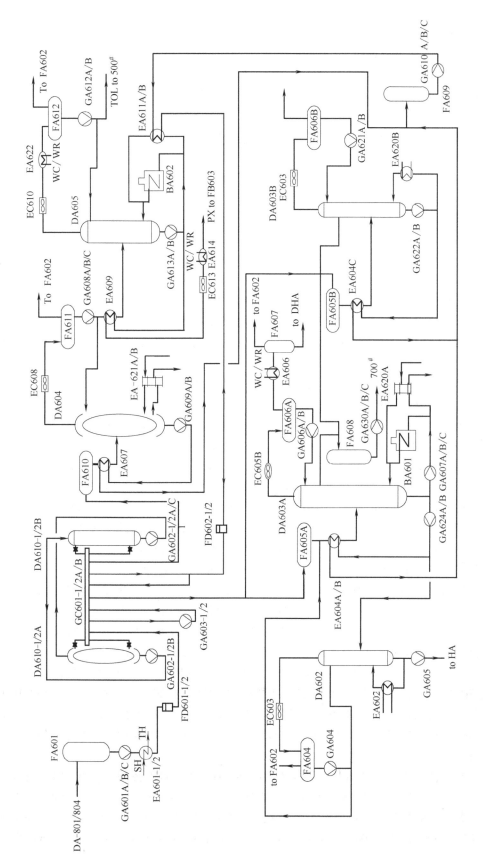

图 5-11　600#单元工艺流程简图

塔再沸器 EA-611A/B（提供部分热量给成品塔），EA-611 采用分程控制，将解吸剂温度控制在 177℃，为提高吸附剂的选择性，在吸附分离过程中要向吸附剂中注入无离子水，注入量为原料流量的 200×10^{-6}（质量分数），水是注入 EA-611A/B 进口管线的解吸剂中。冷却至 177℃ 的解吸剂，经孔板流量计 FR-6806 控制后，进入过滤器 FD-602-1A/B 过滤，过滤后的解吸剂分成四路：一路经透平流量计 FRC-6805 控制，作为吸附系统的解吸剂（D）经旋转阀进入吸附塔；一路经孔板流量计 FR-6840 控制、透平流量计 FRC-6804 控制，作为二次冲洗 X 经旋转阀进入吸附塔，作为旋转阀、床层管线、格栅的辅助冲洗；一路经 FRC-6809、FRC-6808 控制后分别进入旋转阀 GC-601-1A 和 GC-601-1B 的拱顶，作为转子板与定子板之间的密封液，GC-601-1A/B 拱顶密封液经孔板流量计 FT-6812/6813 后在压力控制器 PRC-6807、FRC-6808 的控制下排出拱顶去 DA-603 或 FA-609；最后一路解吸剂在流量控制器 FRC-6810/6807、6811/6821 控制下，分别进入 DA-601-1A 的顶、底和 DA-601-1B 的顶、底，它们分别在各自的封头冲洗排出流量控制器 FRC-6201/6202、FRC-6211/6210 控制下排出封头去 DA-603A 或去 FA-609。

吸附系统内的一次冲洗 H 是从吸附塔解吸区ⅢA 底抽出一股物料 H_1 经旋转阀 GC-601-1A/B，然后经 GA-603-1A/B/C（一台备用）泵出，在流量控制器 FRC-6817/6818、FRC-1819/6820 控制下经 GC-601-1A/B 进入吸附塔的ⅡA 区顶部（H_2），冲洗床层管线、转阀、格栅，起到防止产品 PX 纯度、收率下降作用。

从吸附塔 B 底部送向吸附塔 A 顶部的工艺物料是用流量控制器 FRC-6823 进行控制的，从 A 塔底部送向 B 塔顶部的工艺物料是用 A 塔底部压力控制器 PRC-6804 控制 A 塔底部压力为 0.83~0.93MPa（设计为 0.88MPa），B 塔底部压力由抽余液排出量进行控制 PRC-6810，压力控制为 0.83~0.93MPa（设计为 0.88MPa）。

离开两系列吸附塔的抽出液 E 在流量控制器 FRC-6815/6915 控制下，进入抽出液塔 DA-604、进料混合罐 FA-610，经换热器 EA-607 与塔底物料换热后进入抽出液塔，塔顶气相由空冷器 EC-608 冷却后进入塔顶受槽 FA-611，回流量 FRC-6221 与 FA-611 液位控制器 LRC-6203 串接，经塔顶泵 GA-608A/B/C 送入塔内。塔顶采出在第三和第十四块塔板温差控制器 TDC-6211 与 FRC-6044 的串接控制下，经 GA-608A/B/C 送至成品塔（DA-605）。塔底物料在塔底液位控制器 LC-6202 的控制下，由塔底泵 GA-609A/B 送出，在 EA-607 换热后去 FA-609。DA-604 再沸量由 800# 单元二甲苯塔 DA-804 塔顶气相通过高通量管换热器 EA-621A/B 提供。

从 DA-604 顶排出进入 DA-605 的粗 PX，经 DA-605 塔精馏后，塔顶气相由空冷器 EC-610 冷却后进入塔顶受槽 FA-612，FA-612 中的水经水包排至 DHA。塔顶回流量 FRC-6045 由塔顶受槽液位控制器 LIC-6012 串接控制，经塔顶泵 GA-612A/B 进入塔内，塔顶采出流量 FRC-6048 在第三块和第十四块塔板温差控制器 TDC-6030 串接控制下，经 GA-612A/B 送到 500# 单元（或去 FB-301）。塔底物料在塔底液位控制器 LRC-6011 的控制下由塔底泵 GA-613A/B 送出，先与进料在换热器 EA-609 换热后，再经过空冷器 EC-613、水冷器 EA-614 冷却送到 PX 产品罐 FB-603。塔底再沸量一部分由加热炉 BA-602 提供，另一部分由解吸剂通过换热器 EA-611A/B 提供。

两系列抽余液 R 在吸附塔 B 塔底部压力控制器 PRC-6810/6910 控制下，离开吸附塔进入抽余液 A 塔 DA-603A 进料缓冲罐 FA-605A，在换热器 EA-604A/B 中与塔底采出换热后进入塔内精馏，塔顶气相由空冷器 EC-605A 冷却后进入塔顶受槽 FA-606A，回流量由 FA-606A 液位控制器 LIC-6008 与 FRC-6040 串级控制，经塔顶泵 GA-606A/B 送入塔内，侧线采出自第 5#

块板流量采用第 5# 与第 20# 块塔板上的温差控制器 TDC-6022 与 FRC-6039 进行串接控制，进入异构化进料缓冲罐 FA-608，最上五块塔板为干燥板，以除去侧线物料中的水分，水分自水包 FA-607 中排至 DHA。塔底物料在塔底液位控制器 LRC-6006 的控制下，经塔底液排出泵 GA-624A/B 排出，在换热器 EA-604A/B 中与进料换热后去 FA-609。塔底液循环泵 GA-607A/B/C 将塔底物料分别送入加热炉 BA-601 和换热器 EA-620A，经加热后返回 DA-603A，其循环流量采用流量控制。EA-620A 由 800# 单元二甲苯塔 DA-804 塔顶气相提供热量。

在 PV-6810/6910 控制阀前分别抽出一股物料在流量控制器 FRC-6214/6314 控制下进入抽余液 B 塔 DA-603B 进料缓冲罐 FA-605B，在换热器 EA-604C 中与塔底采出换热后进入塔内精馏，塔顶气相由空冷器 EC-605B 冷却后进入塔顶受槽 FA-606B，回流量由 FA-606B 液位控制器 LIC-6014 与 FRC-6049 串级控制，经塔顶泵 GA-621A/B 送入塔内，侧线采出（自第 5# 块板）流量采用第 5# 与第 21# 块塔板上的温差控制器 TDC-6205 与 FRC-6218 进行串接控制，进入异构化进料缓冲罐 FA-608，最上五块塔板为干燥板，以除去侧线物料中的水分，水分自 FA-606B 水包中排至 DHA。塔底物料在塔底液位控制器 LRC-6013 的控制下，经塔底液排出泵 GA-622A/B 排出，在换热器 EA-604C 中与进料换热后去 FA-609。精馏所需再沸热量由 800# 单元二甲苯塔 DA-804 塔顶气相通过换热器 EA-620B 提供。

本单元工艺的特点是：

① 吸附 I 系列采用 UOP 开发的 ADS-7 型吸附剂，可生产高 PX 浓度（≥99.5%）的对二甲苯，PX 单程收率达到 92% 以上；吸附 II 系列采用 UOP 开发的 ADS-37 型吸附剂，可生产高 PX 浓度（≥99.8%）的对二甲苯，PX 单程收率达到 98% 以上；

② 设计采用双系列及双转阀；

③ 利用 DCS 控制系统以程序控制的方式将一次冲洗液流量与被冲洗的床层管道体积相关联，以每次冲洗的床层管线的实际体积倍数确定当前的一次冲洗液流量，实现一次冲洗液流量精确控制；

④ 原采用 UOP Monirex 专利技术，后对循环泵的计算控制器和旋转阀控制系统进行了 DCS 控制系统改造；

⑤ 与 800 单元加热炉一起组成余热回收系统，进行烟气热量回收。

5.4.2　异构化（700#）单元工艺流程

异构化装置的进料是从二甲苯吸附分离装置抽余油塔 DA-603A/B 第五块板抽出的侧线馏分产品，该抽余油是经干燥、已基本脱去对二甲苯的 C_8 芳烃馏分。

如图 5-12 所示，从异构化进料缓冲罐 FA-608 经异构化进料泵 GA-630A/B/C 送出，分别由流量控制器 FRC-7810、FRC-7811 控制去两个混合进料换热器 EA-701-1A/B 流量，补充 H_2 来自于 500# 单元和 300# 单元（初期部分来自烯烃），分别由 PRC-7811 和 FRC-7816 控制其进气量，补充气与压缩机 GB-701-1 出口的循环气合并在流量控制器 FRCAL1-COAL2-7812-1/2 控制下与异构化进料汇合，一起进入两个并联的混合进料换热器（EA-701-1-A/B）与反应器出料进行换热，然后进入进料加热炉 BA-701-1。

进料加热炉 BA-701-1 把混合进料加热到反应温度（350~450℃），加热炉出口温度控制器 TRC-7804 与燃料气压力调节器 PIC-7803 组成串级控制，两个系列的进料加热炉设有公共的对流段和烟囱，在对流段设有废热锅炉，以回收对流段的能量产生高压蒸汽供联合装置使用，从而提高炉子的总热收率。

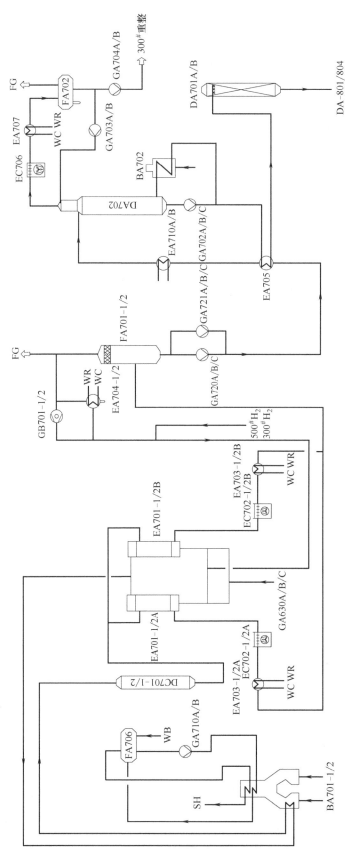

图 5-12　700#单元工艺流程简图

反应压力由分离器 FA-701-1 的压力控制器 PRC-7811 控制来自 300#单元或 500#单元的补充 H_2 量来达到控制反应段压力，反应器出口氢分压为 0.55~1.3MPa。

经进料加热炉 BA-701-1 加热后的气相物料经异构化反应器 DC-701-1 顶部进入反应器，气流由顶部分配器分导后进入径向反应器扇形管沿反应器径向穿过催化剂床层，汇集于反应器中心管内，向反应器底部导出。气相混合物在反应器中经 SKI-400 催化剂作用，使贫对二甲苯的 C_8 芳烃混合物，转化成接近平衡的 C_8 芳烃混合物，总反应有轻微的放热，故反应器出口温度一般比入口温度高 8~15℃。

反应流出物与混合进料在 EA-701-1A/B 中换热，然后在反应产品冷凝器 EC-702-1-A/B 和反应产品后冷器 EA-703-A/B 中冷却进入产品分离器 FA-701-1。

在产品分离器 FA-701-1 里，气相由顶部排出，一部分在流量控制 FRC-7815 下进入燃料气管网或火炬系统，绝大部分氢气进入循环压缩机 GB-701-1 作为循环气。

为了防止压缩机喘振及压缩机出口温度上升超过允许值，从压缩机出口到进口之间设立了一个防喘振回路，其流量由 FRC-7814 控制，并设立冷却器 EA-704-1，当 EA-704-1 凝液液位大于 80%时，手动排放至 DHA 系统。

从分离器 FA-701-1 底部出来的液体，在液位控制器 LRC-7803 的控制下，与外购混合 C_8 芳烃一起（流量由 FRC-6666 控制），经 GA-720 打入 EA-705 壳程，与脱庚烷塔塔底液换热后，再进入 EA-710 壳程与来自 DA-804 塔顶液（其流量由 FRC-7201 控制）进行换热，在脱庚烷塔 DA-702 的第 20 块塔板进入塔内。

DA-702 塔顶物料经空冷器 EC-706、水冷器 EA-707 进入塔顶受槽 FA-702，FA-702 中不凝性气体在 PRC-7021 控制下排出，与 500#单元、300#单元来的气体汇集后去 FG 系统，或者根据生产需要去 GB702-A/B 增压后至 950#单元。FA-702 中的水经水包切至 DHA（只有白土在脱水干燥时，FA-702 水包中有水）。FA-702 内液体一部分由回流泵 GA-703A/B 在 FA-702 液位控制器 LRC-7007 与 FRC-7030 串级控制下打到塔内作为回流，另一部分液体在 DA-702 第 10 块塔板温度控制 TRC-7020 与 FRC-7032 串级控制下由采出泵 GA-704A/B 送入 300#单元，另外由于 GA-704 压头较高，在低流量时易产生气蚀而损坏泵，故在 GA-704 出口到 EA-707 进口之间设立一根自循环管线，流量由 FRC-7033 控制。

DA-702 塔釜液由塔底泵 GA-702A/B/C 输送到加热炉 BA-702 进行加热，由 8 组炉管进料流量控制器 FRC-7019~7026 进行控制，使物料均匀地由 8 根炉管进入加热炉。物料在 BA-702 内加热气化后，再回到 DA-702 塔底，GA-702 出口另一部分物料去 EA-705 管程，（部分经过旁路，以便控制好去 DA-701 进口温度）与 DA-702 进料换热后，去白土塔 DA-701，经白土塔处理除去物料中的不饱和烃后 DA-801、DA-804 塔。

本单元工艺的特点是：

① 采用北京石科院研制的 SKI-400 型异构化催化剂；

② 采用径向反应器，床层压降小，副反应少；

③ 空速大、低压、低温及高氢油比；

④ 采用废热锅炉，提高加热炉的热效率；

⑤ 氢纯度要求低，氢气纯度随反应苛刻程度的提高而提高。

5.4.3 二甲苯分馏（800#/3600#）单元工艺流程

本单元包含获得邻二甲苯产品的设备工艺。

如图 5-13 所示，来自 300 铂重整单元的 C_8+芳烃与 700#异构化单元的 C_8+芳烃（约占 65%）分别进入二甲苯精馏塔 DA-801 第 25#和第 50#块塔板，经 DA801 塔处理后，塔顶气进入四台并联操作的蒸气发生器 EA-806A/B/C/D 的管程，副产中压蒸汽。塔顶凝液进入受槽 FA-801，塔顶泵 GA-801A/B 将脱去 C_9+芳烃的 C_8 芳烃送到 600#单元吸附分离装置，塔顶采出量 FRC8010 通过第 80#板-灵敏板温度 TI8002 来调整，塔顶回流量由 FRC8010 与 FA-801 液位 LIC8002 串接控制。塔底主要是 C_9+芳烃，经塔底泵 GA-802 加压后可以去 DA-802 或 DA-506 塔，联产邻二甲苯时 DA-801 塔底富含 OX 的 C_9+A 送至 DA-506 或 DA-3601。再沸热量由加热炉 BA-801 提供。

富含 OX 的 C_9+芳烃（DA-801 或 DA-804 底料）进入 3600#单元邻二甲苯分馏塔 DA-3601 塔，经邻二甲苯塔精馏后，塔顶气相进入蒸汽发生器 EA3601 的管程，在此与来自锅炉给水预热器 EA-3602 的锅炉水换热副产中压蒸汽。塔顶冷凝液进入受槽 FA-3601，经塔顶泵 GA-3601A/B 加压部分回流塔内，回流量 FRC8108 与 FA-3601 液位 LIC8102 串接控制，另一部分经 EA-3602、水冷器 EA-3603/888 冷却作为产品邻二甲苯送往罐区产品罐 FB-3601A/B。塔底主要是 C_9 芳烃及 C_9+芳烃送到再蒸馏塔 DA802。再沸热量由加热炉 BA-3601 提供。

DA-801/3601 塔顶废热锅炉系统的中压锅炉水来自给排水车间 2500 单元，EA-806 副产中压蒸汽由过热炉 BA-803 提温，EA-3601 副产中压蒸汽由加热炉 BA-3601 对流段提温，所产中压蒸汽输出界外至公用工程管网。

C_9 芳烃及 C_9+芳烃料（DA-3601 或不产 OX 时 DA-801 底料）进到 DA-802 塔精馏处理，分离出 C_9 芳烃和 C_9+芳烃。塔顶气相经空冷器 EC-803 冷却进入塔顶受槽 FA-802，塔顶泵 GA-803A/B 一股回流至塔，回流量 FRC8018 与 FA-802 液位 LIC8004 串接控制，一股送往 500#单元歧化原料罐 FA-504 或 FB-501，采出量 FRC8017 视第 80#块板温度 TRC8009 调整。塔侧线采出主要是 C_9+芳烃，从 85 块板抽出，经 GA818A/B 输出与 DA506 侧线 C_9+芳烃会合后由 FRQ-8089 控制去 EA-818 冷却后间歇送至炼油厂调和 93#汽油。塔底主要是重芳烃，为使塔顶除去茚满，允许塔底带走一定量的 C_9 芳烃，经塔底泵 GA-804A/B 抽出，采出量 FRC-8012 由塔釜液位 LIC-8003 串级控制，经空冷器（EC-804）、后冷器 EA-805 冷却送至贮罐。再沸热量由加热炉 BA-802 提供。

DA-804 塔处理约 35%的 700#单元异构化 C_8+芳烃，流量由 FRC-8204 设定控制，进入第 31#块板；500#单元歧化装置 C_8+芳烃进入 DA-804 第 51#块塔板。由该塔精馏处理后，塔顶蒸气进入热集合流程。分成四路，一路去 EA-620A 与 DA-603A 塔底液换热，提供部分再沸热量；一路去 EA-620B，与 DA-603B 塔底液换热，全部再沸热量；一路去 EA-621A/B，提供 DA-604 塔底全部再沸量；一路去两台并联操作的蒸汽发生器 EA-811A/B 的管程，在此与锅炉给水换热，副产中压蒸汽。DA-804 塔压由此路上的压控阀 PV-8205 控制。各回路凝液汇合后进入受槽 FA-806，C_8 芳烃经塔顶泵 GA-808A/B 去 EA710A/B，与 DA702 塔进料进行换热，进一步回收余热后送 600 单元吸附分离装置，回流液 FRC8222 与 FA-806 液位 LIC8201 串接控制。塔底主要是富含邻二甲苯 C_9+芳烃混合液，送到 DA506 塔（亦可进入 DA3601 塔），生产邻二甲苯 OX。为了提高 DA804 塔精馏效果，从第 140#块板抽出一股物料经分析泵 GA812 再送回第 139#块板，在此管线上设有一组分分析仪 QR-8201，分析其中 C_8 芳烃的含量，以提高精馏质量。再沸热量由加热炉 BA-804A/B 提供。

DA-804 塔顶热集合流程中 EA-811A/B 的高压锅炉给水来自界区，与 EA-811A/B 管程物料换热后，产生 1.4 MPa 级中压蒸汽，进一步经 BA-804A/B 对流段过热，进入中压蒸汽管网。

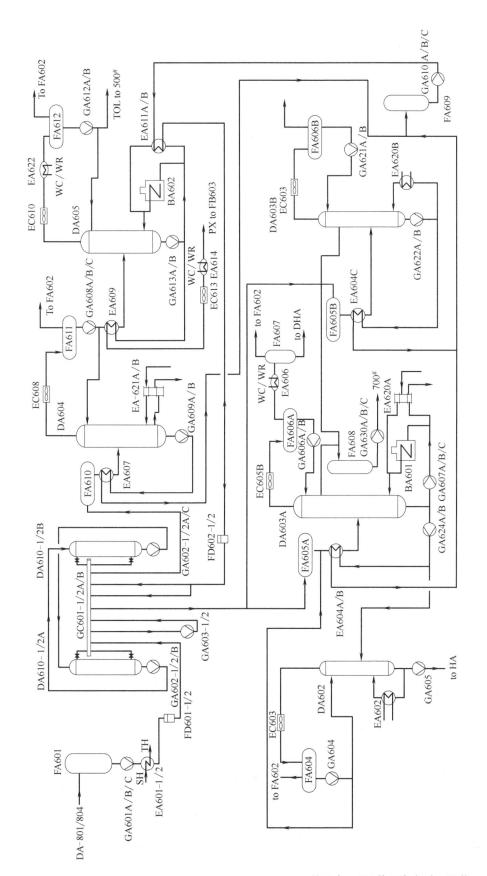

图 5-13 800#/3600#单元工艺流程简图

来自大气中的空气经过过滤以后，经过鼓风机 GB-802A/B 增压，将增压的空气送至 EA-812A/B 内用中压蒸气进行预热，预热后的热空气主要去烟道气换热器 EA-813 去与烟道气进行换热，回收烟道气中的热量，被加热后空气与 EA-812A/B 出来的部分空气汇合后一起进入 BA-804A/B，向 BA-804A/B 提供燃料空气，经 BA-804A/B 燃烧排出加热炉的烟道气，用引风机 GB-801 引出送至 EA-813 加热燃烧空气后，排出至烟囱。

当加热炉余热回收系统不具备开车条件时，燃烧空气由快开风门提供，烟道气直接排向烟囱。

本单元工艺的特点是：

① 联产邻二甲苯；

② DA-801、DA-804、DA-3601 均为带压操作，塔顶增设废热回收系统或热集合流程，产生中压蒸汽和为其他精馏塔提供热源，提高了热能的利用率，节能效果显著。但采用热集合流程，600/700/800 单元精馏系统相互间的牵制将变得很大，一旦 DA804 塔发生波动，将直接影响整个 600 单元、700 单元和 800 单元的运行；

③ BA-804 采用较为先进的预热燃烧方法，充分回收烟道气中热量；

④ 采用高通量管换热器，热效率高；

⑤ BA-801/802/803 与 BA-601/602 组成余热回收系统，回收烟气余热。

5.4.4 主要工艺操作条件

表 5-7 600 单元主要工艺操作条件

控制项目		单位	设计值	控制项目		单位	设计值
吸附系统	吸附塔温度	℃	177	抽余液B塔 DA-603B	塔底温度	℃	215
	吸附塔塔底压力	MPa（表压）	0.88		EC-605B 后温度	℃	60
	A/Fa		0.65~0.85		塔顶回流比		1.82
	L_2/A		0.5~0.9	抽出液塔 DA-604	塔顶温度	℃	152
	L_3/A		1.4~1.6		塔顶压力	kPa	34
	L_4/A		−0.5~−0.15		塔底温度	℃	211
解吸剂再生塔 DA-602	塔顶温度	℃	197		EC-608 后温度	℃	121
	塔顶压力	kPa	34		塔顶回流比		2.88
	塔底温度	℃	228	PX 成品塔 DA-605	塔顶温度	℃	123
	EC-603 后温度	℃	177		塔顶压力	kPa	34
	塔顶回流比		0.75		塔底温度	℃	163
抽余液A塔 DA-603A	塔顶温度	℃	155		EC-610 后温度	℃	66
	塔顶压力	kPa	41		塔顶回流比		44.8
	塔底温度	℃	215	抽余液塔 DA-6503	塔顶温度	℃	143
	EC-605A 后温度	℃	106		EC-6505 后温度	℃	106
	塔顶回流比		2.145		塔底温度	℃	211
抽余液B塔 DA-603B	塔顶温度	℃	155		塔顶回流比		1.976
	塔顶压力	kPa	41				

表 5-8　700 单元主要工艺操作条件

	控制项目	单位	设计值		控制项目	单位	设计值
反应系统	DC-701 出口温度	℃	350~415	反应系统	氢油比	mol/mol	2.5~6.0
	DC-701 出口氢分压	MPa（表压）	0.55~1.3	脱庚烷塔 DA-702	塔顶温度	℃	150
	7500# 循环氢浓度	%（体积分数）	≥75		塔顶压力	MPa	0.74
	PX 平衡值	%（质量分数）	≥94		塔底温度	℃	242
	EB 平衡值	%（质量分数）	≥55		EC-706 后温度	℃	50
	C$_8$ 芳烃液收	%（质量分数）	≥97.0		EA-707 后温度	℃	40
	催化剂重时空速 LHSV	h^{-1}	3.0~4.5		塔顶回流比		10.59

表 5-9　800/3600 单元主要工艺操作条件

	控制项目	单位	设计值		控制项目	单位	设计值
二甲苯塔 DA-801	塔顶温度	℃	201	邻二甲苯塔 DA-3601	塔顶温度	℃	205
	塔顶压力	MPa	0.32		塔顶回流比		1.905
	塔底温度	℃	250		塔底温度	℃	244
	塔顶回流比		2.574	重芳烃塔 DA-802	塔顶压力	kPa	50
二甲苯塔 DA-804	塔顶压力	MPa（表压）	0.9		塔顶温度	℃	182
	塔顶温度	℃	251		EC-803 后温度	℃	169
	塔顶回流比		3.243		塔顶回流比		1.971
	塔底温度	℃	288		塔底温度	℃	222
邻二甲苯塔 DA-3601	塔顶压力	MPa（表压）	0.29				

5.4.5　原料及产品规格

表 5-10　吸附原料（混合二甲苯）规格　　　　　　　　（质量分数）

项目	单位	指标	项目	单位	指标
苯	10^{-6}	≤500	活性氧	10^{-6}	≤1
甲基乙基苯	10^{-6}	≤100	羰基	10^{-6}	≤2
其他 C$_9$ 芳烃	10^{-6}	≤500	溶解氧	10^{-6}	≤1
C$_{10}$+芳烃	10^{-6}	≤10	总氯化物	10^{-6}	≤5
硫	10^{-6}	≤1	铅	10^{-9}	≤10
总氮	10^{-6}	≤1	铜	10^{-9}	≤5
水	10^{-6}	≤60	砷	10^{-9}	≤1
有机氯化物	10^{-6}	≤3	色度（Pt-60 色谱）		≤10
溴指数	mgBr/100g 油	≤20			

表 5-11　对二乙基苯（PDEB）规格　　　　　　　　（质量分数）

项目	单位	指标	项目	单位	指标
对二乙基苯	%	≤95	总氮	10^{-6}	≤1
其他芳烃	%	≤3.5	氯化物	10^{-6}	≤20
其中 C$_9$ 芳烃	%	≤0.5	羰基数	/	≤1
C$_{11}$+芳烃	%	≤1	溴指数	mgBr/100g 油	≤20
总硫	10^{-6}	≤1			

表 5-12 对二甲苯产品规格

项目	单位	指标	项目	单位	指标
纯度	%（质量分数）	≥99.50	H_2S	10^{-6}（质量分数）	0
冰点	℃	≥13.15	Pt-Co		≤10
馏程（含138℃）	℃	≤1.0	SO_2	10^{-6}（质量分数）	0
重组分 C_9 芳烃	%（质量分数）	≤0.05	总氯	10^{-6}（质量分数）	≤0.4
非芳	%（质量分数）	≤0.05	酸洗色度		≥2
汽油含硫试验		通过	赛波特色度	min	≥30
溴指数	mgBr/100g 油	≤20	30℃时外观		透明无沉淀

表 5-13 异构化原料规格

项目	单位	指标	项目	单位	指标
砷	10^{-9}（质量分数）	≤1	水	10^{-6}（质量分数）	≤200
铜	10^{-9}（质量分数）		溴指数	mgBr/100g 油	≤100
铅	10^{-9}（质量分数）	≤20	氧化物	10^{-6}（质量分数）	≤50
总 S	10^{-6}（质量分数）	≤1	C_9 芳烃	%（质量分数）	≤1
总氮	10^{-6}（质量分数）	≤1	$C_{10}+A$（PDEB）	10^{-6}（质量分数）	≤200
总氯	10^{-6}（质量分数）	≤2	碱氮		无

表 5-14 补充氢规格

项目	单位	指标	项目	单位	指标
纯度	%（摩尔分数）	≥75	氯化物	10^{-6}（质量分数）	≤1.5
水	10^{-6}（质量分数）	≤50	硫化物	10^{-6}（质量分数）	≤5
$CO+CO_2$	10^{-6}（质量分数）	≤50	C_5+	%（摩尔分数）	≤2
NH_3	10^{-6}（质量分数）	≤1	烯烃	%（摩尔分数）	≤1

表 5-15 二甲苯分离原料规格　　　　单位：%（摩尔分数）

组分	重整二甲苯	歧化二甲苯	异构化二甲苯	组分	重整二甲苯	歧化二甲苯	异构化二甲苯
TOL	0	0	1.54	C_9P	0.26		0.02
C_8 烷烃	0	0	1.24	C_9 烯烃	0.20	0.01	0.01
C_8 烯烃	0.19	0	5.05	C_9 芳烃	32.95	28.72	1.65
EB	10.12	3.74	7.69	C_{10} 烷烃	0.06	0.01	0
PX	9.27	15.16	18.80	C_{10} 烯烃	0.04	0	0
MX	19.84	33.71	44.85	C_{10} 芳烃	10.24	2.17	0.17
OX	12.17	15.79	18.80	$C_{11}+$芳烃	3.96	0.69	0.18

表 5-16 二甲苯分离产品规格　　　　单位：%（摩尔分数）

组分	DA-801 塔顶混二甲苯	DA-804 塔顶混二甲苯	组分	DA-801 塔顶混二甲苯	DA-804 塔顶混二甲苯
TOL	1.32	1.15	MX	44.47	49.85
C_8 烷烃	1.06	0.93	OX	19.81	15.32
C_8 烯烃	4.39	3.77	C_9 烷烃	0.10	0.01
EB	9.87	7.56	C_9 烯烃	0.05	0.01
PX	18.93	21.39			

表 5-17　DA-3601 塔顶邻二甲苯　　　　单位：%（质量分数）

项　目	指　标	项　目	指　标
纯度	≥95	C_9+芳烃	<1.0
非芳烃	<0.5		

表 5-18　DA-802 塔顶、底 C_9 芳烃和 C_{10}+芳烃规格　　单位：%（质量分数）

项　目		指　标	项　目		指　标
塔顶 C_9A	C_{10}+芳烃	<20	塔底 C_{10}+芳烃	C_9芳烃	<15
	茚满	<3		S	<5

5.5　特殊工艺和关键设备

5.5.1　模拟移动床工艺

模拟移动床工艺采用 2 个串联的立式吸附塔，每台吸附塔内有 12 个床层，床层与床层之间用格栅分开，格栅起到均匀分配物流和支撑吸附剂的作用。每塔共有 13 块格栅（顶、底各有 1 块格栅以及 11 块中间格栅），每一床层各有一根床层管线与旋转阀相连，进出吸附塔的七股物料都是通过旋转阀、24 根床层管线来实现的。

两吸附塔内的液体循环流动由各自的塔底循环泵来实现的，而模拟移动床的实现是靠旋转阀周期性地向下步进，使进出吸附塔的工艺物料周期性地向下切换，从而模拟成吸附塔内的吸附剂向上运动。

正常运行时，进、出吸附塔共有七股工艺物料，它们分别是：

① 原料——混合二甲苯；

② 解吸剂——高纯度对二乙基苯；

③ 二次冲洗——解吸剂；

④ 一次冲洗液（冲洗入 H 入和冲洗出 H 出——从吸附塔Ⅲ区底部抽出，经冲洗泵打到吸附塔ⅡA 区顶部而进入吸附塔）；

⑤ 抽出液——粗对二甲苯和解吸剂的混合物；

⑥ 抽余液——含贫 PX 的 C_8A 和解吸剂的混合物。

进出塔共有 7 股工艺物料，由于一次冲洗进和出是同一物流，采用流量控制，抽余液排出量用 B 塔底部压力控制，其余 4 股也同时采用流量控制，这样进出吸附塔内的 7 股工艺物料，采用流量控制 5 股，为了提高吸附分离的效果，进出吸附塔的 5 股工艺物料均采用透平流量计对这 5 股工艺物料的流量进行计量，以确保 5 股工艺流量的测量精度。

对泵送循环流量和旋转阀的步进时间，采用 MONIREX 控制技术进行控制，模拟成吸附塔内的 7 股工艺物料，将两个吸附塔 24 个床层分成 7 个区域。

Ⅰ区：原料和抽余液之间的床层（共 7 层）Ⅰ区，主要是吸附剂吸附原料中的对二甲苯。

Ⅱ区：抽出液和原料之间的床层（共 9 层），称为精馏区，主要用为消除吸附剂内非 PX 的 C_8A，它可分为ⅡB、Ⅱ区、ⅡA 区。

ⅡA 区：一次冲洗与原料之间的床层（共有 2 个床层）。

Ⅱ区：二次冲洗与一次冲洗之间的床层（共 6 个床层）。

ⅡB：二次冲洗与抽出液之间的床层，只有 1 个床层。

Ⅲ区：解吸剂与抽出液之间的床层（共 5 个床层），称为解吸区，主要作用是将吸附相内的对二甲苯用解吸剂置换下来。它可分为ⅢA 和Ⅲ区。

ⅢA区：解吸剂进与一次冲洗液出之间的床层区域（共1个床层）。

Ⅲ区：一次冲洗液出与抽出液之间的床层（共4个床层）。

Ⅳ区：解吸剂进与抽余液之间的床层（共3个床层），称为缓冲区，主要是将Ⅰ区和Ⅲ区分开，防止从Ⅰ区底部流出的抽余液物料中的难吸附组分进入Ⅲ区而污染抽出液。

模拟移动床吸附分离的关键是控制好这七个区域流量以及旋转阀的步进时间表，它是用一套特殊的数控装置进行控制的（即MONIREX）。

5.5.2 旋转阀

主要功能：以一定的时间间隔对床层管线进行切换，使进出吸附塔的7股工艺物料进出口向下切换。

旋转阀主要部分由定子盘、转子盘、密封垫和拱顶密封罩组成。如图5-14所示。

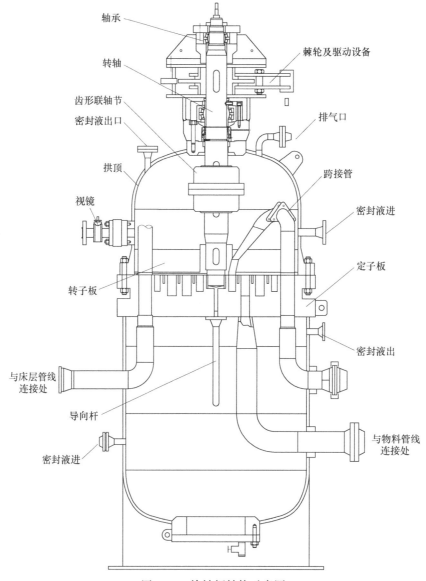

图5-14　旋转阀结构示意图

① 定子盘：它是一个平面圆形阀座，沿固定圆盘平均分布 24 个圆孔。24 个圆孔下端分别通过 24 根床层管线与吸附塔相连接，中间有 7 条同心的球形沟槽，每一个沟槽向下各有一个圆孔。这些圆孔分别与进出吸附塔的 7 股工艺物料管线相连接。

② 转子盘：它是一个平面圆形阀盖，下端为平面，沿着转子盘四周分布有 24 个孔，其中只有 7 个孔是通的，转子盘的下端面中间也有 7 条球形沟槽，这 7 条球形沟槽与定子板上的 7 条球形沟槽相重合，转子板上 7 条球形各有一个圆孔，这 7 个孔通过跨接管线，与转子四周上 7 个相通的孔相连接。

③ 密封垫：在转子板与定子板之间装有一个高强度的聚四氟乙烯密封垫片。主要用来防止转子板与定子板之间的金属磨损和防止沟槽之间的 7 股工艺物料互相泄漏而污染抽出液，以造成产品 PX 纯度和收率的降低，尤其是产品 PX 纯度的降低。

④ 拱顶：转子板外面有一个密封罩保护，密封罩内通入一股解吸剂，利用解吸剂压力使密封垫产生相应的密封压力。

驱动机构：600 单元每个系列采用两个旋转阀关联，且共有一个液压驱动机构，依靠油压装置的驱动力使旋转阀步进。

5.5.3 异构化反应器

异构化反应器 DC-701 是径向流动反应器，径向流动反应器的优点是压降小。来自进料加热炉的气体从反应器顶部进入，从反应器侧壁进入扇形管，再从扇形管径向流过催化剂床层到中心管，离开中心管从反应器底部出来。

如图 5-15 和图 5-16 所示：反应器内设置 44 个扇形筒和一个中心管，装填的 124m³ 催化

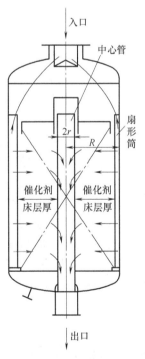

图 5-15　径向反应器原理

剂，顶部入口设有 $\phi1220\times20$ 人孔便于安放中心管和催化剂，并设有入口分配器，顶部和底部装填有 $\phi6$ 和 $\phi20$ 惰性氧化铝瓷球，底部设有催化剂卸料口。在床层上部设有床层盖板，以阻挡油气走短路。油气先经入口分配器进入设备，通过各扇形筒后，径向流过催化剂床层进入中心管，经出口管引出设备。与传统的轴向反应器相比，油气的流通面积由反应器的横截面变为大大超过横截面的环形通道，且床层厚度显著减薄，流通阻力小，压力降明显减小。

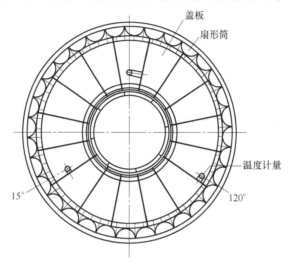

图 5-16　径向反应器俯视图

径向反应器主要由壳体、中心管、扇形筒、床层盖板、入口分配器等部分组成。壳体材质

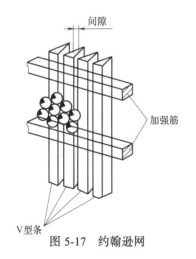

图 5-17　约翰逊网

为抗氢腐蚀能力强的 1.25Cr0.5Mo。中心管为两层结构，内筒是由不锈钢板冲孔焊接而成，外筒包附一层不锈钢约翰逊网（见图 5-17），约翰逊网是由 V 型不锈钢条与不锈钢加强筋点焊而成。约翰逊网的间隙控制在 0.7mm，偏差不能超过 0.05mm。约翰逊网是阻挡催化剂进入中心管内的屏障，所以对制造的要求很严格。

扇形筒也是不锈钢制成，与催化剂接触的表面也为约翰逊网结构，与器壁接触的背板为整块不锈钢板，背板的曲率半径与反应器的曲率半径相一致，通过膨胀环的张力使它们能紧贴在反应器的内壁上，器壁和扇形筒背面的间隙很小，这样可以避免催化剂进入到扇形筒的背面。进入扇形筒背面的催化剂不仅无用，而且在开工初期和催化剂再生时，还可能成为设备超温

的隐患。床层盖板是阻止油气走短路的构件，它是由中心管盖板和许多扇形平盖板组成，通过与扇形筒顶端的盖板连接形成整体。图 5-18 为 DC-701 结构简图。

5.5.4　高通量管

换热器管束外表或内表面烧结上一层微观多孔粒层，该层一般采用与管束本体相同材质，这一层多孔金属既增加了表面热交换面积，又为相变提供了大量的促进气泡形成的活性核心。可大大地提高传热速率，减小换热器所需传热面积，特别是适用于有相变的传热过程。

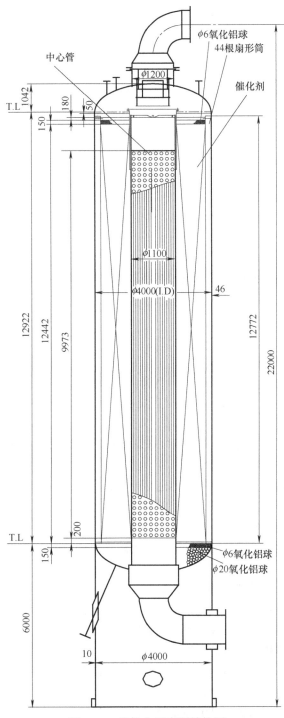

图 5-18 异构化反应器结构图

高通量管的工作特性如图 5-19 所示，上端显示的是光管表面。在光管表面，气泡通常产生于表面微小的凹陷和划痕处。下端是高通量换热管表面，多孔表面和基体的良好的热传导系数，很大的微孔表面积以及多孔层的众多接触点确保了大量稳定气泡核的形成。

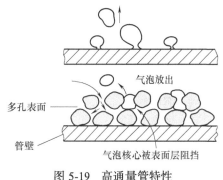

气泡放出

多孔表面

管壁

气泡核心被表面层阻挡

图 5-19　高通量管特性

PX 装置中，抽出液塔重沸器 $A=610m^2$ 和抽余液塔重沸器 $A=1150m^2$ 采用高热通管结构，该技术系美国 UOP 公司专利技术，其特点是具有超强的沸腾蒸发，在管内外温差等于 2℃时即可沸腾，其总传热效率是常见光管的 3~4 倍。另外，脱庚烷塔重沸器若采用常规 U 型管换热器设计，则壳体直径将达到 2600mm，检修及试压将非常困难。最终确定采用一台高热通管换热器。高通量换热管是在普通光管的内（外）表面喷涂一层金属，喷涂层的厚度在 5~15mils，相当于 0.127~0.381mm。对于立式换热器还在管外壁加工出利于液体流动的凹槽（此时外壁不喷涂）。喷涂层与基体的结合非常牢固，可以承受 U 型弯管的应力。因此，高通量换热管可以像普通换热管一样用来制造各种换热器。

5.6　装置开停车及异常现象处理

5.6.1　装置开车

（1）开车前的检查和确认

① 检查和确认公用工程系统是否符合要求和正常供给。

② 确认安全阀是否已正常投用，临时盲板是否已拆除，应加的盲板是否按工艺要求已加好。

③ 检查确认本岗位安全设备是否完善，如设备的静电接地，电动机的保险丝，防爆照明，消防器材和电话通信设施等。

④ 确认转动设备的润滑油液面符合制造厂要求，冷却水能正常供给，密封油不泄漏。

⑤ 确认仪表及安全联锁系统调校合格并处于正常状态。

（2）开车条件的检查确认

① 装置的容器、管线、设备已经过综合气密试验，已经从低点排净自由水，且氮气置换合格。

② 安全设施齐备，各种消防器材就位好用。

③ 现场流程、盲板状态、阀门阀位均已经过三级确认合格。

④ 所有联锁系统已由工艺、仪表人员确认完好。

⑤ 加热炉烘炉、废热锅炉煮炉完毕。

⑥ 吸附剂、催化剂和白土按要求装填结束，氮气置换合格，并用盲板隔离，处在氮封状态。

⑦ 补充氢能正常供给，质量合格。

⑧ 罐区储有足够量已制备处理的新鲜解吸剂，有足够量的 C_8A 芳烃和甲苯，且质量符合规定指标。

⑨ 循环氢压缩机 GB701 等动设备试车合格，并处于良好备用状态。

⑩ BA701A/B/801A/B 热风系统试车合格。

⑪ 公用工程及储运系统已正常稳定运行。

⑫ DCS 和 ESD 系统已调试完毕可投用使用。

（3）开车安全注意事项

① 开车过程中，现场操作人员必须戴好安全帽及其他劳动保护用品，注意人身安全。

② 开车过程中，应注意及时巡检，时刻关注现场跑冒滴漏、液击等不安全因素，及时报告和处理。

③ 开车时，吸附系统透平应切出。

④ 精馏塔升温速率不得大于 30℃/h。

⑤ 严禁塔、容器满液位操作及容器超压运行。

⑥ 吸附塔充液时，利用排气阀，维持吸附塔压力在 0.35MPa（表压）左右。封头充填流量小于 11.5m³/h。升温时，进出物料温差保持在 20℃左右。

⑦ 反应器升温速率严格控制在 25℃/h。

（4）典型过程开车示例

① 吸附分离（Parex）/异构化（Isomar）联合装置开车

当起动吸附分离（Parex）/异构化（Isomar）联合装置时，通常先启动 Parex 单元，经长时间循环，生成接近标准的对二甲苯后，再启动异构化反应器部分。基本工艺程序如下：

a. 二甲苯分馏单元开始全回流操作。

b. 起动 Parex 单元。再循环抽提塔纯塔顶产物（或成品塔纯底料）和提余塔侧线馏分回到 Parex 进料装置，这样可以进行分馏部分的吸附。这被称为"短循环"。

c. 异构化脱庚烷塔开始全回流运行。在 Parex 分馏部分打通之后，在 Parex 异构化和二甲苯分馏单元之间建立长时间循环。这时，给异构化反应器部分设旁路并把异构化液体进料（提余液塔侧线馏分）直接送到脱庚烷塔。再循环气体压缩机试车之后，逐步将异构化进料加热至 345℃。

d. 建立稳定的长时间循环并且将反应器进料温度稳定在 345℃之后，将异构化进料从反应器旁路切换到反应器入口。

② 分馏部分开车

通常，异构化脱庚烷塔和汽提塔（如果有的话），二甲苯分馏单元以及 Parex 单元在异构化反应器段之前开车。为了给 Parex 单元进料，二甲苯分馏段必须先开车。在开车之前，必须对所有管线、容器和其他工艺设备抽真空。

a. 从贮罐开始输送混合二甲苯物流。然后，二甲苯分馏单元开始全回流操作。

b. 二甲苯分馏单元全回流并生产 Parex 优质进料。当开车需要时，输送 C₈ 芳烃并在短循环时打通 Parex 单元。少量的无脱吸剂的提余液塔侧线馏分可以经过反应器环路的旁路抽吸到异构化脱庚烷塔中。当脱庚烷塔底部液面达到时，投运脱庚烷塔塔顶冷凝器和重沸器。根据需要从提余液塔侧线馏分加入 C₈ 芳烃以保持塔中液位。

c. 当脱庚烷塔底部温度达到接近二甲苯的沸点时，将脱庚烷塔底料经异构化白土塔抽吸至二甲苯分馏单元。在脱庚烷塔底部加热和干燥之前，切勿启动物流，以防将液相水送到白土塔和二甲苯分馏单元。

d. 观察脱庚烷塔中的压力。必须排空塔内非可冷凝物以便控制压力。尽快使塔处于自动压力控制下。由于良好的塔压控制需要异构化反应器中产生的轻馏分，但是现在还没有得到，因此建议在减压时运转塔。在实际操作中将氮气引入塔中有助于控制压力。

e. 当脱庚烷塔塔顶接收罐中有液位时，脱庚烷塔回流泵试车，并全回流运行该塔。给汽提塔（如果有的话）装料，但切勿给汽提塔供热。

f. 在 Parex 单元短循环稳定而异构化和二甲苯分馏单元全回流稳定之后，联合装置准备长时间循环。当然，必须小心地监控 Parex 分馏塔以防脱吸剂损耗塔顶产物。

将提余塔侧线馏分和成品塔底料物流转换到异构化进料平衡罐。将液体经异构化反应器环路的旁路抽吸到脱庚烷塔中。从脱庚烷塔的底部将液体经异构化白土塔抽吸到二甲苯分馏单元装置中。将聚集在二甲苯分馏塔塔顶产物中的 C_8 芳烃作为进料泵入 Parex 单元，完成"长时间循环"流程。

5.6.2 装置停车

（1）装置停车基本要求

① 严格按停车步骤停车。

② 异构化反应系统降温速率不得大于 30℃/h。

③ 正常停车时，吸附塔降温速率不得大于 20℃/h。

④ 吸附塔停车期间必须打开公共吸入口阀门。

⑤ 吸附塔停产期间需氮气保压在 0.35 MPa 以上。

⑥ 各再沸器降温要缓慢，降温速率不得大于 30℃/h。

⑦ 各空冷器停用时必须确认各塔热源已经切断。

⑧ 切断异构化反应进料后要严密注意 FA-701-1/2 液位、防止 H_2 串入 DA-702 系统、防止 BA701-1/2 因 FA-706 低液位联锁、BA801 因 EA-806 低液位联锁、BA803 因 EA806 底液位联锁、BA804 因 EA811 底液位联锁、BA3601 因 EA-3601 底液位联锁等问题发生。

⑨ 压缩机系统的停车必须按压缩机系统的停车步骤停车。

⑩ 如果停车检修，设备不要暴露在大气中，必须充氮气保持微正压，防止腐蚀。

（2）装置停车安全注意事项

① 停车过程中，应注意及时巡检，时刻关注现场跑冒滴漏及其他不安全因素，及时报告和处理。

② 严格执行调度纪律，听从调度指挥。与其他单元有关的动作及时和调度联系（蒸汽脱网、切断进出料等）。

③ 停车过程中，必须协调好热集合流程。

④ 加热炉在降温时，降温速度不得超过 30℃/h，以防止系统因降温过快发生管线设备的泄漏、液击现象。加热炉熄灭火嘴后，必须关闭燃料供应闸阀、炉前阀，全开烟道挡板、二次风门及观火孔，让加热炉自然通风。

⑤ 吸附塔在降温时，严格按照降温速度小于 25℃/h 进行，并且要求吸附塔降温至 60℃以下，以确保吸附塔内吸附剂的完好无损。

⑥ 精馏塔在降温过程中，必须密切注意塔压变化，必须及时注入 N_2，以防止塔顶出现负压。

⑦ 700#装置异构化反应器在降温前，必须保证该系统已用 H_2 气提 4 小时以上，在降温过程中严格控制降温速度小于 25℃/h，防止系统出现泄漏。

⑧ 吸附塔 DA-601-A/B 切断进出料后，关闭所有床层管线两道闸阀阀。降温完毕后，必须及时注入 N_2，保持吸附塔压力在 0.35MPa（表压）以上。

⑨ 吸附塔停车后，应及时将透平切至孔板，以防开车时损坏。

⑩ 装置在停车过程中，现场严禁一切动火、检修、车辆通行等活动。

⑪ 进入装置停车现场操作人员，必须按劳保着装，头戴安全帽，其他无关人员严禁进入现场。

（3）典型过程停车示例——DA-702 塔停车

① FA-701 液位低于 10%时停运 GA-703 泵。

② DA-801 降再沸量的同时，逐步减少 EA-708 再沸量 F-720，直至全部关闭。

③ 随着反应系统的降温停车，DA-702 的汽化量也相应降低。手动关小 FV-730，以小回流量运行。BA-701A/B 停炉后，视 FA-702 液位情况，停塔顶泵。

④ 开启 FA-702 与 N$_2$ 的联通阀，引入 N$_2$，对 DA-702 进行保压，保压在 0.05MPa（表压）。

⑤ 停塔顶空冷器 EC-706，将塔内物料尽可能地向 DA-801 退料，视液位停塔底泵。

5.6.3　异常现象及处理方法

（1）二甲苯再蒸馏塔重沸炉故障

二甲苯再蒸馏塔重沸炉故障将造成二甲苯分馏单元、异构化单元和吸附分离单元的紧急停车，按照正常的异构化和吸附分离单元紧急停车步骤停车，由于这时没有塔顶气相去抽余液塔，会造成 T204 塔底被二甲苯和脱附剂充满，该物料必须经冷却后用泵打到装置贮罐。

在二甲苯再蒸馏塔塔顶气相速率下降时，蒸汽发生器压力将开始下降，当压力降到管网压力以下是蒸汽发生器脱网。停止和关闭锅炉给水。

同时脱庚烷塔、脱附剂再蒸馏塔和邻二甲苯塔塔底重沸器将失去热源，也必须停车。

（2）二甲苯分馏塔重沸器故障

二甲苯分馏塔重沸器故障将造成二甲苯分馏单元、异构化单元和吸附分离单元的紧急停车，按照正常的异构化和吸附分离单元紧急停车步骤停车，由于这时没有塔顶气相去抽出液塔，会造成塔底被二甲苯和脱附剂充满，该物料必须经冷却后用泵打到装置贮罐。

在二甲苯分馏馏塔塔顶汽相速率下降时，蒸汽发生器压力将开始下降，当压力降到管网压力以下是蒸汽发生器脱网。停止和关闭锅炉给水。

（3）蒸汽发生器故障

蒸汽发生器故障必须减少二甲苯再蒸馏塔重沸炉的热量输入，以防超压。可增加到抽余液塔的气相流量，以帮助二甲苯再蒸馏塔的热平衡。

如果蒸汽发生器仅很短时间地停车，则吸附分离单元短循环，二甲苯再蒸馏塔压力可通过改变塔顶气相穿过抽余液塔重沸器的流量来调节，以增加被冷凝的气相流量降低二甲苯再蒸馏塔压力。抽余液塔的稳定操作可能被破坏，脱附剂可能出现在塔顶产品中。因此，最好是停掉异构化，吸附分离单元短循环，二甲苯再蒸馏塔全回流。

如果蒸汽发生器被停用时间较长，则吸附分离单元、异构化装置和二甲苯分馏单元将按正常停车步骤停车。

（4）仪表风故障

仪表风中断时，气动调节阀就不能动作，风开阀全关，风关阀自动全开，装置应紧急停车。

塔进料控制阀，塔底采出阀，产品采出阀和燃料油或燃料气控制阀是气开阀，所以当仪表风停时，控制阀全关，此时加热炉自动熄火。炉管进加热炉流量是风关阀，炉管以最大量冷循环。回流阀是气关阀，则回流量最大，若回流罐液位过低，则必须停下回流泵，防止回流泵抽空。

当仪表风恢复时，则按正常开工程序开工。

① 无电，二甲苯分馏单元中所有泵将停止运转，装置被迫停车。立即切断重沸炉的燃料气和燃料油供应。切断产品、原料线，所有容器维持其储量，以减少装置再开车需要时间。

② 如果是短时间停电，检查已停的机泵并立即重新启动，尽可能早地开回流泵，点炉，并让重沸器重新运转起来。

③ 恢复供电时，使装置供电，使装置开车并恢复正常操作。

（5）紧急故障，着火、管线破裂或严重泄漏

① 设法从装置可能泄漏处清除物料。

② 如果环境允许，隔断装置之间的联系。

③ 隔离装置泄漏部分以免更严重的泄漏。

（6）加热炉炉管飞温

① 查明哪根炉管飞温。

② 主控加大该炉管的工艺流量，增大调节阀开度。

③ 现场检查该炉管调节阀是否失灵，阀位是否与主控一致。

④ 若处理无效，则现场打开该炉管的旁路，用旁路阀控制一个适合的炉管流量。

（7）循环水/锅炉给水故障

① 循环水停水时，由于许多泵上的密封冷却不足，所以对装置有重大影响。这就要求装置停车以防密封损坏。

② 锅炉给水缺少，蒸汽发生器无法操作，这将造成大面积停车。

（8）泵故障

① 原因：电机跳闸，联轴节损坏，泵体严重泄漏。

② 处理：尽快按正常步骤切换备用泵。若备用泵启动不起来则应立即停止塔的运转，待泵修复再开车。

5.7　装置主要危险品和污染物

5.7.1　装置主要危险品性质及防范措施

本装置的危险品很多，主要有以下几种：苯、甲苯、二甲苯、液化气、氢气等。这些介质都可以遇明火时点燃，在泄漏的空间形成爆炸性蒸气云，遇明火引起火灾爆炸，因此在生产作业过程中一定要杜绝明火，消除静电火花。装置设计为密闭系统，易燃、易爆物料在操作条件下置于密闭的设备和管道系统中。生产装置、设备均为露天布置。设备管道连接处采用相应的密封措施。压力容器和塔器的设计执行有关国家标准。压力系统按规范要求设置安全阀，并与全厂泄压火炬系统连通。当控制失灵或发生事故时，安全阀放空，气体先通过泄放管线进入分液罐分出液体后，通往火炬系统，从而杜绝设备超压爆炸及危险物料泄漏事故。

（1）危险品名称：对二甲苯

物质名称	对二甲苯	主要成分	二甲苯	标况下状态	液体
密度/（g/cm³）	0.861	颜色	无色透明	沸点/℃	138.5
闪点/℃	30	自燃点/℃	500	爆炸极限（体积分数）/%	1.1~5.3
毒性	低毒	易燃易爆性	易燃	允许浓度（体积分数）/10⁻⁶	200
危险特性					
易燃，其蒸气与空气可形成爆炸性混合物，遇明火、高热能引起燃烧爆炸。与氧化剂能发生强烈反应。流速过快，容					

	易产生和积聚静电。其蒸气比空气重，能在较低处扩散到相当远的地方，遇火源会着火回燃。

健康危害

本品属低毒类。可经呼吸道、皮肤和消化道吸收，但经皮肤吸收中毒的少见。主要分布在脂肪组织和肾上腺中，依次为骨髓、脑、血液、肾和肝脏。二甲苯中毒的表现与甲苯相似，主要表现为眼及上呼吸道明显的刺激症状、眼结膜及咽充血、头晕、头痛、恶心、呕吐、胸闷四肢无力、意识模糊、步态蹒跚。重者可有躁动、抽搐或昏迷。有的有癫病样发作。慢性影响：长期接触有神经衰弱综合征，皮肤经常接触可发生干燥、皲裂、皮炎。侵入途径：吸入、食入、经皮肤吸收。

个体防护措施

呼吸系统防护：空气中浓度超标时，佩戴过滤式防毒面具。紧急事态抢救或撤离时，建议佩戴氧气（空气）呼吸器。

眼睛防护：戴安全防护眼镜。

身体防护：穿防毒物渗透工作服。

手防护：戴橡胶耐油手套。

操作处理方法

密闭操作，加强通风。操作人员必须经过专门培训，严格遵守操作规程。建议操作人员佩戴过滤式防毒面具，戴安全防护眼镜，穿防毒物渗透工作服，戴橡胶耐油手套。远离火种、热源，工作场所严禁吸烟。使用防爆型的通风系统和设备。防止蒸气泄漏到工作场所空气中。避免与氧化剂接触。灌装时应控制流速，且有接地装置，防止静电积聚。搬运时要轻装轻卸，防止包装及容器损坏。配备相应品种和数量的消防器材。

泄漏处理

迅速撤离泄漏污染区人员至安全区，并进行隔离，严格限制出入。切断火源。建议应急处理人员戴氧气呼吸器，穿防毒服。尽可能切断泄漏源。防止进入下水道、排洪沟等限制性空间。小量泄漏：用活性炭或其它惰性材料吸收。也可以用不燃性分散剂制成的乳液刷洗，洗液稀释后放入废水系统。大量泄漏：用泡沫覆盖，抑制蒸发。

灭火措施

喷水冷却容器，可能的话将容器从火场移至空旷处。灭火剂：泡沫、二氧化碳、干粉、砂土。

急救措施

皮肤接触：脱去污染的衣着，用肥皂水和清水彻底冲洗皮肤。

眼睛接触：立即用流动清水或生理盐水冲洗，然后去医院就医。

吸入：迅速脱离现场至空气新鲜处，保持呼吸道通畅。如呼吸停止，立即进行人工呼吸直至医务救援人员赶到。

食入：饮足量温水催吐，并去医院就医。

（2）危险品名称：对二乙基苯

物质名称	对二乙基苯	主要成分	PDEB	标况下状态	液体
密度/（g/cm³）	0.86	颜色	无色透明	沸点/℃	138
闪点/℃	−11	自燃点/℃		爆炸极限（体积分数）/%	1.2~8
毒性	剧毒	易燃易爆性	极易燃	允许浓度/（mg/m³）	40

危险特性

易燃，其蒸气与空气可形成爆炸性混合物，遇明火、高热极易燃烧爆炸。与氧化剂发生强烈反应。易产生和聚集静电，有燃烧爆炸危险。其蒸气比空气重，能在较低处扩散到相当远的地方，遇火源会着火回燃

健康危害

对皮肤、黏膜有刺激性，能引起中枢神经系统紊乱或伤害。主要伤害器官：肝、肾高浓度对二乙基苯对中枢神经系统有麻醉作用，引起急性中毒；长期接触对二乙基苯会引起慢性中毒。急性中毒：轻者有头痛、头晕、恶心、呕吐、轻度兴奋、步态蹒跚等酒醉状态；严重者发生昏迷、抽搐、血压下降，以致呼吸和循环衰竭。慢性中毒：主要表现有神经衰弱综合征；造血系统改变：白细胞、血小板减少，重者出现再生障碍性贫血；少数病例在慢性中毒后可发生白血病。皮肤损害有脱脂、干燥、皲裂、皮炎。可致月经量增多与经期延长。 侵入途径：吸入、食入、经皮吸收

个体防护

呼吸系统防护：空气中浓度超标时，佩戴过滤式防毒面具。紧急事态抢救或撤离时，应该佩戴空气呼吸器或氧气呼吸器。

眼睛防护：戴安全防护眼镜。

身体防护：穿防毒物渗透工作服。手防护：戴橡胶耐油手套。

操作处理方法

密闭操作，加强通风。操作人员必须经过专门培训，严格遵守操作规程。建议操作人员佩戴过滤式防毒面具，戴安全防护眼镜，穿防毒物渗透工作服，戴橡胶耐油手套。远离火种、热源，工作场所严禁吸烟。

泄漏处理

迅速撤离泄漏污染区人员至安全区，并进行隔离，严格限制出入。切断火源。建议应急处理人员戴氧气呼吸器，穿防

毒工作服。尽可能切断泄漏源。防止进入下水道、排洪沟等限制性空间。小量泄漏：用活性炭或其他惰性材料吸收。大量泄漏：用泡沫覆盖，降低蒸气灾害。喷雾状水或泡沫冷却和稀释蒸汽、保护现场人员。

灭火措施

喷水冷却容器。处在火场中的容器若已变色或从安全泄压装置中产生声音，必须马上撤离。灭火剂：泡沫、干粉、二氧化碳、砂土。用水灭火无效。

急救措施

皮肤接触：脱去污染的衣着，用肥皂水和清水彻底冲洗皮肤。

眼睛接触：用流动清水或生理盐水冲洗，然后去医院就医。

吸入：迅速脱离现场至空气新鲜处。保持呼吸道通畅。如呼吸停止，立即进行人工呼吸直至救援人员赶到。

食入：饮足量温水，催吐。并去医院就医。

（3）危险品名称：甲苯

物质名称	甲苯	主要成分	甲苯	标况下状态	液体
密度/（g/cm³）	0.87	颜色	无色透明	沸点/℃	110.6
闪点/℃	4	自燃点/℃	535	爆炸极限（体积分数）/%	1.2~7
毒性	有毒	易燃易爆性	极易燃	允许浓度/（mg/m³）	95

危险特性

易燃，其蒸气与空气可形成爆炸性混合物，遇明火、高热能引起燃烧爆炸。与氧化剂能发生强烈反应。流速过快，容易产生和积聚静电。其蒸气比空气重，能在较低处扩散到相当远的地方，遇火源会着火回燃。

健康危害

对皮肤、黏膜有刺激性，对中枢神经系统有麻醉作用。急性中毒：短时间内吸入较高浓度本品可出现眼及上呼吸道明显的刺激症状、眼结膜及咽部充血、头晕、头痛、恶心、呕吐、胸闷、四肢无力、步态蹒跚、意识模糊。重症者可有躁动、抽搐、昏迷。慢性中毒：长期接触可发生神经衰弱综合征，肝肿大，女工月经异常等。皮肤干燥、皲裂、皮炎。侵入途径：吸入、食入、经皮吸收。

个体防护措施

呼吸系统防护：空气中浓度超标时，佩戴过滤式防毒面具。紧急事态抢救或撤离时，应该佩戴空气呼吸器或氧气呼吸器。

眼睛防护：戴安全防护眼镜。

身体防护：穿防毒物渗透工作服。

手防护：戴橡胶耐油手套。

操作处理方法

密闭操作，加强通风。操作人员必须经过专门培训，严格遵守操作规程。建议操作人员佩戴过滤式防毒面具，戴安全防护眼镜，穿防毒物渗透工作服，戴橡胶耐油手套。远离火种、热源，工作场所严禁吸烟。使用防爆型的通风系统和设备。防止蒸气泄漏到工作场所空气中。

泄漏处理

迅速撤离泄漏污染区人员至安全区，并进行隔离，严格限制出入。切断火源。建议应急处理人员戴氧气呼吸器，穿防毒服。尽可能切断泄漏源。防止进入下水道、排洪沟等限制性空间。小量泄漏：用活性炭或其他惰性材料吸收。大量泄漏：用泡沫覆盖，降低蒸气灾害。

灭火措施

喷水冷却容器。处在火场中的容器若已变色或从安全泄压装置中产生声音，必须马上撤离。灭火剂：泡沫、干粉、二氧化碳、砂土。用水灭火无效。

急救措施

皮肤接触：脱去污染的衣着，用肥皂水和清水彻底冲洗皮肤。

眼睛接触：用流动清水或生理盐水冲洗后就医。

吸入：迅速脱离现场至空气新鲜处，保持呼吸道通畅。如呼吸停止，立即进行人口呼吸，直至医务救援人员赶到。

食入：饮足量温水，催吐并就医。

（4）危险品名称：混合二甲苯

物质名称	混合二甲苯	主要成分	对、邻、间二甲苯	标况下状态	液体
密度/（g/cm³）	0.87	颜色	无色透明	沸点/℃	138~144
闪点/℃	27~46	自燃点/℃	463~527	爆炸极限（体积分数）/%	1.1~7
毒性	低毒	易燃易爆性	易燃	允许浓度/（mg/m³）	95

危险特性

易燃，其蒸气与空气可形成爆炸性混合物，遇明火、高热能引起燃烧爆炸。与氧化剂能发生强烈反应。流速过快，容易产生和积聚静电。其蒸气比空气重，能在较低处扩散到相当远的地方，遇火源会着火回燃。

健康危害

　　本品属低毒类。可经呼吸道、皮肤和消化道吸收，但经皮肤吸收中毒的少见。主要分布在脂肪组织和肾上腺中，依次为骨髓、脑、血液、肾和肝脏。二甲苯中毒的表现与甲苯相似，主要表现为眼及上呼吸道明显的刺激症状、眼结膜及咽充血、头晕、头痛、恶心、呕吐、胸闷四肢无力、意识模糊、步态蹒跚。重者可有躁动、抽搐或昏迷。有的有癔病样发作。慢性影响：长期接触有神经衰弱综合症，皮肤经常接触可发生干燥、皲裂、皮炎。侵入途径：吸入、食入、经皮肤吸收。

个体防护措施

　　呼吸系统防护：空气中浓度超标时，佩戴过滤式防毒面具。紧急事态抢救或撤离时，建议佩戴氧气（空气）呼吸器。

　　眼睛防护：戴安全防护眼镜。

　　身体防护：穿防毒物渗透工作服。

　　手防护：戴橡胶耐油手套。

操作处理方法

　　密闭操作，加强通风。操作人员必须经过专门培训，严格遵守操作规程。建议操作人员佩戴过滤式防毒面具，戴安全防护眼镜，穿防毒物渗透工作服，戴橡胶耐油手套。远离火种、热源，工作场所严禁吸烟。使用防爆型的通风系统和设备。防止蒸气泄漏到工作场所空气中。避免与氧化剂接触。灌装时应控制流速，且有接地装置，防止静电积聚。搬运时要轻装轻卸，防止包装及容器损坏。配备相应品种和数量的消防器材。

泄漏处理

　　迅速撤离泄漏污染区人员至安全区，并进行隔离，严格限制出入。切断火源。建议应急处理人员戴氧气呼吸器，穿防毒服。尽可能切断泄漏源。防止进入下水道、排洪沟等限制性空间。小量泄漏：用活性炭或其他惰性材料吸收。也可以用不燃性分散剂制成的乳液刷洗，洗液稀释后放入废水系统。大量泄漏：用泡沫覆盖，抑制蒸发。

灭火措施

　　喷水冷却容器，可能的话将容器从火场移至空旷处。灭火剂：泡沫、二氧化碳、干粉、砂土。

急救措施

　　皮肤接触：脱去污染的衣着，用肥皂水和清水彻底冲洗皮肤。

　　眼睛接触：立即用流动清水或生理盐水冲洗，然后去医院就医。

　　吸入：迅速脱离现场至空气新鲜处，保持呼吸道通畅。如呼吸停止，立即进行人工呼吸直至医务救援人员赶到。

　　食入：饮足量温水催吐，并去医院就医。

（5）危险品名称：苯

物质名称	苯	主要成分	苯	标况下状态	液体
密度/（g/cm³）	0.88	颜色	无色透明	沸点/℃	80.1
闪点/℃	−11	自燃点/℃	560	爆炸极限（体积分数）/%	1.2~8
毒性	剧毒	易燃易爆性	极易燃	允许浓度/（mg/m³）	40

危险特性

　　易燃，其蒸气与空气可形成爆炸性混合物，遇明火、高热极易燃烧爆炸。与氧化剂能发生强烈反应。易产生和聚集静电，有燃烧爆炸危险。其蒸气比空气重，能在较低处扩散到相当远的地方，遇火源会着火回燃

健康危害

　　高浓度苯对中枢神经系统有麻醉作用，引起急性中毒；长期接触苯对造血系统有损害，引起慢性中毒。急性中毒：轻者有头痛、头晕、恶心、呕吐、轻度兴奋、步态蹒跚等酒醉状态；严重者发生昏迷、抽搐、血压下降，以致呼吸和循环衰竭。慢性中毒：主要表现有神经衰弱综合征；造血系统改变：白细胞、血小板减少，重者出现再生障碍性贫血；少数病例在慢性中毒后可发生白血病。皮肤损害有脱脂、干燥、皲裂、皮炎。可致月经量增多与经期延长。侵入途径：吸入、食入、经皮吸收

个体防护

　　呼吸系统防护：空气中浓度超标时，佩戴过滤式防毒面具。紧急事态抢救或撤离时，应该佩戴空气呼吸器或氧气呼吸器。

　　眼睛防护：戴安全防护眼镜。

　　身体防护：穿防毒物渗透工作服。

　　手防护：戴橡胶耐油手套。

操作处理方法

　　密闭操作，加强通风。操作人员必须经过专门培训，严格遵守操作规程。建议操作人员佩戴过滤式防毒面具，戴安全防护眼镜，穿防毒物渗透工作服，戴橡胶耐油手套。远离火种、热源，工作场所严禁吸烟。

泄漏处理

迅速撤离泄漏污染区人员至安全区，并进行隔离，严格限制出入。切断火源。建议应急处理人员戴氧气呼吸器，穿防毒工作服。尽可能切断泄漏源。防止进入下水道、排洪沟等限制性空间。小量泄漏：用活性炭或其他惰性材料吸收。大量泄漏：用泡沫覆盖，降低蒸气灾害。喷雾状水或泡沫冷却和稀释蒸汽、保护现场人员。

灭火措施

喷水冷却容器。处在火场中的容器若已变色或从安全泄压装置中产生声音，必须马上撤离。灭火剂：泡沫、干粉、二氧化碳、砂土。用水灭火无效。

急救措施

皮肤接触：脱去污染的衣着，用肥皂水和清水彻底冲洗皮肤。
眼睛接触：用流动清水或生理盐水冲洗，然后去医院就医。
吸入：迅速脱离现场至空气新鲜处。保持呼吸道通畅。如呼吸停止，立即进行人工呼吸直至救援人员赶到。
食入：饮足量温水，催吐，并去医院就医。

（6）危险品名称：液化气

化学品名称	液化石油气（混合碳四、抽余碳四）		主要成分	丁烯、丁烷、丙烯、丙烷
外观与性状	无色气体或黄棕色油状液体，有特殊臭味		熔点/℃	−209.8
沸点/℃	−195.6	闪点/℃	−74	引燃温度/℃	426~537
相对密度	0.81（水=1）;	0.91（空气=1）	爆炸极限（体积分数）/%	2.25~9.65
危险性类别	第 2.1 类 易燃气体		危险货物编号	21053
侵入途径	吸入	溶解性		微溶于水、乙醇
包装标志	易燃气体	主要用途		用作石油化工的原料，也可作燃料。
卫生标准/（mg/m³）		MAC:	PC-TWA: 1000	PC-STEL: 1500

危险特性

极易燃，与空气混合能形成爆炸性混合物。遇热源和明火有燃烧爆炸的危险。与氟、氯等接触会发生剧烈的化学反应。其蒸气比空气重，能在较低处扩散到相当远的地方，遇火源会着火回燃。

健康危害与环境危害

健康危害：本品有麻醉作用。急性中毒：有头晕、头痛、兴奋或嗜睡、恶心、呕吐、脉缓等；重症者可突然倒下，尿失禁，意识丧失，甚至呼吸停止。可致皮肤冻伤。慢性影响：长期接触低浓度者，可出现头痛、头晕、睡眠不佳、易疲劳、情绪不稳以及自主神经功能紊乱等。
环境危害：该物质对环境有危害，对水体、土壤和大气可造成污染。

操作处理与防护

密闭操作，全面通风。密闭操作，提供良好的自然通风条件。操作人员必须经过专门培训，严格遵守操作规程。建议操作人员佩戴过滤式防毒面具（半面罩），穿防静电工作服。远离火种、热源，工作场所严禁吸烟。使用防爆型的通风系统和设备。防止气体泄漏到工作场所空气中。避免与氧化剂、卤素接触。在传送过程中，钢瓶和容器必须接地和跨接，防止产生静电。搬运时轻装轻卸，防止钢瓶及附件破损。配备相应品种和数量的消防器材及泄漏应急处理设备。

泄漏处理与防护

迅速撤离泄漏污染区人员至上风处，并进行隔离，严格限制出入。切断火源。建议应急处理人员戴自给正压式呼吸器，穿防静电工作服。不要直接接触泄漏物。尽可能切断泄漏源。用工业覆盖层或吸附/吸收剂盖住泄漏点附近的下水道等地方，防止气体进入。合理通风，加速扩散。喷雾状水稀释。漏气容器要妥善处理，修复、检验后再用。

灭火措施

灭火时尽量切断泄漏源，若不能切断气源，则不允许熄灭泄漏处的火焰。喷水冷却容器，可能的话将容器从火场移至空旷处。灭火时消防人员必须在安全距离以外或有防护措施处操作。灭火剂：雾状水、泡沫、干粉、二氧化碳。

急救措施

皮肤接触：若有冻伤，就医治疗。眼睛接触：无资料。吸入：迅速脱离现场至空气新鲜处。保持呼吸道通畅。如呼吸困难，给输氧。如呼吸停止，立即进行人工呼吸。就医。食入：无资料。

5.7.2　装置主要污染物情况及控制

（1）主要污染物情况

① 废水

本装置在生产过程中排出的废水有锅炉排污水、含油污水。按照清污分流的原则对装置排水进行分类处理。锅炉废水、含油污水送污油池进行处理。

装置排放的污水排放量、主要污染物见表 5-19。

表 5-19　装置主要污染物及排放量

名　称	排放点（设备位号）	排放量/（t/h）	主要污染物	排放方式	排放去向
锅炉排污	FA706、EA806、EA811、EA3601	7		连续	循环水
含油污水	机泵冷却水、循环水排污、地漏排水、地面冲洗水和围堰内被污染的雨水		石油类、COD		2600#

② 废气

本装置在生产过程中排出的废气有加热炉烟气，通过烟囱直接排往大气。烟气中有害物质主要有：SO_2、NO_2、CO、H_2S、烟尘。此外还有不凝气，如：安全阀放空、采样、吹扫放空产生的轻烃；管线、阀门、机泵等泄漏出的轻烃；含油污水井挥发出的轻烃。

本装置在设计过程中就考虑到废气的处理：加热炉以脱硫燃料气为燃料，烟气通过排气筒排入大气，污染物的排放符合《大气污染物综合排放标准》的要求；开停工及不正常操作时塔顶、容器顶安全阀启跳所泄放的可燃气体，均密闭送往火炬系统处理。

装置废气的排放量及去向见表 5-20，主要污染物性质、危害见表 5-21。

表 5-20　装置废气排放量及去向

污染源名称	废气量/（Nm^3/h）	排放规律	排气筒高度/m	主要污染物			排放去向
加热炉烟气	498937	连续	100	SO_2	NO_x	烟尘	大气
起跳安全阀放气		间歇		干气	苯、甲苯	二甲苯	密闭送火炬系统

表 5-21　主要气体污染物性质及危害

主要污染物	性质	危害
硫化物	无色，强烈辛辣恶臭的刺激性气体	刺激喉头、眼结膜。引起咳嗽、胸部有迫感。浓度在 1000 mg/m^3 以上，即使短时间接触也有危险。
一氧化碳	无色、无味的气体，能溶于酒精、苯、醋酸、氧化铜溶液中，在水中溶解度很小。	对中枢神经有影响，引起头痛恶心、虚脱、痉挛、昏迷可致死亡。
氮氧化物	一氧化氮是无色无味气体。二氧化氮是红色、有毒、有恶臭气体。能溶于水与二氧化碳中。	二氧化氮对人的呼吸器官有强烈的刺激作用。会引起肺水肿致死。当浓度在 28μL/L 时，可使很多植物受伤死亡如形成化学烟雾，其毒性更强。
烃类化合物（包括烷烃烯烃、芳香烃等及其衍生物）	有特殊的臭味、有毒。	苯类及其衍生物对人的眼、鼻、呼吸道有强烈刺激作用影响肝、肾、心血管系。有致癌作用；烃类对水生物危害严重，会造成死亡；能抑制植物生长，或使棉花、果树不结果。
粉尘	是固体微粒、粘附着气体和液体。直大于 10μm 为落尘（降尘），小于 10μm 为飘尘。	吸入肺部楞发生尘肺。出现气短、胸痛、咳等症状，并伴发其他疾病。

③ 固体废弃物

本装置固体废弃物主要是在检修时清理设备、容器等产生的油泥、废白土、废溶剂、废催化剂等，均按照体系要求地点存放、专车回收处理，减少对周围环境的污染（表 5-22）。

表 5-22　装置固体废弃物排放量及去向

名　称	排放点（设备位号）	排放量	组分及主要污染物含量	排放前预处理	排放去向
废催化剂	DC701-1	41.04 吨/4 年	分子筛沸石三氧化铝	充分汽提	公司废化学品堆场
废催化剂	DC701-2	41.01 吨/4 年	分子筛沸石三氧化铝	充分汽提	公司废化学品堆场
废白土	DA701-A/B	120 吨/2 年	三氧化铝，二氧化硅	充分汽提	公司废化学品堆场

名　称	排放点 （设备位号）	排放量	组分及主要污 染物含量	排放前预处理	排放去向
废润滑油	GB701-1/2	约 4 吨/年	润滑油		装桶，回收利用
油泥			烃		回收处理

④ 噪声

装置主要噪声源有大功率机泵、空冷器、压缩机等，及开停工期间短期蒸汽放空等，其声压级为 80~91dB（A）。装置的噪声源见表 5-23 所示。

表 5-23　装置主要噪声源

噪声源	距地高度/m	室内/室外	减（防）噪措施	降噪后噪声值/dB（A）
机泵	0.2	室外	低噪声电机	<85
空冷器	20	室外	低噪声电机、风机	<85

噪声的危害：

听力损伤，它随接触噪声的强度而增加；

引起多种疾病，作用于人的中枢神经系统。由此可以影响到人体的各个部位功能，如消化道、内分泌等，也会使人交感神经紧张，导致心血管的疾病；

影响人的正常生活，降低劳动生产率。在嘈杂的环境中工作，心烦意乱，容易疲乏，注意力不集中，还容易出错。

（2）装置污染物控制

员工必须严格遵守公司环境保护、职业健康相关管理制度件。

① 清污分流

清污分流就是将可直接排放的废水和需处理后排放的废水分别排放，其目的是减轻装置污水处理装置的负担，保证污水处理系统、清净下水系统的达标排放，杜绝漫池、冒井、冲击污水处理场和清净下水超标的事件发生。

下列情况下应打开雨水沟阀门，关闭含油污水沟阀门：大雨、暴雨 15min 后进行清污分流切换；雨停后恢复原流程。

② 开停工环保要求

开停工时应尽量密闭吹扫，尤其是停工时。吹扫时也应先向火炬系统吹扫，待吹通后，再直接向大气排放。

开停工过程中，装置不可避免地要排放部分污油，在污油排放前必须向环保部门提出申请，得到同意后才能排放。同时在操作上应尽量缩短开停工时间，尽快将工况调整到位，以减少污油排放。

环保要求：

a. 装置吹扫前必须将容器、管线中剩油全部退净。

b. 设备、管线中清出的残油，油垃圾必须用桶装及袋装，集中堆放，不准混入垃圾中。

c. 装置或设备冲洗不得将污油、化学药剂、氨水等排入雨水明沟。

d. 对溶剂废液、废碱液及其他高浓度污水等排放必须先联系后排放。

e. 装置冲洗水排放要严格按停工污水排放计划执行。

f. 停工检修期间不得随意堆放各种废弃物。

g. 开工前装置区及罐区下水井，雨水明沟应掏净杂物，保持畅通。

③ 废液废水控制排放、污水分级控制

a. 凡塔、罐清洗废水排放及其他非正常的废水废液排放事先向环保部门申请同意，并制定排放方案。

b. 排放废溶剂等高浓度废水应事先向环保管理部门申请，并征得同意。

c. 当设备检修，或来水量大于处理量时应及时报告生产调度和环保部门，不得擅自排放。

d. 严格执行公司制定的含油污水排放指标 pH 值 6~9、油 ≤70mg/L、COD ≤400mg/L。

e. 根据装置工况，可随时对各控制点加样或增加分析项目。

f. 接到污水超标通知后要迅速查明原因，并采取改进措施。

④ 环保、健康注意事项

a. 加强设备管理，杜绝跑、冒、滴、漏现象，防止跑油、漏气。

b. 控制好机泵冷却水量，尽量减少含油污水排放量，机泵漏油，应及时联系钳工修理。

c. 配合环保部门，开展对污染源调查和分析。

d. 要定期清扫地沟、雨水沟，抹布、保温棉等垃圾必须放到垃圾箱内。

e. 根据职业卫生的分析数据，对所管辖区域内工业卫生监测超标点进行整改。

f. 废润滑油等要按规定回收，不得到处乱倒，落地油要清扫干净。

g. 定期对职工进行环保，工业卫生的教育，增强全体职工的环保意识。

h. 要做好清污分流管理，在开工、停工之前，要先切换好清污分流流程，以防造成跑油污染事故。

i. 每周要定时进行撇油作业，确保含油污水指标合格。

j. 在装置开工、停工、紧急抢修时需要进行环境因素危害识别与评价。

k. 严格执行放射性探伤的有关规定，探伤需开作业票。

l. 工业卫生监测牌挂在监测点醒目处。

（3）停开工检修期间三废处理措施

二甲苯装置停工吹扫过程中会产生部分废液、废气、废渣，为保护环境，特制订措施如表 5-24 所示。

表 5-24　停开工检修期间三废处理措施

	产生部位	采取措施
废气	各设备置换、放空	密闭置换，置换气体全部排往火炬
	蒸塔、蒸罐	密闭排放，顶部有空冷、水冷的要全部投用，后路对火炬；没有冷却设施的直接对火炬，注意观察火炬线温度，防止超温
废液	废解吸剂	接桶回收，严禁就地排放
	废油	管线及设备尽量吹扫全面、干净，放空检查时接桶，严禁就地排放
	含烃污水	全部排往污水汽提装置处理，待分析合格后外排
	蒸塔、蒸罐冷凝水	密闭排放至地下污油罐，无法密闭排放的接桶
废渣	废催化剂	由有资质的单位拉走处理
	从设备中清理出来的污泥、杂物	由清理单位装桶运走

（4）污染治理措施

① 废气的治理措施

燃烧废气：反应进料加热炉排出的燃烧烟气，充分回收能量后，经烟囱高空排放。

放空气体：安全阀及放空系统（包括紧急放空）排放的含烃气体排入密闭的火炬系统。

② 废水的治理措施

含烃及溶剂污水：主要由抽提抽真空凝液罐、抽提油洗涤水、分馏塔顶回流罐等排出，送酸水汽提装置进行处理。

含油污水：设备、管线蒸汽吹扫产生的含油污水送至地下污油池。

机泵和地面冲洗等产生的含油污水，送至污水处理池。装置界区内的初期雨水并入含油污水，后期雨水排入明沟集中处理后外排，以减轻工厂污水处理的负荷。

生活污水：装置间断排出职工生活污水，排入生活污水系统。

③ 固体废渣的治理措施

废白土、催化剂、吸附剂：送固废堆场深埋处理。

解吸剂高沸物：外卖。

④ 噪声的治理措施

a. 空冷器选用低转速、低噪声风机，部分空冷采用变频控制，调整电机转速。

b. 蒸汽放空装有消音器。

c. 加热炉采用低噪声燃烧器，风道部分采用保温隔音材料。

d. 凡易产生噪声的排放点均设置消音器。

e. 发放耳塞、耳罩等隔音劳保用品。

思考题

1. 对二甲苯的工业来源主要有什么，其组成有什么特点？
2. 对二甲苯的分离方法有哪些，其主要操作原理是什么？
3. 芳烃联合装置的核心组成是什么，各车间（工段）间的联系什么？
4. 扬子石化二甲苯生产车间的组成是什么，其各自生产原理和作用是什么？
5. 简述扬子石化二甲苯生产吸附分离工段工艺流程。
6. 列举二甲苯生产吸附分离工段的关键设备及特点。
7. 简述扬子石化二甲苯生产异构化工段工艺流程。
8. 列举二甲苯生产异构化工段的关键设备及特点。
9. 简述扬子石化二甲苯生产蒸馏分离工段工艺流程。
10. 列举二甲苯生产蒸馏分离工段的关键设备及特点。
11. 简述二甲苯生产中热联合（能量综合利用）方法。
12. 异构化反应器是什么类型，有什么特点？
13. 二甲苯分馏单元精馏塔运转，再沸器或再沸炉主要起什么作用？
14. 异构化过程中氢气的作用是什么？
15. 混二甲苯四种异构体是什么，对二甲苯的沸点是多少，哪一种沸点最高？

参考文献

1. 任红锋，李旭灿，谷立杰. ADS-47吸附剂在二甲苯装置吸附系统的应用. 能源化工，2016，37（1）：1-5.
2. 马坚. 对二甲苯吸附剂研究进展. 石油化工，2001，30（增刊）：661-663.
3. 王国军. 芳烃联合装置生产技术进展及成套技术开发研究. 中国石油和化工标准与质量，2021，41（12）：179-180.
4. 冯志武. PX生产工艺及研究进展. 现代化工，2019，39（09）：58-62.
5. 于政锡，徐庶亮，张涛，等. 对二甲苯生产技术研究进展及发展趋势. 化工进展，2020，39（12）：4984-4992.
6. 戴厚良. 芳烃生产技术展望. 石油炼制与化工，2013，44（1）：1-10.
7. 赵毓璋，景振华. 吸附分离对二甲苯技术进展. 炼油技术与工程，2003，33（5）：1-4.
8. 刘红云. 2.4Mt/a芳烃联合装置的设计及运行总结. 炼油技术与工程，2022，52（1）：22-26.
9. 胡珺，厉勇，陈建兵，等. 二甲苯装置能效提升优化措施及效果. 石油炼制与化工，2022，53（2）：23-29.